工业和信息化普通高等教育“十二五”规划教材立项项目

21 世纪高等学校计算机规划教材

21st Century University Planned Textbooks of Computer Science

C语言程序设计教程

The C Programming Language

张岗亭 李立 梁宏倩 编著

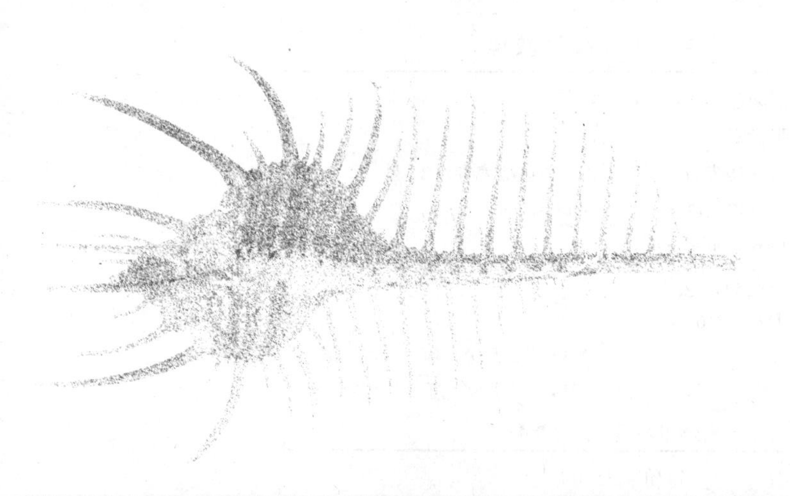

人 民 邮 电 出 版 社

北 京

图书在版编目（CIP）数据

C语言程序设计教程 / 张岗亭，李立，梁宏倩编著
-- 北京 : 人民邮电出版社，2013.2（2014.2 重印）
21世纪高等学校计算机规划教材
ISBN 978-7-115-29843-0

Ⅰ. ①C… Ⅱ. ①张… ②李… ③梁… Ⅲ. ①C语言－程序设计－高等学校－教材 Ⅳ. ①TP312

中国版本图书馆CIP数据核字(2013)第004431号

内 容 提 要

本书主要内容包括：C 语言概述、数据类型及其运算、3 种结构的程序设计、编译预处理、数组、函数、指针、结构体和共用体、文件等。全书通过大量的实例讲解用 C 语言进行结构化程序设计的要领。以培养学生的程序设计能力与掌握开发工具为目标，严格遵循 C 语言标准，全面、系统、深入浅出地阐述了 C 语言的基本概念、语法和语义，以及用 C 语言进行程序设计的方法和技术。针对初学者的特点，在内容编排、实例以及习题的选择上遵循从易到难、循序渐进的原则，有利于教学的开展和学生自学。

本书适合作为高等院校“C 语言程序设计”课程的教材，可以满足不同专业、不同学时的教学需要；也可作为计算机水平考试培训以及 C 语言自学者的教材或参考书。

21 世纪高等学校计算机规划教材
C 语言程序设计教程

◆ 编　　著　张岗亭　李　立　梁宏倩
责任编辑　张孟玮
◆ 人民邮电出版社出版发行　　北京市丰台区成寿寺路 11 号
邮编　100164　　电子邮件　315@ptpress.com.cn
网址　http://www.ptpress.com.cn
三河市潮河印业有限公司印刷
◆ 开本：787×1092　1/16
印张：16.75　　2013 年 2 月第 1 版
字数：440 千字　　2014 年 2 月河北第 2 次印刷

ISBN 978-7-115-29843-0

定价：35.00 元

读者服务热线：(010)81055256　印装质量热线：(010)81055316
反盗版热线：(010)81055315

前言

程序设计是高等学校重要的计算机基础课程，它以编程语言为平台，介绍程序设计的思想和方法。通过该课程的学习，学生不仅要掌握高级程序设计语言的知识，更重要的是在实践中逐步掌握程序设计的思想和方法，培养问题求解和语言的应用能力。程序设计教学不仅是大学通识教育的一个重要组成部分，更是培养大学生用计算思维方式解决专业问题、成为复合型创新人才的基础性教育的重要组成部分。

C语言以其灵活、高效、可移植性强等特点，发展至今仍保持着强大的生命力，被大多数高等院校作为学习计算机程序设计的首选语言。另外，全国计算机等级考试、全国计算机应用技术证书考试、全国计算机软件专业技术资格及水平考试等都将C语言纳入其考试科目。所以，学习和掌握C语言十分必要。

“C语言程序设计”是一门实践性很强的课程，对于初学编程的人，不仅必须掌握数据与数据之间的关系，以及数据在计算机内的表示和处理，还需要强化上机实践。学习者必须通过大量的编程训练，在实践中掌握语言知识，培养程序设计的基本能力，在实践中感受和领悟用计算机进行问题求解的思维模式和基本方法，并逐步理解和掌握程序设计的思想和方法。因此，“C语言程序设计”课程的教学重点应该是培养学生的实践编程能力，教材也要以程序设计为中心来组织内容。

本书在编写过程中力求取材得当、通俗易懂、结构清晰、层次分明，通过精选典型实例验证和说明语句成分、语法结构及程序设计方法。注重对程序设计语言基本概念、语句规则、程序结构和编程方法的讲解，摒弃了一些复杂的应用，以期让读者能尽快和轻松地迈进程序设计的大门。

全书共分9章，第1章介绍C语言的产生发展、程序结构、C语言程序的开发过程和开发环境；第2章介绍C语言的数据类型、运算符和表达式；第3章介绍C语言程序的基本输入输出函数，以及顺序结构、选择结构和循环结构3种程序设计的基本控制结构；第4章介绍宏定义、文件包含、条件编译等编译预处理命令；第5章介绍一维数组和二维数组的概念及应用、使用字符数组处理字符串；第6章介绍函数的概念和定义、函数的声明和调用、函数间的数据传递、递归调用函数、变量的存储类别及其作用域；第7章介绍指针的概念、指针变量的应用、指针与数组、指针与函数；第8章介绍结构体、共用体和枚举3种数据类型的概念、定义格式与使用方法；第9章介绍文件的概念、文件指针、文件处理的基本过程和用于处理文件的函数。

为了方便读者学习以及在校学生准备计算机等级考试，在本书的附录中提供了ASCII代码对照表、运算符的优先级和结合性、常用标准库函数、C语言关键字、全国计算机等级考试二级C语言考试大纲和计算机等级考试二级C语言笔试样题等内容。

本书第 2 章、第 5 章、第 7 章及附录由张岗亭编写，第 1 章、第 6 章、第 8 章由李立编写，第 3 章、第 4 章、第 9 章由梁宏倩编写。全书由张岗亭统稿。

在本书的编写过程中，我们参考了许多优秀的教材资料，在此对这些教材的作者表示感谢。

由于编者水平和成书时间所限，书中难免存在疏漏和谬误之处，敬请读者批评指正。

编　者

2012 年 12 月

目 录

第1章 C语言概述

本章在引导读者深入了解程序和算法基本概念的基础上，详细介绍C语言的发展过程、主要特点和功能，重点阐述C语言程序的基本构成以及开发环境。通过本章的学习，使读者对C语言有更全面的了解，深入了解程序、算法和流程图的概念，熟练掌握C程序的基本结构，学会使用Visual C++ 6.0创建C程序，了解C程序的编译和运行过程。

1.1 程序和算法

1.1.1 程序

1. 程序

程序一词来自生活，在日常生活中，我们可以将程序看成对一系列动作执行过程的描述。

例如，到银行取钱的一系列过程和步骤，做一道菜的一系列步骤等，这些都是生活中简单的程序。所以，程序通常指完成某些事务的一种既定方式和过程。

2. 计算机中的程序

通过以前学习计算机基础知识我们知道，冯·诺依曼式计算机主要采用“存储程序”工作原理，即按照预先存储在计算机内部的指令集合顺序一步一步地进行有条不紊的工作。其中，完整的、能够实现一定功能的指令集合就是程序。

简单地说，计算机中的程序是为了让计算机实现特定目标或解决特定问题而编写的命令序列的集合，或是为实现预期目的而进行操作的一系列语句和指令，计算机任何一个微小的动作都离不开程序。

通俗来讲，计算机中的程序也就是用某种计算机能够识别的语言来描述的解决问题的方法和步骤。

例如，以下这个C语言程序。

【例1.1】 采用C语言编写的在计算机显示器输出“Hello C!”的程序：

```
#include  <stdio.h>
void main( )
{
printf("Hello  C!\n") ;
}
```

通过这个程序，我们可以看出，即使是再简单的C语言程序，也必须是非常严谨的。计算机程序的重要特征就是要严格遵循特定语言的语法及书写规则，甚至连标点符号都要丝毫不差，这样的程序才能够让计算机识别并执行。

3. 程序设计语言

程序设计语言是用于编写计算机程序的语言，具有完整词类和语法。

计算机的发展过程中，出现了形形色色的程序设计语言。按照语言级别，程序设计语言可以分为低级语言和高级语言。低级语言有机器语言和汇编语言。低级语言与特定的机器有关、效率高，但使用复杂、烦琐、费时、易出差错。例如，最早期的机器语言是用纯粹二进制代码编写的程序，虽然难以记忆，但在计算机上却可直接执行，称为“机器语言”；后来为了克服二进制代码可读性差的问题，又出现了用部分符号来代替二进制代码的语言，即汇编语言，也称为“符号语言”；随后又陆续出现了可读性更好、更接近于自然语言的各种编程语言，如 BASIC 语言、FORTRAN 语言、C 语言、VC/C++等，称为“高级语言”。C 语言凭借其灵活性和强大功能成为目前世界上广泛采用的高级程序设计语言。

高级语言的表示方法要比低级语言更接近于待解问题的表示方法，其特点是在一定程度上与具体机器无关，易学、易用、易维护。

程序设计语言是软件的重要方面，其发展趋势是模块化、简明化、可视化。

1.1.2 算法

1. 算法的概念

程序的书写必须严格遵循某种程序设计语言的语法规则，但程序的本质却是“解决问题的一系列基本步骤”。当一个程序过于复杂时，直接开始编写程序代码并不是明智之举，原因是同时需要考虑解决问题的步骤和语法规则导致编程效率降低。如果可以先撇开语法规则，仅解决问题的步骤设计会得到更高的编程效率。

算法就是用灵活的方式描述的解决问题的方法、步骤，算法设计也就是写程序之前“打草稿”的过程。

简言之，算法是对操作步骤的描述，是程序的灵魂。

计算机算法就是为了让计算机实现特定目标或解决特定问题而编写的命令序列的集合。

所以，我们学习编写程序要养成一个良好地习惯，从算法的设计入手。

2. 简单算法举例

【例 1.2】 求 1+2+3+4+5 的结果。

最基本的算法：

第 1 步：先求 1+2，得到结果 3。

第 2 步：将步骤 1 得到的和 3 加 3，得到结果 6。

第 3 步：将 6 再加 4，得 10。

第 4 步：将 10 再加 5，得 15。

这样的算法虽然正确易看懂，但是太过烦琐。

改进的算法：

Step1：使 s=0；

Step2：使 i=1；

Step3：使 s+i，相加之后的和仍然放在变量 s 中，可表示为 s=s+i；

Step4：使 i 的值加 1，即 i=i+1；

Step5：如果 i≤5，返回重新执行步骤 Step3 以及其后的 Step4 和 Step5；否则，算法结束。

如果计算 1～100 的累加和，只需将 Step5：若 i≤5 改成 i≤100 即可。

如果该求 2+4+6+…+100，算法也只需做很少的改动。

该算法不仅正确，而且是效率较高的计算机算法，因为计算机是高速运算的自动机器，实现重复计算是轻而易举的。

3. 算法的基本特征

（1）可执行性：针对实际问题而设计的算法，执行后能够得到满意的结果，即算法中的每个步骤都应当是正确的，让计算机能够有效的执行，并能得出正确结果。

（2）确定性：每一条指令的含义明确，无二义性，并且在任何条件下，算法只有唯一的一条执行路径，即相同的输入只能得出相同的输出，让计算机知道一个唯一的、确定的执行方法。

（3）有穷性：算法必须在有限的时间内完成。这有两重含义，一是算法中的操作步骤为有限个，二是每个步骤都能在有限时间内完成。一个无法终止的算法会耗尽计算机的资源导致死机。

（4）输入：一个算法执行的结果总是与输入的初始数据有关，不同的输入将会有不同的结果输出。当输入不够或输入错误时，算法将无法执行或执行有错。即算法可以有零个或多个输入。

（5）输出：一个算法有一个或多个输出，这些输出是同输入有着某些特定关系的量。即算法可以有一个或多个输出。

4. 算法的表示

（1）用自然语言表示。

例如，例 1.2 中，最基本的算法的表示就是用自然语言描述，其优点是通俗易懂，但由于文字过长，容易产生歧义，除了非常简单的问题，一般少用此方法。

（2）用流程图表示。

流程图是由一些特定意义的图形、流程线及简要的文字说明构成的，它能清晰地表明程序的运行过程。这种表示方法直观形象，易于理解。

ANSI 标准规定的常用的流程图符号及其含义如表 1-1 所示。

表 1-1　常用的流程图符号及其含义

流程图符号	名称及含义
（圆角矩形）	起至框：算法的开始、结束
（矩形）	处理框：算法基本操作
（菱形）	判断框：表示条件判断
（平行四边形）	输入/输出框：表示输入/输出操作
→ ↓	流程线：表示算法执行顺序

例如，若整数 t 为正数则输出 t。流程图表示的算法如图 1-1 所示。

（3）用 N-S 流程图表示。

在流程图的使用过程中，人们发现流程线不一定是必需的。为此，人们又设计了一种新的流程图，它把整个程序表示在一个大框图内，这个大框图由若干个小框图构成，这种流程图简称 N-S 流程图。

N-S 图是一种新型流程图，也叫盒图或 CHAPIN 图，1973 年由美国学者提出。

例如，若整数 t 为正数则输出 t。用 N-S 流程图表示的算法如图 1-2 所示。

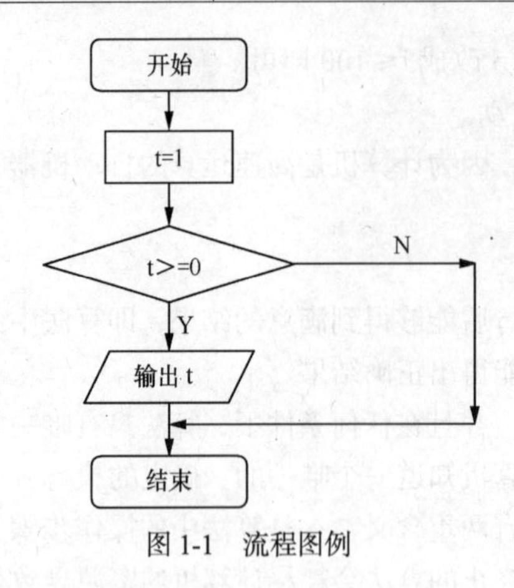

图 1-1　流程图例

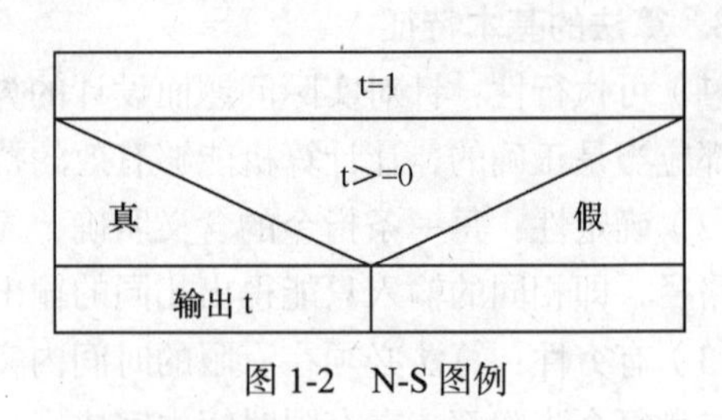

图 1-2　N-S 图例

（4）伪代码表示。

伪代码是介于自然语言和计算机语言之间的一种用文字和符号来描述算法的方法。所以伪代码描述的算法更易于直接转换成某种程序设计语言编写的程序。

例如，输出 x 的绝对值的伪代码算法：

```
if  x>=0  then
      print   x
else
      print  -x
```

（5）计算机语言表示。

我们学习程序设计语言的目的就是用计算机实现算法，用计算机语言表示算法必须严格遵循所用语言的语法规则。

【例 1.3】　求 1+2+3+4+5 用 C 语言表示。

```
#include <stdio.h>
void main()
{int i,s;
     s=0;
     i=1;
     while(i<=5)
    {  s=s+i;
      i=i+1;
    }
     printf("%d",s);
}
```

在上述的 5 种算法表示方法中，流程图和伪代码的方式是普遍采用的算法表示方式，流程图更适合于程序设计初学者的使用，而伪代码则广泛应用于专业的程序设计领域。

总之，算法是独立于具体程序设计语言的解决问题的步骤和方法，在学习任何一门程序设计语言之前都应当养成良好的编程习惯——首先设计算法，然后再转换为程序代码。

1.2　C 语言简介

1.2.1　C 语言的产生与发展

C 语言是由早期的 BCPL（Basic Combined Programming Language）语言发展演变而来。

1967 年，剑桥大学的 Martin Richards 对 CPL 语言进行了简化，于是产生了 BCPL（Basic Combined Programming Language）语言。

1970 年，美国贝尔实验室的 Ken Thompson 以 BCPL 语言为基础，设计出很简单且很接近硬件的 B 语言（取 BCPL 的首字母），并且他用 B 语言写了第一个 UNIX 操作系统。

1972 年，美国贝尔实验室的 D.M.Ritchie 在 B 语言的基础上最终设计出了一种新的语言，他取了 BCPL 的第二个字母作为这种语言的名字，这就是 C 语言，并首先在一台使用 UNIX 操作系统的计算机上实现。

1978 年由美国电话电报公司（AT&T）贝尔实验室正式发表了 C 语言。

随着 C 语言的日益发展，出现了多种 C 语言版本。由于没有统一的标准，使得这些 C 语言之间出现了一些不一致的地方。为了改变这种情况，美国国家标准化协会（American National Standards Institute）为 C 语言制定了一套 ANSI 标准，于 1983 年发表，通常称之为 ANSI C。目前流行的 C 语言编译系统大多是以 ANSI C 为基础进行开发的，但不同版本的 C 编译系统所实现的语言功能和语法规则又略有差别。

2011 年 12 月 8 日，ISO（International Organization for Standards）正式公布 C 语言新的国际标准草案：ISO/IEC 9899:2011，即 C11。新的标准修改提高了对 C++的兼容性，并将新的特性增加到 C 语言中。

关于 C 语言的产生和发展如表 1-2 所示。

表 1-2　　C 语言的产生和发展

编程范型	面向过程式
发行时间	1972 年
设计者	丹尼斯・里奇（Dennis Ritchie）
实现者	丹尼斯・里奇（Dennis Ritchie）和肯・汤普逊（Ken Thompson）
最新标准发行时间	C11（2011 年 12 月）
启发语言	B 语言、汇编语言
影响语言	awk, BitC, csh, C++, C#, Concurrent C, D, Java, JavaScript, Objective-C, Perl, PHP
操作系统	跨平台

1.2.2　C 语言的主要特点

C 语言应用广泛，而且具有长久的生命力，成为最受欢迎的程序语言之一，主要因为它具有丰富强大的功能。归纳起来 C 语言具有下列特点。

（1）语言简洁，结构紧凑。

C 语言语法严谨且灵活，程序结构简单明了，具有结构化的特点，C 语言程序以函数形式提供给用户，便于实现程序的模块化。C 语言一共只有 32 个关键字，9 条控制语句，且源程序书写格式自由。

（2）运算符丰富，数据类型多样，功能齐全。

C 语言包含 34 种运算符，它把括号、赋值、逗号等都作为运算符处理，从而使 C 的运算类型极为丰富。

（3）比其他高级语言更接近硬件。

C 语言把高级语言的基本结构与低级语言的实用性很好地结合在了一起。C 语言不同于其他高级语言，它可以直接对硬件进行操作，可以像汇编语言一样对位、字节和地址进行操作，而这三者是计算机最基本的工作单元，兼具高级语言和低级语言的优点。

（4）生成目标代码质量高，程序执行效率高。

（5）可移植性好。

C 语言程序基本上可以不作任何修改，就能运行于各种不同型号的计算机和各种操作系统。

但是，因为 C 语言语法限制不太严格，程序设计自由度大，所以对编程人员要求也高，若用 C 语言编写程序会感到限制少、灵活性大，功能强，但较其他高级语言在学习上要困难一些。

1.2.3 C 语言的应用

早期的 C 语言主要是用于 UNIX 系统。由于 C 语言的强大功能和各方面的优点逐渐被人们认识，到了 20 世纪 80 年代，C 语言开始应用于其他操作系统，并很快在各类计算机上得到了广泛地使用，成为当代最优秀的面向过程的程序设计语言之一。

目前，C 语言已被广泛应用于系统软件和应用软件的开发中，在下述的几个方面应用得更广泛。

1. 数据库管理和应用程序方面

C 语言的非数值处理功能很强，因此它被广泛应用于数据库管理系统和应用软件。大多数的关系数据库管理系统，如 dBASE、FoxBASE、ORACLE 等，都是由 C 语言编写的。各种不同部门的应用软件也大都是用 C 语言开发的，C 语言在开发数据库应用软件方面应用很广，深受开发者的欢迎。

2. 图形图像系统的应用程序方面

C 语言在图形图像的开发中也有着广泛的市场。很多图形图像系统，如 AutoCAD 通用图形系统等，就是使用 C 语言开发的，并且在这些图形系统中可以直接使用 C 语言编程，实现某些功能。C 语言编译系统带有许多绘图功能的函数，利用这些函数开发图形应用软件十分方便，所开发的应用程序常用 C 语言编写接口界面，这样既方便又灵活，效果很好。这是因为该语言提供有图形处理功能，便于实现图形图像的各种操作。因此，C 语言在图形图像的应用方面很好地发挥了它的作用。

3. 编写与设备的接口程序方面

C 语言不仅在建立友好界面方面有着广泛应用，如下拉式菜单、弹出菜单、多窗口技术等，而且在编写与设备的接口程序方面也有着广泛应用。这是因为 C 语言不仅具有高级语言的特性，还具有低级语言的功能，因此，在编写接口程序方面十分方便，有时它与汇编语言一起使用，会显示出更高的效率。

4. 数据结构方面

由于 C 语言提供了十分丰富的数据类型，不仅有基本数据类型还有构造的数据类型，如数组、结构体、共用体等，把它们用于较复杂的数据结构（例如，链表、队列、栈、树等）中显得十分方便，这方面已有许多成熟的例子供选择使用。

5. 排序和检索方面

排序和检索是数据处理中最常遇到并较为复杂的问题。使用 C 语言来编写排序和检索各种算法的程序既方便又简洁。特别是有些排序算法采用了递归方法进行编程，更显得清晰明了。因此，人们喜欢使用 C 语言来编写这方面的程序。

另外，C 语言是一种结构化程序设计语言，在编写大型程序中也很方便，特别是该语言又提供了预处理功能，其中文件包含在多人同时开发一个大程序时将带来减少重复和提高效率等好处，因此，越来越多的人喜欢用 C 语言来开发大型程序。

C 语言又是学习很多程序设计语言的基础，如 C++语言和 C 语言在很多方面是兼容的。因此，掌握了 C 语言，再进一步学习 C++就能以一种熟悉的语法来学习面向对象的语言，从而达到事半功倍的效果。

1.2.4　C 语言的编译环境

C 语言的编译环境是编写 C 语言程序和运行 C 语言程序的开发环境。目前，在微机上广泛使用的 C 语言编译系统有 Microsoft C 或称 MS C、Borland Turbo C 或称 TC、AT&T C、Visual C/C++等。虽然它们的基本部分都是相同的，但环境上还是有一些差异，所以读者应注意自己所使用的 C 编译系统的特点和规定（参阅相应的手册）。

这些 C 语言版本不仅实现了 ANSI C 标准，而且在此基础上各自作了一些扩充，使之更加完美。

从 2008 年 4 月开始，全国计算机等级考试已全面停止 Turbo C2.0（简称 TC）软件的使用，所有参加二级 C 语言、三级信息技术、网络技术和数据库技术上机考试的考生，都要在 Visual C++6.0（简称 VC 环境下调试运行 C 程序。所以本书讲解在 VC 环境下如何进行 C 语言程序开发。

1.3　C 语言程序的构成

1.3.1　简单 C 程序的介绍

为了说明 C 语言源程序结构的特点，先看以下几个程序。我们可从这些例子中了解到组成一个 C 源程序的基本部分和书写格式。

【例 1.4】

```
#include <stdio.h>
void main()
{
  printf("This is a program.\n");
}
```

这是一个很简单的程序，执行该程序后，则在屏幕上显示如下信息：

```
This is a program.
```

该程序第一行称为预处理命令（详见后面章节），该程序有一个函数 main()，它是一个主函数，并没有参数。该函数的函数体是用一对花括号{}括起来的，函数体内只有一个语句。注意，一条语句的最后要有一个分号(;)，这是 C 语言程序的一个特点。该语句是标准格式输出函数 printf ( )，这个函数在后面章节会学到，在该函数中只有用双引号括起来的控制串部分，没有任何参数，因此，该函数将双引号内的字符串输出显示在屏幕上，在字符串中除了最后有一个'\n'字符外，都是一般可打印字符，而'\n'是用转义序列表示的换行符，这个在后续章节也会介绍。

【例 1.5】　求两个数平均值的 C 语言程序。

```
#include   <stdio.h>                        /*编译预处理命令*/
void main()                                 /*主函数*/
{
  int num1, num2;                           /*定义 num1、num2 为整型变量*/
```

```
    float  average;                          /*定义 average 为实型变量*/
    scanf("%d%d",&num1,&num2);               /*由键盘输入 num1、num2 的值*/
    average = (num1+num2)/2.0;    /* 计算平均值并将结果存入 average 变量中*/
    printf("average=%f\n", average);             /*输出两个数的平均值*/
}
```

【例 1.6】 求两个数平均值的 C 语言程序。

```
#include   <stdio.h>                    /*编译预处理命令*/
float aver(int x,int y)                 /*用户自定义的函数 aver()*/
{
 return  (x+y)/2.0;                     /*计算两数平均值作为函数返回值*/
}
void main()                             /*主函数*/
{
int   num1, num2;                       /*定义 num1、num2 为整型变量*/
float  average;                         /*定义 average 为实型变量*/
scanf("%d,%d",&num1,&num2);             /*由键盘输入 num1、num2 的值*/
average=aver(num1,num2);                /*通过调用求平均值函数计算两数平均值*/
printf("average=%f\n",average);         /*输出两数平均值*/
}
```

上面例 1.5 和例 1.6 的程序结构不同，例 1.5 包含一个主函数，例 1.6 包含一个主函数和一个用户自定义函数，但它们的功能相同，所以运行结果也相同。

程序运行情况：

```
6,8↙(从键盘输入 6 和 8，"↙"表示按回车键)
average =7.000000（结果输出）
```

1.3.2　C 源程序的基本构成

（1）函数是 C 语言程序的基本单位。

函数是由两部分组成的：一部分称为函数头，它是函数的说明部分，包含函数类型、函数名、一对圆括号、函数参数（形参）名和参数的说明；另一部分称为函数体，C 程序的函数体必须要用花括号{}作为定界符括起来，它是由若干条语句组成的，这对花括号标识了函数体的范围。函数内部也可以用花括号作为复合语句的定界符。

（2）一个完整的 C 语言程序结构有以下两种表现形式：

- 仅由一个 main()函数（又称主函数）构成；
- 由一个 main()函数和若干个其他自定义函数构成，其中自定义函数由用户自己设计。

（3）主函数可以出现在 C 程序的任何地方，并没有严格的限制。但 C 程序的执行却总是从主函数开始的，并且也在主函数中结束，即主函数是程序执行的唯一入口和出口。

（4）其他函数的执行是通过调用语句来实现的，主函数可以调用任何非主函数，任何非主函数之间都可以互相调用，但绝对不能调用主函数。

（5）一个 C 语言源程序可以由一个或多个源文件组成。

每个源文件可由一个或多个函数组成。一个源程序不论由多少个文件组成，它有一个且只能有一个 main 函数，即主函数。

（6）源程序中可以有预处理命令（include 命令仅为其中的一种），预处理命令通常应放在源文件或源程序的最前面。

（7）每一个说明、每一个语句都必须以分号结尾。但预处理命令、函数头和花括号“}”之后不能加分号。

（8）标识符、关键字之间必须至少加一个空格以示间隔。若已有明显的间隔符，也可不再加空格来间隔。

1.4　C 语言中的字符和单词

字符是组成语言的最基本元素，类似于任何一门自然语言的学习，学习程序设计语言也必须从最简单的字符开始，然后再学习基本单词、语句构成规则，最后才能够写出完整的程序。

1.4.1　C 语言的字符集

作为一种程序设计语言，C 语言程序中允许出现的所有基本字符的集合称为 C 语言的字符集。C 语言的字符集也是 ASCII 的字符集合，具体可以分为如下几类。

1. 大小写英文字母（52 个）

小写字母 a～z 共 26 个；

大写字母 A～Z 共 26 个。

2. 数字（10 个）

0～9 共 10 个。

3. 标点和特殊符号（共 33 个）

C 语言字符集中标点和特殊符号的含义如表 1-3 所示。

在 C 语言程序中出现的所有标点符号都必须为英文输入法半角状态下的标点符号。

表 1-3　C 语言字符集中标点和特殊符号

符　号	含　义	符　号	含　义	符　号	含　义
~	波浪号	)	右圆括号	:	冒号
`	重音号	_	下画线	;	分号
!	叹号	-	减号	"	双引号
@	at 符号	+	加号	'	单引号
#	井号	=	等号	<	小于号
$	美元号	|	或符号	>	大于号
%	百分号	\	反斜杠	,	逗号
^	异或符	{	左花括号	.	小数点
&	与符号	}	右花括号	?	问号
*	星号	[	左方括号	/	斜杠
(	左圆括号	]	右方括号		空格

4. 转义字符

转义字符由反斜杠“\”紧跟一个字符或若干个字符构成，其本质仍是一个字符，代表键盘上的不可显示的控制字符或特殊字符，常见的如回车字符、换行字符等，如表 1-4 所示。

表 1-4　　转义字符

\n	回车换行字符	\a	响铃字符
\r	回车字符	\"	双引号
\t	水平制表	\'	单引号
\v	垂直制表	\\	反斜杠
\b	左退一格	\ddd	1～3 位 8 进制数
\f	换页字符	\xhh	1～2 位 16 进制数

5. 空白符

空格符、制表符、换行符等统称为空白符。空白符只在字符常量和字符串常量中起作用，在其他地方出现时，只起间隔作用，编译程序对它们忽略不计。因此，在程序中使用空白符与否，对程序的编译不发生影响，但在程序中适当的地方使用空白符将增加程序的清晰性和可读性。

1.4.2　C 语言词汇

1. 关键字

关键字是由 C 语言系统预先定义好的具有特定意义、实现特定功能的字符串，又称为保留字。在 C 语言程序中，关键字常用来构成语句或进行数据类型的定义，用户只能拿来使用而不能更改。

关键字包括以下内容。

（1）数据类型说明符，如表 1-5 所示。

表 1-5　　数据类型说明符

关 键 字	含　义	关 键 字	含　义	关 键 字	含　义
short	短整型	float	单精度实型	emum	枚举型
int	整型	double	双精度实型	void	空类型
long	长整型	char	字符型	const	符号常量
signed	带符号整型	struct	结构体	typedef	类型定义
unsigned	无符号整型	union	共用体		

（2）存储类型说明符，如表 1-6 所示。

表 1-6　　存储类型说明符

关 键 字	含　义	关 键 字	含　义
auto	自动变量	static	静态变量
register	寄存器变量	extern	外部变量

（3）语句定义符，如表 1-7 所示。

表 1-7　　语句定义符

关键字	含义	关键字	含义	关键字	含义
if	选择结构如果	for	循环	break	强制退出
else	选择结构否则	do	执行	goto	跳转
switch	多分支选择	while	当型循环	default	默认
case	分支	continue	继续	return	返回

（4）sizeof（表达式）：计算表达式值所占内存的字节数。

（5）预处理命令字：用于表示一个预处理命令。

如前面例中用到的 include。

2. 标识符

区别于系统预先指定的关键字，标识符是指用户自定义的字符序列，用来表示程序中各种对象名称，如变量、数组、函数等对象的名称。

在 C 语言中，标识符必须按照如下规则命名。

- 有效字符：标识符只能由数字、字母和下画线组成，且第一个字符必须是字母或下画线。
- 有效长度：标准 C 不限制标识符的长度，但它受各种版本的 C 语言编译系统限制，同时也受到具体机器的限制，但至少前 8 个字符有效。
- C 语言区分英文字母大小写，即同一英文字母的大小写被认为是两个不同的字符。
- C 语言的关键字不能作为变量名。
- 用户指定标识符名称时，尽量做到“顾名思义”和“简洁明了”。

例如：正确的标识符名称有 x，_str，a1，a2 等。

3. 运算符

C 语言中含有相当丰富的运算符，运算符与变量、函数一起组成表达式，表示各种运算功能。运算符由一个或多个字符组成。

4. 分隔符

在 C 语言中采用的分隔符有逗号和空格两种。逗号主要用在类型说明和函数参数表中，分隔各个变量。空格多用于语句各单词之间，作间隔符。在关键字、标识符之间必须要有一个以上的空格符作间隔，否则将会出现语法错误。例如，把 int a;写成 inta;，则 C 编译器会把 inta 当成一个标识符处理，其结果必然出错。

5. 常量

C 语言中使用的常量可分为数字常量、字符常量、字符串常量、符号常量、转义字符等多种。在后续章节中将专门给予介绍。

6. 注释符

C 语言的注释符是以“/*”开头并以“*/”结尾的串。在“/*”和“*/”之间的即为注释。程序编译时，不对注释作任何处理。注释可出现在程序中的任何位置，用来向用户提示或解释程序的意义。在调试程序中对暂不使用的语句也可用注释符括起来，使翻译跳过不作处理，待调试结束后再去掉注释符。

1.4.3　C 语言程序的书写规则

C 语言具有语句简洁灵活的特点，为了增强 C 语言的可读性，正确的书写格式就显得十分重要。下面将给出书写 C 语言程序的常用格式以及应注意的事项。

（1）C 语言规定每条语句或数据说明均以分号结束。分号是语句不可缺少的组成部分。

（2）C 程序的任意位置都可以出现注释语句，即用“/*”和“*/”括起来的部分。注释语句并不会被执行，只是为了增强程序的可读性而加上的描述性语句。

（3）C 语言程序语句在一行写不下时，可以在任意一个分隔符或空格处换行。

（4）编写程序时尽量用缩进来体现程序良好的结构。低一层次的语句或说明可比高一层次的语句或说明缩进若干格后书写，以便看起来更加清晰，增加程序的可读性。

（5）用{} 括起来的部分，通常表示了程序的某一层次结构。{}一般与该结构语句的第一个字母对齐，并单独占一行。

在编程时应力求遵循这些规则，以养成良好的编程风格。

1.5 Visual C++ 6.0 环境下 C 程序的实现

在了解一些 C 语言的初步知识以后，就应该上机练习编写和运行 C 语言程序，通过上机实践来加深对 C 语言的认识和理解。

1.5.1 C 语言程序的实现过程

C 语言程序的实现可归纳为如下 3 步。

1. 编辑

编辑是用 C 语言写出源程序。其方法有两种：一种是使用编辑程序编写好 C 语言源程序，并以.c 或.cpp 为后缀名存储；另一种是使用 C 语言编译系统提供的编辑器来编写源程序，并且存储。

2. 编译连接

编译连接是两个过程，有些编译系统常将它们连在一起，实际上是将源程序先进行编译，通过编译可发现源程序中的语法错误。如有错误，则系统将其“错误信息”显示在屏幕上，用户根据指出的错误信息，对源程序进行编辑修改，修改后再重新编译，直到编译无错为止。编译后生成的机器指令程序，被称为目标程序。此目标程序名与相应的源程序同名，其后缀为.obj。编译过程完成后，便开始连接过程。所谓连接是将目标程序与库函数或其他程序连接成为可执行的目标程序，简称可执行程序。一般可执行程序名同源文件名，后级为.exe。

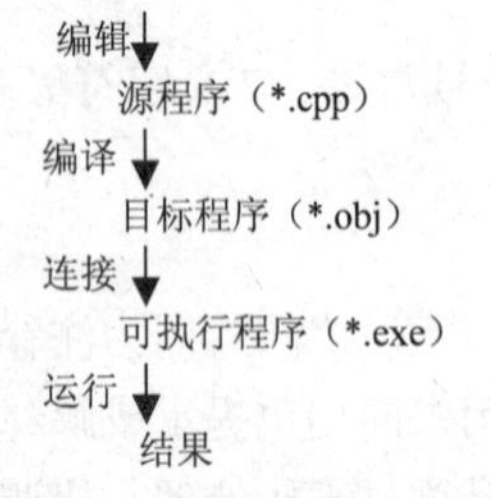

图 1-3 C 语言程序的编译和运行

3. 运行

当程序编译连接后，生成了可执行程序便可运行了。这里还需补充一点，在连接过程中可能出现错误，这时必须根据“出错信息”所指示的错误进行修改后再进行连接，直到不出错为止，这样才会生成可执行文件。运行可执行文件，一般屏幕上显示出输出结果。

C 语言程序的实现过程可以用图 1-3 简单地表示出来。

1.5.2 Visual C++ 6.0 集成开发环境的使用

这里只讲解如何通过 Visual C++实现一个程序的编写、编译和运行。Visual C++ 6.0 集成开发环境的详细使用请参阅相关书籍。

（1）启动计算机，进入窗口环境操作界面。

（2）依次单击“开始”→“程序”→“Microsoft Visual Studio 6.0”→“Microsoft Visual C++ 6.0”，启动 Visual C++集成开发环境，如图 1-4 所示。

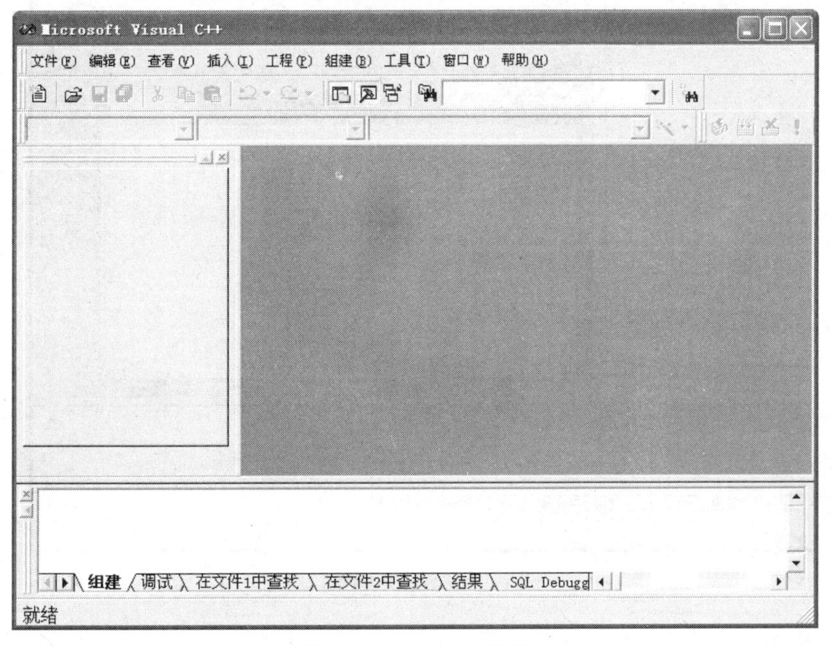

图 1-4　Visual C++界面

（3）选择“文件”菜单中的“新建”命令，在“新建”对话框中，选择“文件”选项卡，再选择“C++ Source File”类型，如图 1-5 所示。

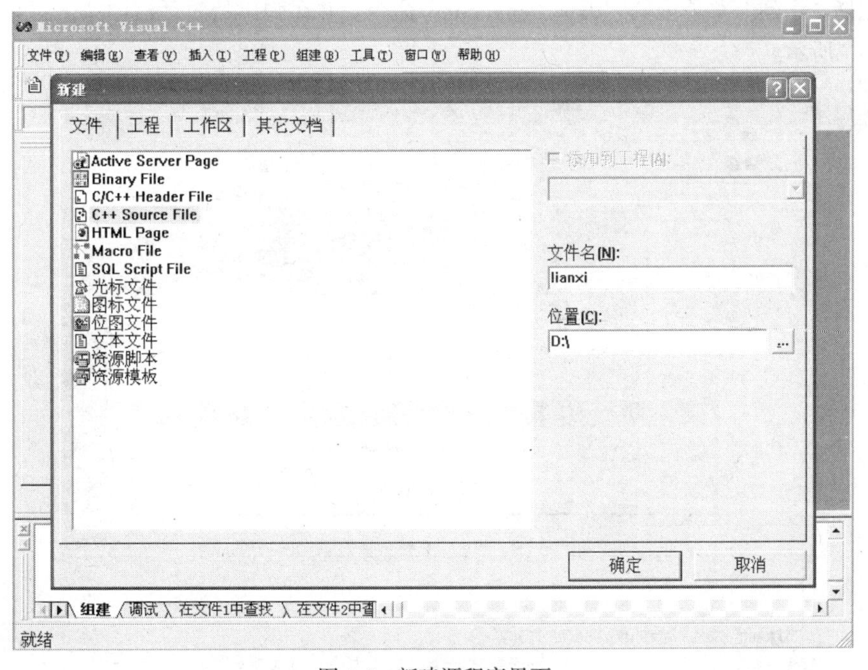

图 1-5　新建源程序界面

（4）单击“确定”按钮，弹出如图 1-6 所示的源程序编辑窗口。

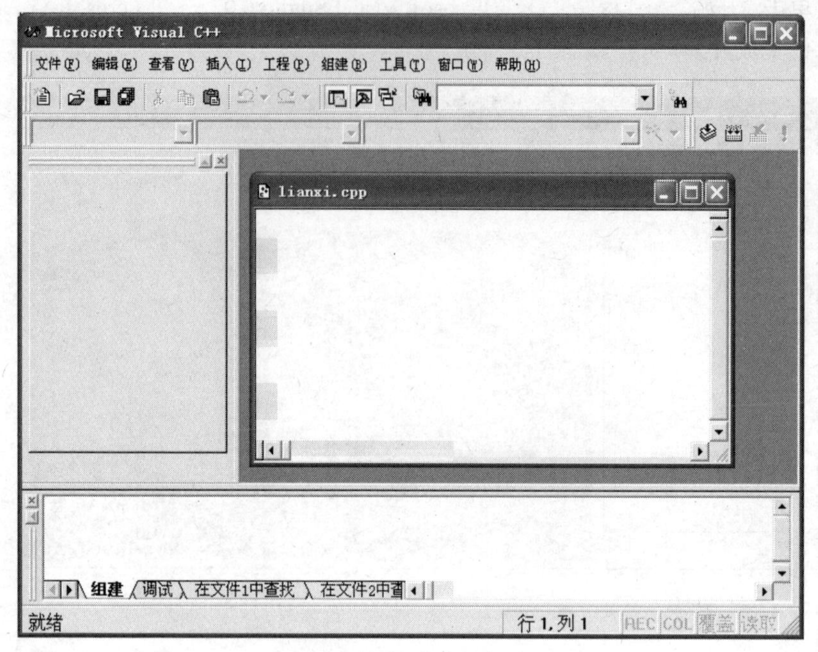

图 1-6 源程序编辑窗口

（5）在编辑窗口中，输入如下内容：

```
#include "stdio.h"
void main( )
{printf("goodbye!\n");
}
```

（6）选择“组建”菜单中的“编译 lianxi.cpp”命令，并在弹出的对话框中单击“是（Y）”按钮，如图 1-7 所示。

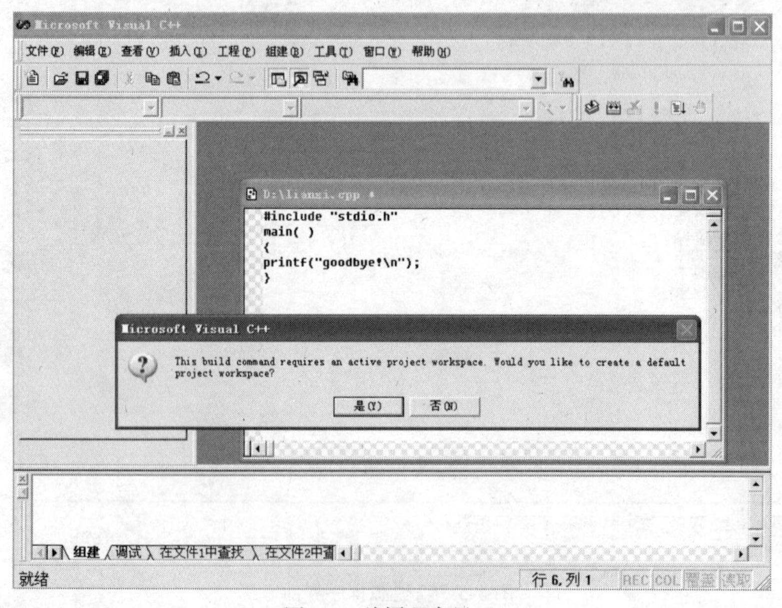

图 1-7 编译程序界面

（7）选择“组建”菜单中的“组建 lianxi.exe”命令，构建可执行程序 lianxi.exe；再选择“组建”菜单中的“！执行 lianxi.exe”命令，如图 1-8 所示。在弹出的对话框中单击“是（Y）”按钮，程序运行结果如图 1-9 所示。

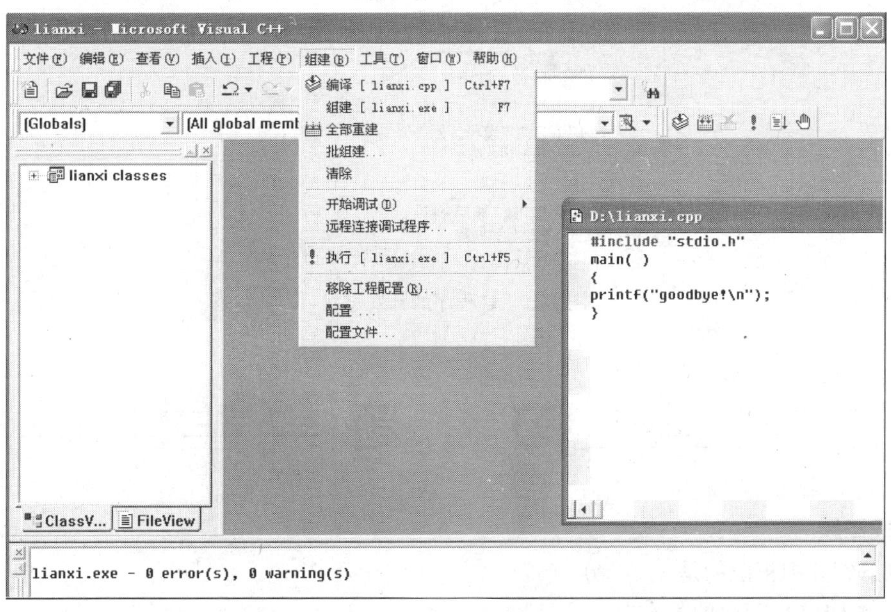

图 1-8　程序执行界面

图 1-9　程序的运行结果

在 Visual C++环境下开发程序的过程如图 1-10 所示。

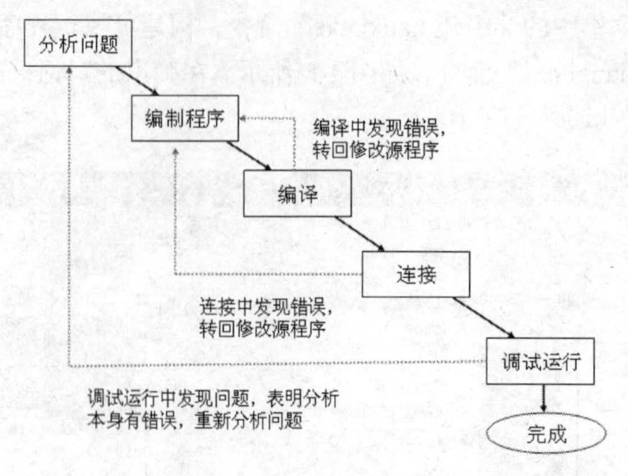

图 1-10　C 程序的开发过程

习　　题

一、选择题

1. 以下叙述中正确的是（　　）。
   （A）构成 C 程序的基本单位是函数
   （B）可以在一个函数中定义另一个函数
   （C）main()函数必须放在其他函数之前
   （D）main()函数必须放在其他函数之后
2. 构成 C 语言程序的基本单位是（　　）。
   （A）程序行　　（B）语句　　（C）函数　　（D）字符
3. C 语言规定，在一个源程序中，main 函数的位置（　　）。
   （A）必须在最开始
   （B）必须在系统调用的库函数的后面
   （C）可以任意
   （D）必须在最后
4. 一个算法应该具有“确定性”等 5 个特性，下面对另外 4 个特性的描述中错误的是（　　）。
   （A）有零个或多个输入　　（B）有零个或多个输出
   （C）有穷性　　（D）可行性
5. 以下叙述中正确的是（　　）。
   （A）C 语言的源程序不必通过编译就可以直接运行
   （B）C 语言中的每条可执行语句最终都将被转换成二进制的机器指令
   （C）C 源程序经编译形成的二进制代码可以直接运行
   （D）C 语言中的函数不可以单独进行编译
6. 下列关于复合语句和空语句的说法，错误的是（　　）。
   （A）复合语句是由“{”开头，由“}”结尾的
   （B）复合语句在语法上视为一条语句

（C）复合语句内，可以有执行语句，不可以有定义语句部分
（D）C 程序中的所有语句都必须由一个分号作为结束

7. 以下说法错误的是（　　）。
（A）一个算法应包含有限个步骤
（B）在计算机上实现的算法是用来处理数据对象的
（C）算法可以没有输出结果
（D）算法的目的是为了求解

8. C 语言中的标识符只能由字母、数字和下画线 3 种字符组成，且第一个字符（　　）。
（A）必须为字母　　（B）必须为下画线
（C）必须为字母或下画线　　（D）可以是字母，数字和下画线中任一字符

9. 下列叙述中正确的是（　　）。
（A）C 语言编译时不检查语法　　（B）C 语言的子程序有过程和函数两种
（C）C 语言的函数可以嵌套定义　　（D）C 语言的函数可以嵌套调用

10. 在 VC 中，C 语言源程序文件的后缀是（　　）。
（A）".cpp"　　（B）".obj"　　（C）".exe"　　（D）".bas"

11. 在 C 语言中，退格符是（　　）。
（A）\n　　（B）\t　　（C）\f　　（D）\b

12. 以下叙述不正确的是（　　）。
（A）一个 C 源程序可由一个或多个函数组成
（B）一个 C 源程序必须包含一个 main 函数
（C）C 程序的基本组成单位是函数
（D）在 C 程序中，注释说明只能位于一条语句的后面

13. 请选出可用作 C 语言用户标识符的是（　　）。
（A）void,define,WORD　　（B）a3_b3,_123,IF
（C）FOR,--abc,Case　　（D）2a,Do,Sizeof

14. 算法具有 5 个特性，以下选项中不属于算法特性的是（　　）。
（A）有穷性　　（B）简洁性　　（C）可行性　　（D）确定性

15. 下列关于 C 语言的说法，不正确的是（　　）。
（A）C 语言既具有高级语言的一切功能，也具有低级语言的一些功能
（B）C 语言程序是由过程构成的
（C）注释可以出现在程序中任意合适的地方
（D）表达式加上分号就可以构成 C 语句

16. 以下叙述中正确的是（　　）。
（A）用 C 语言实现的算法必须要有输入和输出操作
（B）用 C 语言实现的算法可以没有输出但必须要有输入
（C）用 C 程序实现的算法可以没有输入但必须要有输出
（D）用 C 程序实现的算法可以既没有输入也没有输出

17. 下列关于标识符的说法中错误的是（　　）。
（A）合法的标识符是由字母、数字和下画线组成
（B）C 语言的标识符中，大写字母和小写字母被认为是两个不同的字符

（C）C 语言的标识符可以分为 3 类，即关键字、预定义标识符和用户标识符
（D）用户标识符与关键字不同时，程序在执行时将给出出错信息

18. C 语言程序中可以对程序进行注释，注释部分必须用符号（　　）括起来。
（A）"{" 和 "}"　　　　（B）"[" 和 "]"
（C）"/*" 和 "*/"　　　　（D）"*/" 和 "/*"

19. 完成 C 源文件编辑后、到生成执行文件，C 语言处理系统必须执行的步骤依次为（　　）。
（A）连接、编译　（B）编译、连接　（C）连接、运行　（D）运行

20. 算法中，对需要执行的每一步操作，必须给出清楚、严格的规定，这属于算法的（　　）。
（A）正当性　（B）可行性　（C）确定性　（D）有穷性

21. 下列叙述中错误的是（　　）。
（A）计算机不能直接执行用 C 语言编写的源程序
（B）C 程序经 C 编译程序编译后，生成后缀为.obj 的文件是一个二进制文件
（C）后缀为.obj 的文件，经连接程序生成后缀为.exe 的文件是一个二进制文件
（D）后缀为.obj 和.exe 的二进制文件都可以直接运行

22. 以下叙述中正确的是（　　）。
（A）C 程序中注释部分可以出现在程序中任意合适的地方
（B）花括号 "{" 和 "}" 只能作为函数体的定界符
（C）构成 C 程序的基本单位是函数，所有函数名都可以由用户命名
（D）分号是 C 语句之间的分隔符，不是语句的一部分

23. 对于一个正常运行的 C 程序，以下叙述中正确的是（　　）。
（A）程序的执行总是从 main 函数开始，在 main 函数结束
（B）程序的执行总是从程序的第一个函数开始，在 main 函数结束
（C）程序的执行总是从 main 函数开始，在程序的最后一个函数中结束
（D）程序的执行总是从程序的第一个函数开始，在程序的最后一个函数中结束

24. 以下叙述中正确的是（　　）。
（A）C 程序中的注释只能出现在程序的开始位置和语句的后面
（B）C 程序书写格式严格，要求一行内只能写一个语句
（C）C 程序书写格式自由，一个语句可以写在多行上
（D）用 C 语言编写的程序只能放在一个程序文件中

25. 按照 C 语言规定的用户标识符命名规则，不能出现在标识符中的是（　　）。
（A）大写字母　（B）连接符　（C）数字字符　（D）下画线

26. 可在 C 程序中用作用户标识符的一组标识符是（　　）。
（A）and　_2007　　　　（B）Date　Y-M-D
（C）Hi　Dr.Tom　　　　（D）case　BIgl

27. 以下不能定义为用户标识符的是（　　）。
（A）scanf　（B）Void　（C）C.　_3com_　（D）int

二、填空题

1. 目前，编程语言有低级语言、汇编语言和高级语言，C 语言属于________语言。
2. 算法必须要有________个输入和________个输出。
3. 构成 C 语言程序的基本模块是________。

4. 函数体在 C 语言中用________作为定界符括起来。

5. C 语言源程序文件名的后缀是________，经过编译后，生成文件的后缀是________，经过连接后，生成文件的后缀是________。

6. C 语言程序的语句必须以________符号作为结束标志。

7. C 语言中规定标识符必须以________开头。

8. 程序总是从________开始执行（即程序的入口），由________结束（即程序的出口）。

9. 在C语言中采用的分隔符有________和________两种。

10. 一个C语言源程序可以由________个源文件组成。

三、简答题

1. 简述 C 语言的产生和发展。
2. C 语言的主要特点是什么？
3. C 语言有哪些主要的应用？它为什么既可用来开发系统软件又可用来编写应用程序？
4. C 语言的字符集包含哪些字符？
5. C 语言中有哪些单词？各自有什么规定？
6. 标识符和关键字有什么区别？
7. 语言中有哪些分隔符？它们各自的作用是什么？
8. C 语言程序在书写格式上有哪些规定？
9. 算法的表示方法有哪几种？其优缺点是什么？
10. 结构化程序的设计方法是什么？

四、上机实践题

1. 在 Visual C++6.0 环境下，完成一个简单程序的开发。
2. 请指出以下程序的错误所在：

```
#include <stdio.h>
void main();
{
float r,s;
r=5.0;
s=3.14159*r*r;
printf("%f\n",s),
}
```

3. 在 Visual C++6.0 环境下编辑以下程序，并进行编译连接执行程序，得到程序的运行结果。通过这个习题的实践，希望读者熟练掌握 C 语言程序的实现过程和基本构成特点。

```
#include "stdio.h"
int add(int x,int y)
    {
    return (x+y);
    }
void main()
    {
    int a,b,sum;
    printf ("Input a and b:");
    scanf ("%d%d",&a,&b);
    sum=add(a,b);
    printf ("sum= %d+%d= %d\n" ,a,b, sum);
    }
```

第2章 数据类型、运算符与表达式

程序设计的目的之一就是数据处理，本章主要介绍C语言中最基本的数据运算与处理。通过本章的学习，读者要熟悉C语言中丰富的数据类型，熟练掌握基本的数据类型，理解常量和变量的含义及表示，重点理解不同数据类型的转换方式以及多种运算符的优先级和结合性。

2.1 C语言的数据类型

2.1.1 什么是数据类型

对于计算机程序设计，著名的计算机科学家沃思（Nikiklaus Wirth）提出了一个公式：

程序=数据结构＋算法

实际上结构化程序设计可以表示为：

程序=数据结构＋算法+程序设计方法+语言工具和环境

C语言提供的各种数据结构都是以数据类型的形式出现的。

数据类型是编程语言中为了对数据进行描述的定义，因为机器不能识别数据，而不同数据间的相互运算，在机器内部的执行方式是不一样的。这就要求用户先定义数据的特性再进行其他操作。这里的特性也就是数据类型，它是按照数据被说明量的性质、表示形式、占据存储空间的多少和构造特点来划分的。

简言之，数据类型是指现实世界形形色色不同形式的数据在计算机中的表示形式，是数据的一种属性，表示程序中数据所表示信息的类型。

例如，“某商品的单价”、“某人的年龄”、“出生日期”等数据是可以进行各种算术运算的，具有数值意义，在C语言中称为“数值型”。再例如，“某人的性别”不能参与算术运算，是非数值的数据，但是它具备了文字的表意特性，在C语言中可以用单个字符（'M'、'F'）表示，把“性别”称为“字符型”数据。

任何一种编程语言都定义了自己的数据类型。当然，不同的程序语言都具有不同的特点，所定义的数据类型的种类和名称都或多或少有些不同。

2.1.2 C语言中的数据类型

在C语言中，数据类型可分为基本类型、构造类型、指针类型和空类型4大类。具体如表2-1所示。

表 2-1　　C 语言的数据类型

<table>
<tr><th colspan="4">数 据 类 型</th><th>数据类型符</th><th>占用字节</th><th>数值表示范围</th></tr>
<tr><td rowspan="10">基本类型</td><td rowspan="9">数值型</td><td rowspan="6">整型</td><td>整型</td><td>[signed] int</td><td>2 或 4</td><td>同短整型或长整型</td></tr>
<tr><td>短整型</td><td>[signed] short [int]</td><td>2</td><td>−32 768～+32 767</td></tr>
<tr><td>长整型</td><td>[signed] long [int]</td><td>4</td><td>−2 147 483 648～+2 147 483 647</td></tr>
<tr><td>无符号整型</td><td>unsigned [int]</td><td>2 或 4</td><td>同无符号短整型或无符号长整型</td></tr>
<tr><td>无符号短整型</td><td>unsigned short</td><td>2</td><td>0～65 535</td></tr>
<tr><td>无符号长整型</td><td>unsigned long</td><td>4</td><td>0～4 294 967 295</td></tr>
<tr><td rowspan="3">实型</td><td>单精度实型</td><td>float</td><td>4</td><td>10^{-38}～10^{38}</td></tr>
<tr><td>双精度实型</td><td>double</td><td>8</td><td>10^{-308}～10^{308}</td></tr>
<tr><td>长双精度实型</td><td>long doubule</td><td>16</td><td>10^{-4931}～10^{4932}</td></tr>
<tr><td colspan="3">字符型</td><td>char</td><td>1</td><td>−128～+127</td></tr>
<tr><td colspan="2" rowspan="4">构造类型</td><td colspan="2">数组类型</td><td colspan="3" rowspan="6">（后续章节详细介绍）</td></tr>
<tr><td colspan="2">结构体类型</td></tr>
<tr><td colspan="2">共用体类型</td></tr>
<tr><td colspan="2">枚举类型</td></tr>
<tr><td colspan="4">指针类型</td></tr>
<tr><td colspan="4">空类型</td></tr>
</table>

注：表中数据类型说明符[]中内容可省略。

1. 基本类型

C 语言中，基本数据类型有 3 种，即整型、实型和字符型，整型和实型是数值型，字符型是非数值型。

基本数据类型最主要的特点是，其值不可以再分解为其他类型。也就是说，基本数据类型是自我说明的。

2. 构造类型

构造类型是指由若干相关的基本数据类型组合在一起形成的一种复杂数据类型。也就是说，一个构造类型的值可以分解成若干个“成员”或“元素”。每个“成员”都是一个基本数据类型或又是一个构造类型。它包含有数组类型、结构体类型、共用体类型和枚举类型。

（1）数组类型：是由相同类型数据组合而成的。

例如，某班级学生的英语成绩可以组成一个实型数组。

（2）结构体类型：是由不同的数据类型组合而成的。

例如，一名学生的姓名（字符数组）、性别（字符型）、年龄（整型）、英语成绩（实型）也可以组合在一起，构成一个结构体型数据。

（3）共用体类型：如果若干个数据在不同时使用时，为了节省内存空间，C 语言还可以把这些数据组合在一起，构成共用体类型。

（4）枚举类型：用于声明一组命名的常数，当一个变量有几种可能的取值时，可以将它定义为枚举类型。

枚举类型可以将变量的值一一列出来，变量的值只限于列举出来的值的范围内。

3. 指针类型

指针类型是一种特殊的数据类型，它是用来表示内存地址的。同时，指针又是一种具有重要作用的数据类型，因为其值是用来表示某个变量在内存储器中的地址。

4. 空类型

空类型是从C语言语法完整性的角度给出的一种特殊类型，它表示该处不需要具体的数据值，因而也没有具体的数据类型。

在本章中，我们重点学习3大基本数据类型，即整型、实型和字符型。其余类型在以后各章中会陆续介绍。

按照冯·诺伊曼理论，程序和数据都存放在计算机存储器上。C语言对于每个要处理的数据首先都会在内存中分配若干个字节的存储空间来存放该数据。数据所占用存储空间中的字节数被称为"数据长度"，不同类型数据的数据长度是不同的（见表2-1），因此，为了给数据分配长度合适的内存空间，C语言规定数据在使用之前，必须先对该数据的数据类型加以说明，也就是常说的数据"先定义，后使用"原则。

在全国计算机等级考试中，以 Viusal C++ 6.0 标准说明各种基本数据类型，如表2-2所示。

表2-2　Viusal C++ 6.0 中各类型的长度

类　型	所占位数	所占字节数	类　型	所占位数	所占字节数
short	16	2	unsigned int	32	4
int	32	**4**	unsigned long	32	4
long	32	4	float	32	4
unsigned short	16	2	double	64	**8**

在程序中对用到的数据必须指定其数据类型，数据分为常量和变量，它们分别属于以上类型。利用以上数据类型还可以构成更复杂的数据结构，比如利用指针和结构体类型可以构成表、树、栈等复杂的数据结构。

2.2　常量和变量

2.2.1　常量

在程序中，某些数据具有这样的一些特点：

- 在程序中保持不变；
- 在程序内部频繁使用；
- 需要用比较简单的方式替代某些值。

这样的数据叫做常量。通俗地说，常量就是程序运行过程中值不能被改变的量。分为直接常量和符号常量。

直接常量根据数据类型的不同又分为整型常量、实型常量、字符常量和字符串常量，这些常量无须定义，可以在程序中直接拿来使用，即具有"直接性"。

符号常量则是一类特殊的常量，需要首先定义才能使用。

1. 整型常量

整型常量就是数据类型为整型的常量，即整数，包括正整数、负整数和 0。

在 C 语言中，整型常量的表示方式有以下 3 种。

（1）十进制整数：即整数的常规形式，十进制整数没有前缀，有正负之分，其数码为 0～9。例如，0、-99、+23、65 等。

（2）八进制整数：八进制整数书写时以数字 0 开头，数码取值为 0～7。八进制数通常是无符号数。例如，00、0111、015、021 等，计算机都将其作为八进制数，它们分别对应的十进制整数为 0、73、13、17。

（3）十六进制整数：十六进制整数书写时以 0x 开头，数码取值为 0～9、A～F 或 a～f。例如，0x2A、0xA0、0xffff、0x21 等，它们对应的十进制整数为 42、160、65535、33。

注意

在上面的 3 种整型常量的表示方法中，十进制整型常量有正负之分，数值为-32 768～+32 767 的常量系统会自动分配 2 个字节；超出此范围则会分配 4 个字节。八进制、十六进制整型常量则只能表示无符号的正数。

在 16 位字长的机器上，基本整型的长度也为 16 位，因此表示的数的范围也是有限定的。十进制无符号整常数的范围为 0～65 535，有符号数为-32 768～+32 767。八进制无符号数的表示范围为 0～0177 777。十六进制无符号数的表示范围为 0X0～0XFFFF 或 0x0～0xFFFF。如果使用的数超过了上述范围，就必须用长整型数来表示。长整型数是用后缀大写“L”或小写“l”来表示的。

例如：十进制长整型常数 68L（十进制为 68）、68000L（十进制为 68000）。

长整数 68L 和基本整常数 68 在数值上并无区别。但对于 68L，因为是长整型量，C 编译系统将为它分配 4 个字节存储空间。而对于 68，因为是基本整型，只分配 2 个字节的存储空间。因此，在运算和输出格式上要予以注意，避免出错。

无符号数也可用后缀表示，整型常数的无符号数的后缀为“U”或“u”。

例如：358u,0x38Au,235Lu 均为无符号数。

前缀、后缀可同时使用以表示各种类型的数。例如，0XA5Lu 表示十六进制无符号长整型数 A5，其十进制为 165。

【例 2.1】 不同进制数的表示及相互转换。

以下选项中可作为 C 语言合法整数的是（　　）。

A. 10110B　　B. 0386　　C. 0Xffa　　D. x2a2

【答案】 C

【解析】 本题考核的知识点是 C 语言中整数的表示方法。C 程序中允许使用十进制、八进制和十六进制来表示整数，选项 A 为二进制表示，故选项 A 不正确；C 语言中以 0 开头的数字是八进制数，在八进制数中，各个位数只能为数字 0～7，故选项 B 不正确；C 语言规定十六进制数必须以 0X 或 0x 开头，选项 D 的开头缺少 0，故选项 D 不正确。选项 C 是正确的十六进制数。所以，4 个选项中选项 C 符合题意。

【例 2.2】 不同数制的表示及相互转换。

```
#include <stdio.h>
void main()
{printf (" %d\t %x\t %o\n",29, 29,29);
 printf (" %d\t %x\t %o\n", 025, 025,025);
 printf (" %d\t %x\t %o\n",0x1a,0x1a,0x1a);
```

```
    printf (" %u\t %ld\n" ,47675u,742611);
}
```

该程序的运行结果如图 2-1 所示

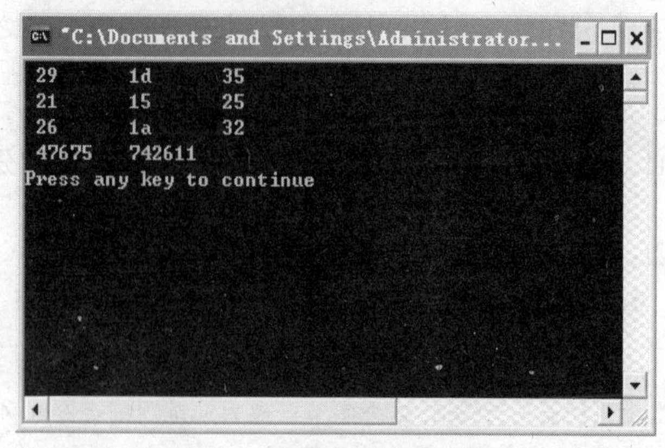

图 2-1 程序运行结果输出屏幕

2. 实型常量

实型常量也称“浮点数”，就是常说的带小数点的实数，只能用在十进制数中。实型数均为有符号数，没有无符号数，其表示方法有以下两种。

（1）十进制小数形式的实数。

由数码 0～9 和小数点组成。这种书写方法中，实型数由整数、小数点和小数 3 部分组成（必须要有小数点），其中整数部分或小数部分可以省略，如 0.123，.134。数值的正负由前面的“+”（可以省略）、“−”符号来区分。例如，13.78、−1.34、+3.414、−.78、56.等都是正确的实型常量。

（2）指数形式的实数（科学计数法）。

这种书写方法中，实数由尾数、字母 E（或 e）和指数 3 部分组成。

- 尾数部分可以是十进制整型常量或一般形式的实数。
- 指数部分是十进制的短整型常量。数的正负由尾数的符号“+”、“−”来区分。
- 字母 E（或 e）表示幂运算。
- 指数形式的数值可以用公式：“尾数×10 指数”来计算。
- 指数形式的实数表示为：尾数 E（或 e）指数。

例如，12.345E3、−1.234e6、123.4E−2、2.34e0、123E−2，它们分别代表实数 12.345×10^3、-1.234×10^6、123.4×10^{-2}、2.34、123×10^{-2}。

注意：

① 字母 E（或 e）之前必须要有数值；

② 字母 E（或 e）后面的指数必须是整数，且不可省略；

③ 字母 E（或 e）的前后以及数字之间不得插入空格。

标准 C 允许浮点数使用后缀。后缀为“f”或“F”即表示该数为浮点数，如 322f 和 22.是等价的。

实型常量不分单、双精度，都按双精度 double 型处理。十进制 double 型的有效数位是 15～16 位。

【例 2.3】 以下选项中，合法的一组 C 语言数值常量是（　　）。

A. 0.28　　B. 12.　　C. .177　　D. 0x8A

.5e-3　　0Xa23　　4e1.5　　10,000

−0xf　　4.5e0　　0xabc　　3.e5

【答案】 B

【解析】 本题考查的是 C 语言的数值常量的表示。数值常量包括整型常量和实型常量，其中，整型常量又分为十进制、八进制（以 0 开头）和十六进制（以 0x 或 0X 开头）3 种表示形式；实型常量只使用十进制，它的书写形式有两种：①十进制数形式：（必须有小数点）②指数形式：字母 e（或 E）之前必须有数字（可以是一个十进制的整数或小数），之后必须是一个整数。选项 A，八进制数中数字的范围是 0～7，028 是非法的；选项 C 中 4e1.5 字母 e 之后是一个小数，是非法的表示；选项 D 中 10,000 中有“,”，是非法的表示；选项 B 的 3 个常量表示都是合法的。

3. 字符型常量

字符常量是用一对单引号作为定界符括起来的单个字符，在内存中只占用 1 个字节的存储空间。例如，'a'、'b'、'%'等都是字符常量。

在C语言中，字符常量有以下特点。

- 字符常量只能用单引号括起来，不能用双引号或其他括号。
- 字符常量只能是单个字符，不能是多个字符。
- 字符可以是 C 语言字符集中的任意字符。

但数字被定义为字符型之后就不能参与数值运算，如'3'和 3 是不同的。'3'是字符常量，不能参与运算，而 3 是数值型的。

- 字母区分大小写，即'a'和'A'是两个不同的字符常量。

字符常量只能是可以打印的字符，对于某些不可打印的字符（如回车符、换行符），在 C 语言中通常由转义字符来表示。

转义字符就是以一个“\”开头、其后跟随其他字符的字符序列。转义字符具有特定的含义，不同于字符原有的意义，故称“转义”字符。转义字符看起来是多个字符，但实际上是作为一个字符对待的，所以也属于字符常量。

常见的转义字符如表 2-3 所示。

表 2-3　　转义字符

\n	回车换行字符	\a	响铃字符
\r	回车字符	\"	双引号
\t	水平制表	\'	单引号
\v	垂直制表	\\	反斜杠
\b	左退一格	\ddd	1～3 位八进制数
\f	换页字符	\xhh	1～2 位十六进制数

广义地讲，C 语言字符集中的任何一个字符均可用转义字符来表示。表中的\ddd 和\xhh 正是为此而提出的。ddd 和 xhh 分别为八进制和十六进制的 ASCII 代码，如\101 表示字母“A”，\102 表示字母“B”，\134 表示反斜线，\XOA 表示换行等。

【例 2.4】 转义字符的输出。

```
/*程序功能：用转义字符输出可显示字符和控制字符*/
#include <stdio.h>
void main()
```

```
{printf("\x4F\x4B\x21\n");
 printf("\101 \x62 \n");
 }
```

程序运行结果如图 2-2 所示。

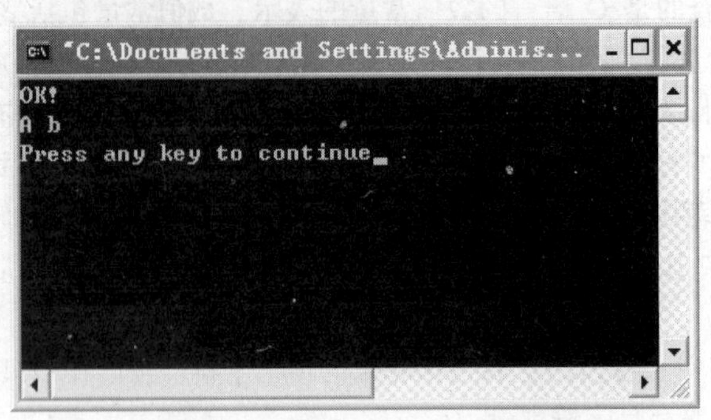

图 2-2　程序运行结果输出屏幕

在 C 语言中，字符常量可以表示为数值，该值便是该字符的 ASCII 码值。因此，一个字符常量可以像整数一样参与一些运算，如加法、减法等运算。

例如：'d'−1

表示字符 d 的 ASCII 码值减去 1，其差值为 99。

又例如：'C'-'A'+'a'

表示将字符 'C' 的 ASCII 码值减去字符"A"的 ASCII 码值，再加上字符"a"的 ASCII 码值，其结果为 99，而此值正是小写字母 C 的 ASCII 值。

注意

'a'−'A'=32，是小写字母和大写字母 ASCII 码值的规律。

4. 字符串常量

字符串常量简称“字符串”，就是用一对双引号作为定界符括起来的若干个字符。

例如，"abcd"、"Hello"都是字符串。其中，双引号（""）作为字符串常量的定界符。转义字符也可以出现在字符串中，但只当做一个字符处理。例如，"\\Hello\\"表示字符串"\Hello\"。在字符串中表示双引号应使用转义序列\"来表示。

C 语言规定，字符串在存储时系统会自动加上一个'\0'字符（即 ASCII 码值）作为串结束标志，所以，一个含有 n 个字符的字符串所占用的字节数为 n+1。

字符串常量所占用的内存字节数由其所包含的字符个数决定。例如，字符串"\\Hello\\"的长度是 8B，具体存储如下：

\	H	e	l	l	o	\	\0

字符常量'a'和字符串"a"是不同的，前者由成对的单引号括住，是字符常量，在内存中占用 1 个字节；后者是字符串常量，用双引号括住，由于存储时系统自动为其加上的'\0'字符，所以在内存中占用 2 个字节。

字符实际上是一个整型数，而字符串实质上是地址值。

字符常量是用来给 char 型变量赋值的，而字符串常量却是用来给 char 型数组赋值的，因此，两者是不相同的。

【例 2.5】 字符串常量的输出。

```
#include <stdio.h>
void main()
{
printf("x\ty\b\bzuua\n");
}
```

该程序输出结果如图 2-3 所示。

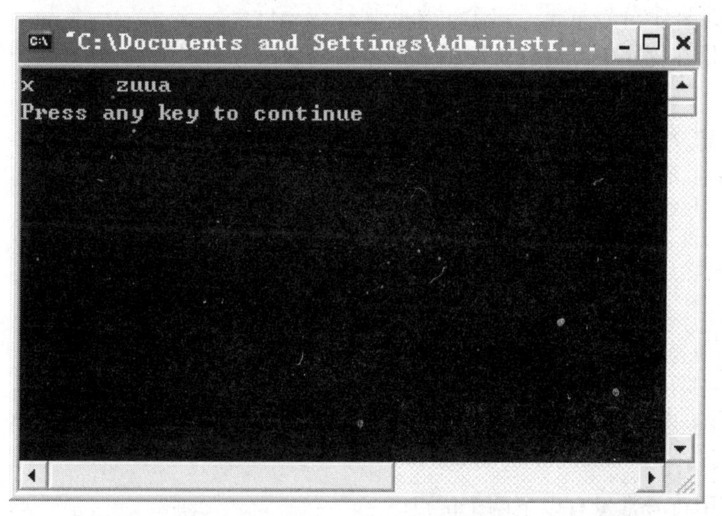

图 2-3　程序运行结果输出屏幕

程序分析：该程序的语句输出结果为

```
x     zuua
```

因为该语句是在屏幕上显示 printf 函数中控制串中所指定的字符串常量。该字符串常量中有可打印字符，又有不可打印字符"\t"和"\b"，它们分别是水平制表符和退格符。水平制表符的作用是用来向右跳格，每次跳到下一个“输出位置”，一般系统中指定占 8 列，下一个输出区将从第 9 列开始；退格符是将光标移到所在字符的前一个字符处。弄清这 3 个常用的转义序列表示的字符的功能后，便不难分析该字符串常量的输出结果。首先，在该行首列显示字符 x，接着，光标右移至第 9 列（首列为第 1 列）输出可显示字符 y，然后输出两个'\b'字符，光标向左退两列，即在第 7 列处，这时输出字符 zuua，于是屏幕上显示上述结果。

以上 4 种类型的常量是直接常量，在程序中可以直接出现。

5. 符号常量

对于一些表示冗长或复杂的直接常量，C 语言中规定可以用标识符（标识符见第 1 章）来代替或表示，这个标识符就称为符号常量。符号常量在使用之前必须先定义，其一般形式为：

```
#define 标识符 常量
```

其中，#define 也是一条预处理命令（预处理命令都以“#”开头），称为宏定义命令（在后面预处理程序中将进一步介绍），其功能是把该标识符定义为其后的常量值。一经定义，以后在程序中所有出现该标识符的地方均代之以该常量值。

例如，对于圆周率 3.14159，如果觉得这种表示方法太长，可以定义一个标识符 PI 来代替它。一旦定义了符号常量，则将来在程序中符号常量出现的地方都代表了具体的常量值。具体定义格式如下：

```
#define  PI  3.14159
```

注意：

（1）习惯上用大写英文字母来表示符号常量；

（2）该定义必须出现在程序的开始位置，其后不允许加分号；

（3）如要定义多个符号常量，每个定义必须独占一行；

（4）符号常量在程序中不允许被赋值，如果要修改符号常量所代替的值，只能在定义语句中更改。

【例 2.6】 定义符号常量。

```
#include <stdio.h>
#define PI 3.14159
#define R 10
void main()
{float s;
s=PI*R*R;
printf("area is %f\n",s);
}
```

【分析】 该程序定义了两个符号常量 PI 和 R，其值分别是 3.14159 和 10，程序的运行结果为 area is 314.158997。

在程序中使用符号常量有以下两个优点。

（1）含义清楚、书写简便。例如，相比具体的数值，“PI”就很容易和圆周率联系起来。

（2）易于实现常量数值的修改。如果要修改符号常量的值，可以一次性在宏定义命令中进行修改。

2.2.2 变量

在编写程序时，常常需要将数据存储在内存中，以便于使用这个数据或者修改这个数据的值。通常使用变量来存储数据。而且使用变量可以引用存储在内存中的数据，并随时根据需要显示数据或执行数据操纵。

例如，计算某商品的折后价格。那么在编写这个程序时，我们将会用到以下数据：

- 商品的原价，用 price 表示；
- 商品的折扣率，用 discount 表示；
- 商品的折后价，用 result 表示。

result 的值由 price 和 discount 的值决定，即 result=price*discount。

从这些数据的特点我们可以看出，其值都是可以发生变化的，这样使程序也更加方便灵活。

所以，我们可以这样定义变量：变量是指在程序运行过程中其值可以发生变化的量。一个变量应该有一个名字，在内存中占据一定的存储单元。

一个变量名用一个标识符来表示，变量名实际上是一个符号化的内存地址，在对程序编译连接时由系统为每一个变量名分配一个符号地址，用于保存变量的值，这个值可以是程序运行过程中数据的初值、计算获得的中间结果或最终结果。

程序运行时取变量的值实际上是通过变量名找到相应的内存地址，从存储单元中读取数据。

简言之，变量有两个基本元素：变量名和变量值，如图 2-4 所示。

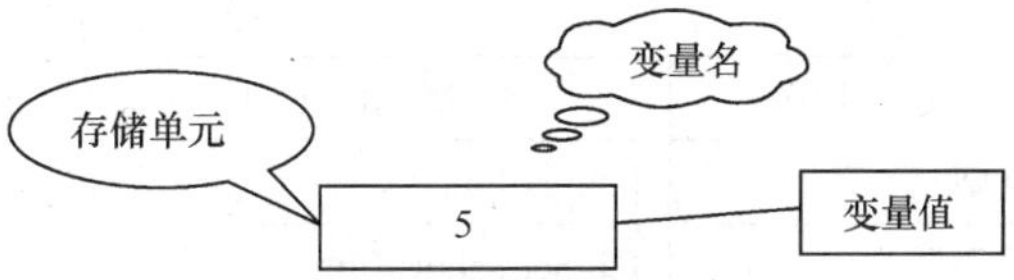

图 2-4　变量名和变量值

变量的相关规定如下。

（1）变量的命名规则：即标识符的命名规则。

（2）变量必须遵循“先定义，后使用”的原则，即变量定义必须放在变量使用之前，一般放在函数体的开头部分。

变量定义的一般形式为：

```
数据类型说明符　变量名标识符 1，变量名标识符 2，…；
```

例如：

```
int  a,b,c;
float  x,y;
char  ch;
```

（3）变量在定义时必须指定数据类型，可以在定义变量时对变量赋予初值（初始化），也可以在定义后的程序中赋初值。

```
数据类型　变量名 1[=初值 1]，变量名 2[=初值 2]，…；
```

例如：

```
int  a=5,b=3;
int  a,b,c;
a=b=c=3;
```

其中，基本数据类型符、占用字节数及数据范围见表 2-1。下面我们具体学习各种类型的变量。

【例 2.7】　以下选项中正确的定义语句是（　　）。

A. double　a;b;　　　　B. double　a=b=7;

C. double　a=7,b=7;　　　　D. double　,a,b;

【答案】　C

【解析】　选项 A 中实质上是两条 C 语句，变量 b 没有定义；选项 D 中多了一个逗号；选项 C 是正确的第一语句；C 语言不允许像选项 B 那样定义变量并赋初值。

1. 整型变量

（1）整型变量的分类及类型关键字。

在标准 C 中，整型变量的分类及类型关键字如表 2-4 所示。

表 2-4　整型变量的分类及类型关键字

类　型	类型表示	字节数	取值范围
整型	[signed] int	2	−32 768～32 767　即 -2^{15}～（$2^{15}-1$）
短整型	[signed] short [int]	2	−32 768～32 767　即 -2^{15}～（$2^{15}-1$）
长整型	[signed] long [int]	4	−2 147 483 648～2 147 483 647 即 -2^{31}～（$2^{31}-1$）
无符号整型	unsigned [int]	2	0～65 535　即 0～（$2^{16}-1$）
无符号短整型	unsigned short [int]	2	0～65 535　即 0～（$2^{16}-1$）
无符号长整型	unsigned long [int]	4	0～4 294 967 295　即 0～（$2^{32}-1$）

在 Visual C++ 6.0 中，整型变量的分类及类型关键字如表 2-5 所示。

表 2-5 整型变量的分类及类型关键字

类　型	类型表示	字节数	取值范围
整型	[signed] int	4	−2 147 483 648～+2 147 483 647(-2^{31}～$2^{31}-1$)
短整型	[signed] short [int]	2	−32 768～+32 767(-2^{15}～$2^{15}-1$)
长整型	[signed] long [int]	4	−2 147 483 648～+2 147 483 647(-2^{31}～$2^{31}-1$)
无符号整型	unsigned [int]	4	0～4 294 967 295(0～$2^{32}-1$)
无符号短整型	unsigned short [int]	2	0～65 535(0～$2^{16}-1$)
无符号长整型	unsigned long [int]	4	0～4 294 967 295(0～$2^{32}-1$)

注：以上数据类型说明符[]中的内容可省略。

我们可以看到，各种无符号类型量所占的内存空间字节数与相应的有符号类型量相同。但由于省去了符号位，故不能表示负数。

（2）整型数据的存储。

通过计算机基础知识的学习，我们知道整数在计算机中表示的 3 种编码是原码、反码和补码。

计算机内存中存放整数的二进制码，如果最高位是 0，表示存放的是正整数；如果最高位是 1，表示存放的是以补码形式存放的负整数。

- **原码**：一个符号位表示数据的正负，0 代表正号，1 代表负号，其余的代表数据的绝对值。

例如，5 的原码：0000 0000 0000 0101

−5 的原码：1000 0000 0000 0101

- **反码**：正数的反码与原码相同，负数的反码是将其原码除符号位外将其他二进制位按位取反。

例如，−5 的反码：1111 1111 1111 1010

- **补码**：正数的补码与原码相同，负数的补码是在其反码的最低位上加 1。

例如，−5 的补码：1111 1111 1111 1011

有符号整型变量：最大值是 32 767，最小值是−32 768。

16 位　32 767

0	1	1	1	1	1	1	1	1	1	1	1	1	1	1	1

16 位　−32 768

1	0	0	0	0	0	0	0	0	0	0	0	0	0	0	0

注意：−32 768 的补码怎样得到?

因为 16 位机中−32 768 不能用原码表示出来，所以只能通过−32 767−1 来求：

−1 的补码：11111111　11111111

−32767 的补码：10000000 00000001

加起来为：1 1000 0000 0000 0000，共 17 位，最高位 1 被舍去。

无符号整型变量：最大值是 65 535，最小值是 0。

16 位　65 535

1	1	1	1	1	1	1	1	1	1	1	1	1	1	1	1

16 位　0

0	0	0	0	0	0	0	0	0	0	0	0	0	0	0	0

以十进制数 9 为例，各种整型数的存储形式如下：

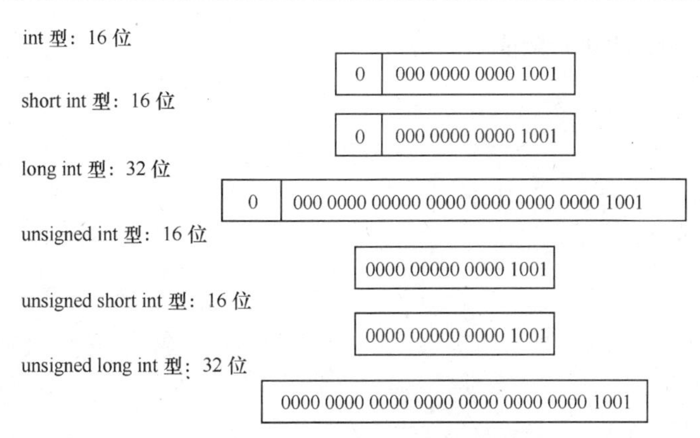

再以十进制数-9 为例，-9 的 16 位原码、反码、补码分别如下：

那么-9 各种整型数的存储形式如下：

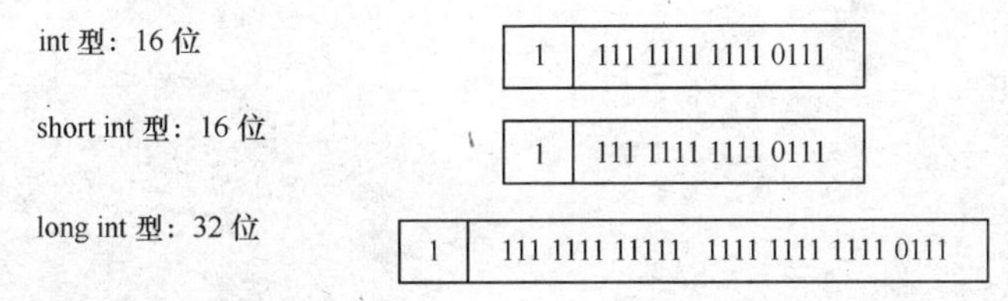

（3）整型变量的定义和初始化。

变量定义的一般形式为：

类型说明符　变量名标识符 1，变量名标识符 2，…；

例如：

```
int a,b,c; (a,b,c 为整型变量)
long x,y; (x,y 为长整型变量)
unsigned p,q; (p,q 为无符号整型变量)
```

在书写变量定义时，应注意以下几点。

① 允许在一个类型说明符后，定义多个相同类型的变量。各变量名之间用逗号间隔。类型说明符与变量名之间至少用一个空格间隔。

② 最后一个变量名之后必须以“;”号结尾。

③ 变量定义必须放在变量使用之前，一般放在函数体的开头部分。

C 语言规定，可以在定义变量的同时给变量赋初值，称为变量初始化。“=”是 C 语言中的赋值运算符（关于运算符，在后续章节中介绍）。

例如：

```
#include <stdio.h>
void main()
{ int  a=5,b=3;
…
}
```

也可以先定义变量，再进行赋值。

例如：

```
int  a;
a=3;
```

【例 2.8】 整型变量的定义与使用。

```
#include <stdio.h>
void main()
{
int a,b,c,d;
unsigned i;
a=10;
b=-24;
i=10;
c=a+i;
d=b+i;
printf("a+i=%d,b+i=%d\n",c,d);
}
```

程序的运行结果如图 2-5 所示。

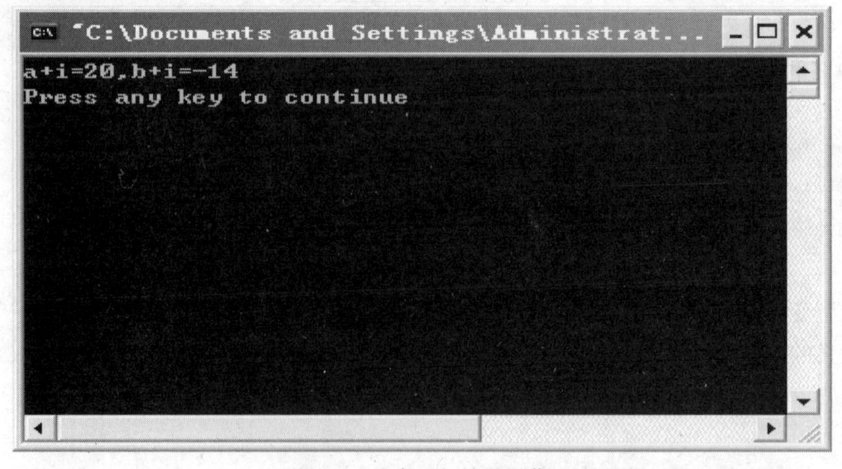

图 2-5 程序运行结果屏幕

【例 2.9】 整型变量的定义与使用。

```
#include <stdio.h>
void main()
{
  long x,y;
  int a,b,c,d;
  x=10;
  y=11;
  a=12;
  b=13;
  c=x+a;
  d=y+b;
  printf("c=x+a=%d,d=y+b=%d\n",c,d);
 }
```

程序的运行结果如图 2-6 所示。

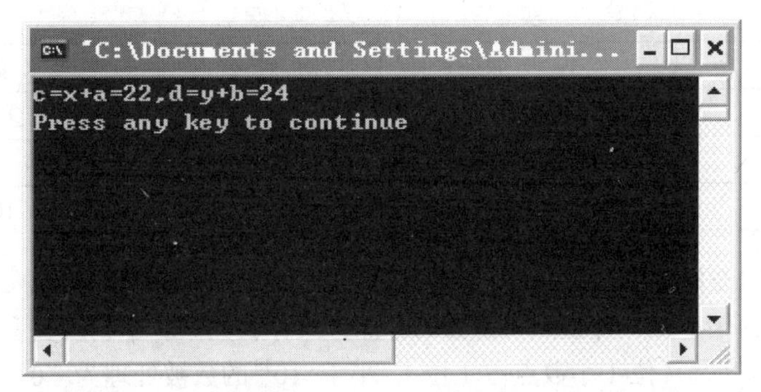

图 2-6　程序运行结果屏幕

【分析】　从以上两个程序中可以看到，在例 2.8 中，a、b 均为基本整型变量，i 为无符号整型变量，它们之间允许进行运算，得到的结果为基本整型，又因为 c、d 被定义为基本整型，所以运算结果也为基本整型。在例 2.9 中，x、y 是长整型变量，a、b 是基本整型变量。它们之间允许进行运算，运算结果为长整型。但 c、d 被定义为基本整型，因此最后结果为基本整型。

通过以上两个例题说明，不同类型的量可以参与运算并相互赋值。其中不同数据类型之间转换是由编译系统自动完成的，有关类型转换的规则将在以后介绍。

（4）整型变量值的“溢出”问题。

当赋予变量的值超出了变量所能表示的范围时，就会发生变量值的溢出问题。C 程序中出现了溢出问题并不会报错，但会造成程序运行结果的不正确，所以我们为了避免溢出问题的发生，首先必须了解溢出的有关概念。

【例 2.10】　整型数据的溢出。

```
#include <stdio.h>
void main()
{
 int a,b;
 a=32767;
 b=a+1;
 printf("%d,%d\n",a,b);
 }
```

如果例 2.10 在标准 C16 位编译系统中运行，那么 b 的值是−32 768。因为会发生值的溢出问题，int 类型是 2 字节 16 位，其最大值是 32 767，再给其加上 1，那么就超出了其范围，所以会溢出，最终结果就是−32768。

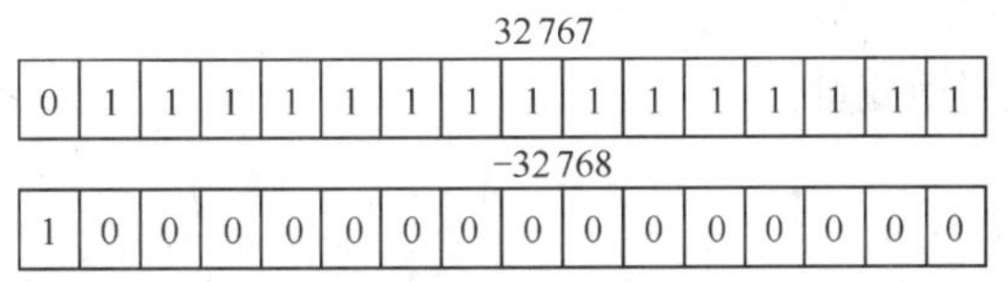

如果例 2.10 在 32 位 Visual C++ 6.0 编译系统中运行，那么 b 的值是 32 768。因为在 Visual C++ 6.0 的编译系统中，int 类型是 4 字节 32 位，其最大值是 2 147 483 647，因此对 32 767 再加 1，并不会超出其值范围，所以不会产生溢出，最终结果是 32 768。

2. 实型变量

（1）实型变量的分类及类型关键字。

C 语言中的实型变量分为单精度型、双精度和长双精度 3 种，如表 2-6 所示。

表 2-6　　　　实型变量的分类及类型关键字

类型说明符	长　度	有效数字	数的范围
float	32 位（4 字节）	6～7	10^{-38}～10^{38}
double	64 位（8 字节）	15～16	10^{-308}～10^{308}
long double	128 位（16 字节）	18～19	10^{-4931}～10^{4932}

在一般的计算机系统中，为 float 类型的变量分配 4 个字节的存储单元，为 double 类型的变量分配 8 个字节的存储单元，并按照实型数的存储方式存放数据。单精度实型数据的表示范围为 10^{-38}～10^{38}，有效数字是 7 位（小数点占 1 位），小于-10^{38}的数被处理为“0”值；双精度实型数据的表示范围为-10^{308}～10^{308}，有效数字 15～16 位（具体精确到多少位与机器有关），小于-10^{308}的数被处理为“0”值。因此，双精度型变量中存放的数据要比单精度型变量中存放的数据精确得多。在 Visual C++ 6.0 中，所有的 float 类型数据在运算中都自动转换成 double 型数据。

实型的变量只能存放实型数，不能用整型变量存放一个实数，也不能用实型变量存放一个整数。

（2）实型数据的存储。

实型数据在内存中的存储形式：单精度实型数据一般占 4 个字节（32 位）内存空间。按指数形式分为三部分（符号、阶码和尾数）存储。

例如，实数 3.14159 的存储形式如下：

+	0.314159	1
数符（符号）	尾数（小数部分）	阶码（指数）

实数 -1.234e6 的存储形式如下：

-	1.234	6

注意：

① 小数部分占的位数愈多，数的有效数字愈多，精度愈高；

② 指数部分占的位数愈多，则能表示的数值范围愈大。

（3）实型变量的定义和初始化。

实型变量定义的格式和书写规则与整型相同。

变量的定义格式为：

类型说明符　变量名标识符 1，变量名标识符 2，…；

例如，定义实型变量：

```
float x,y; (x,y 为单精度实型量)
double a,b,c; (a,b,c 为双精度实型量)
```

例如，定义并初始化实型变量：

```
float x;
x=6666.6;
```

或者 `double y=123.456478;`

（4）实型数据的舍入误差。

应当避免将一个很大的数和一个很小的数直接相加或相减，因为这样做会“丢失”较小的数，得不到正确结果。

【例 2.11】

```
#include <stdio.h>
void main()
```

```
{float  x,y;
x=123456.789e5;
y=x+20;
printf("%f",y);
}
```

则输出的 y 值为：

```
12345678868.000000
```

【解析】 实型数据在内存中存储的二进制位数是有限的，如 float 型数据在内存中有 24 位二进制尾数。而一个十进制实数转化为二进制实数时，其有效数字位数有可能会超过尾数的存储长度，从而导致有效数字丢失而产生误差。

【例 2.12】

```
#include <stdio.h>
void main()
   {float a,b;
    a=1.234567;
    b=1.2345671111;
    printf("a=%f,b=%f\n",a,b);
    }
```

程序的运行结果为：

```
a=1.234567,b=1.234567
```

【解析】 一定要注意实型常量它的有效数字。例 2.12 中的“1.2345671111”和“1.234567”的输出结果是相同的，“1.2345671111”中的后 4 位数字是无效的，因为单精度实型数的有效位最多 7 位。

请读者思考 1.0/3*3 的结果是多少？

在这个式子中，参与运算的数据既有浮点数，又有整型数，最后的结果是什么类型呢?如果浮点数和整型数进行运算，其结果肯定是浮点型，因为系统会进行数据类型的自动转换。

3. 字符型变量

C 语言中，字符型变量用来存放字符常量，每个字符变量被分配一个字节的内存空间，因此只能存放一个字符。字符值是以 ASCII 码的形式存放在变量的内存单元之中的。

字符型变量用数据类型符 char 进行定义。

例如：

```
char ch1,ch2;
ch1='a'; ch2='b';
```

将一个字符常量存入字符型变量的时候，并不是把该字符本身存入内存，而是将该字符的相应 ACSII 码值存入对应的存储单元，实际上存储的是一个无符号整型数。

小写字符 a 的 ASCII 码值为 97，小写字符 b 的 ASCII 码值为 98。

字符型变量 ch1 和 ch2 在内存中的存储方式如图 2-7 所示。

ch1	ch2
01100001	01100010

图 2-7　字符变量的存储

由此可见，字符型数据的存储形式与整型数据的存储形式相似，只是它只用 1 个字节的内存空间，整型量占 2 字节。所以，C 语言中的字符型数据和整型数据之间可以互操作，当整型量按字符型量处理时，只有低 8 位字节参与处理。

注意

字符型数据和整型数据之间的相通性。

（1）C 语言允许对字符变量赋以整型值，也允许对整型变量赋以字符值。

（2）一个字符型数据，既可以以字符形式输出，也可以以整数形式输出。

（3）允许对字符数据进行算术运算，也就是对它们的 ASCII 码值进行算术运算。也可以进行字符数据和整型数据的混合运算。

【例 2.13】 字符变量的字符形式输出和整数形式输出。

```
/*程序功能：用字符形式和整数形式输出字符变量*/
#include <stdio.h>
void main()
{
char ch1,ch2;
ch1='A';ch2='a';
printf("ch1=%c,ch2=%c\n",ch1,ch2);
printf("ch1=%d,ch2=%d\n",ch1,ch2);
}
```

程序运行结果为：

```
ch1=A, ch2=a
ch1=65, ch2=97
```

如图 2-8 所示。

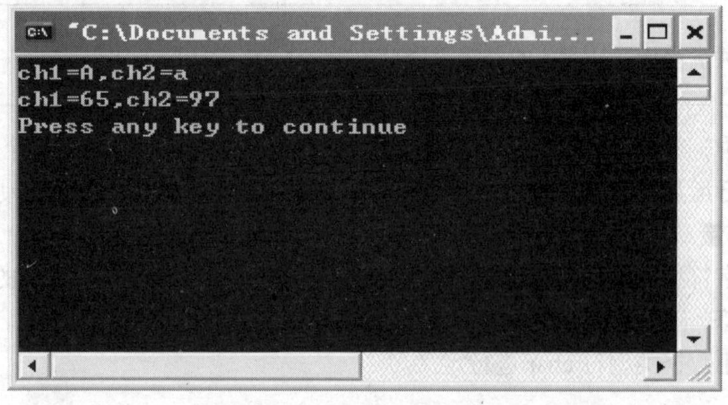

图 2-8 程序运行结果屏幕

【解析】 本程序中定义 ch1、ch2 为字符型变量，但在赋值语句中赋以字符常量。从结果看，ch1、ch2 值的输出形式取决于 printf 函数格式串中的格式符，当格式符为“c”时，对应输出的变量值为字符，当格式符为“d”时，对应输出的变量值为整数。

【例 2.14】 字符数据和整型数据的混合运算。

```
#include <stdio.h>
void main()
{
char ch1,ch2;
ch1='A';ch2='B';
ch1= ch1+32;
ch2= ch2+32;
printf("ch1=%c,ch2=%c\n",ch1,ch2);
```

```
printf("ch1=%d,ch2=%d\n",ch1,ch2);
}
```

程序运行结果为：

```
ch1='a', ch2='b'
ch1=97, ch2=98
```

如图 2-9 所示。

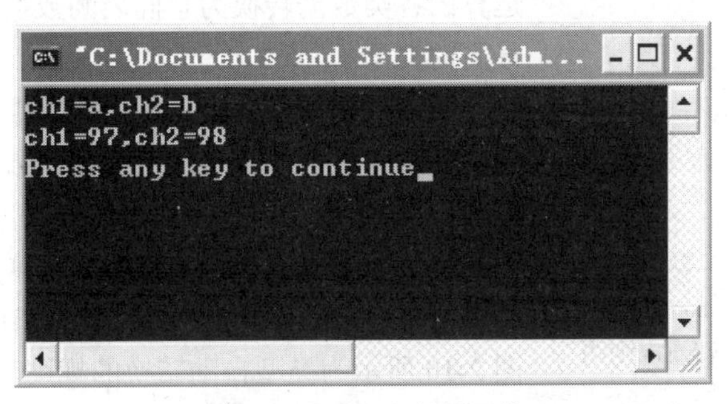

图 2-9　程序运行结果屏幕

【解析】　本例中，ch1、ch2 被说明为字符变量并赋予字符值，C 语言允许字符变量参与数值运算，即用字符的 ASCII 码参与运算。由于大小写字母的 ASCII 码相差 32，因此运算后把大写字母换成小写字母。然后分别以字符和整型输出。

2.3　不同数据类型的转换

C 语言允许部分不同类型的数据进行运算，那么得到的结果到底是什么类型呢？这个问题在前面我们就遇到了。C 语言中，变量的数据类型是可以转换的。转换的方法有两种，一种是自动转换，另一种是强制转换。自动转换发生在不同数据类型的量混合运算时，由编译系统自动完成。强制类型转换是通过类型转换运算来实现的。

2.3.1　自动转换

自动类型转换是指系统将根据指定的规则自动地进行数据类型的转换。

在 C 语言中，整型、实型和字符型数据间可以混合运算（因为字符数据与整型数据可以通用）。混合数据类型运算不会导致数据类型不匹配的错误。这是因为 C 语言中存在数据类型的自动转换。数据类型转换规则如表 2-7 所示。

表 2-7　数据类型的自动转换

运算对象 1	运算对象 2	转换规则	运算结果类型
短整型	长整型	短整型→长整型	长整型
整型	长整型	整型→长整型	长整型
字符型	整型	字符型→整型	整型
有符号整型	无符号整型	有符号整型→无符号整型	无符号整型
整型	实型	整型→实型	实型

（1）隐含的自动转换。这种转换包含以下两点。

① char 型和 short 型转换为 int 型。

② char 型和 unsigned short 型转换为 unsigned int 型。

（2）所有的浮点数运算都以双精度进行，即 float 型转换为 double 型。

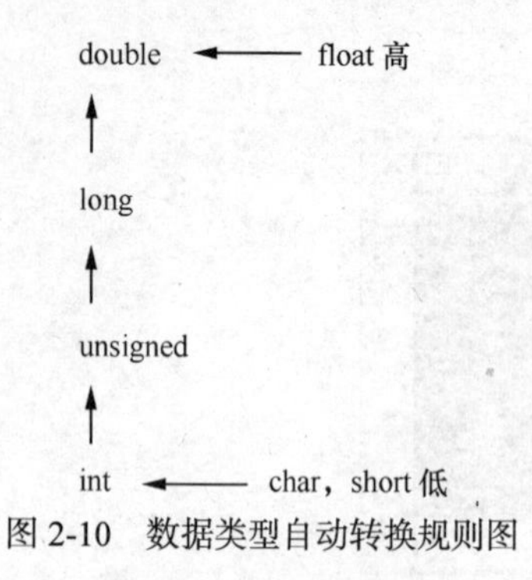

图 2-10　数据类型自动转换规则图

（3）各类数值型数据间的混合运算时，系统自动将参与运算的各类数据转换为它们之间数据类型中长度最长、精度最高的类型。

所谓数据类型的高低是指该数据类型在内存中所占字节数的多少，占字节数多的就意味着数据类型高，否则认为数据类型低。数据在内存中所占字节的字节数又称为数据长度，占的字节数越多，就说该数据的长度越长。因此，数据类型的高低将由该数据长度所定，数据长度越长，则其类型越高。图 2-10 所示为类型自动转换的规则。

例如，有以下变量的定义：

```
float x;
double y;
```

那么，计算 5+'m'-x/2+y *5 这个式子结果的数据类型是什么？

在计算该式子的值时要进行类型转换，按运算顺序：

① 在做 x/2 的运算时，将整数 2 转换 float 型，其结果为 float 型。

② 在做 y*5 的运算时，将整数 5 转换成 double 型，其结果为 double 型。

③ 在做 5+'m'运算时，'m'转换成 int 型，其结果为 int 型。

④ 将③的结果与①的结果相减时，先将③的结果转换为 float 型，其结果为 float 型。

⑤ 将④的结果与②相加时，先将④的结果转换成 double 型，其结果为 double，该表达式计算的最终结果为 double 型。

注意

其实这个问题可以更简单化，在这个式子中，哪个变量的类型最高、数据长度最长，那么最终结果的数据类型就是这个变量的类型。具体到上面这个问题中，变量 y 的数据类型最高且数据长度最长，那么最终结果的数据类型就是变量 y 的类型，即双精度实型 double。

（4）在赋值表达式中，赋值号右边的表达式的类型被系统自动转换为赋值号左边变量的类型。

例如，定义以下变量：

```
short a;
int b;
long c;
c=a+b;
```

在执行 c=a+b 时，先将变量 a 转换为 int 型后，再与变量 b 相加，其和为 int 型。然后将其 int 型和转换为 long 型，并赋值给变量 c，因为变量 c 是 long 型的。

注意

在这种赋值转换中，当右值（指赋值号右边的表达式）精度高而左值（指赋值号左边的变量）精度低时，在由高精度转换为低精度的过程中会引起数据精度的下降，有时将影响其运算结果。

（5）在带有表达式的返回语句中，C 语言规定要将表达式的类型转换为函数的类型（即返回值的类型）后再将其值返回给调用函数，具体内容将在后续章节介绍。

【例 2.15】

```
#include <stdio.h>
void main()
{
  float pi=3.14159;
  int s,r=5;
  s=r*r*pi;
  printf("s=%d\n",s);
}
```

程序的运行结果为:

```
s=50
```

【解析】 本例程序中，pi 为实型；s、r 为整型。在执行 s=r*r*pi 语句时，r 和 pi 都转换成 double 型计算，结果也为 double 型。但由于 s 为整型，故赋值结果仍为整型，舍去了小数部分。

【例 2.16】

若有定义语句：int a=10;double b=3.14;，则表达式'A'+a+b 值得类型是（ ）。

A. char　　B. int　　C. double　　D. float

答案：C

【解析】 各种类型数据混合运算时，最终结果的类型可依据以下转换规律：

```
char -> short -> int -> long -> float -> double
```

2.3.2 强制转换

类型的强制转换是通过类型转换运算来实现的，即在表达式前加一个强制转换类型的运算符，将表达式类型强制转换为所指定的类型。

具体格式如下：

（<类型说明符>）（<表达式>）

它表示将表达式的类型强制转换为圆括号中所指定的<类型说明符>的类型。这里，<类型说明符>是一种运算符，将在后续章节中讲解。

例如：

```
int a=2;
(double)(a+5);
```

假定，a 是 int 型变量，表达式 a+5 的值仍然是 int 的，通过强制转换后，将表达式 a+5 的类型转换成为 double 型。

在使用强制转换时应注意以下问题。

（1）类型说明符和表达式都必须加括号，当被转换的表达式是一个简单表达式时（如单个变量），外面的一对圆括号可以缺省。

例如：

```
(double)a 等价于(double)(a)          /*将变量 a 的值转换成 double 型*/
(int)(x + y)                         /*将 x+y 的结果转换成 int 型*/
```

如果把(int)(x+y)写成(int)x+y，则成了把 x 转换成 int 型之后再与 y 相加了。

（2）无论是强制转换或是自动转换，都不改变数据说明时对该变量定义的类型。只是为了本次运算的需要而对变量的数据长度进行的临时性转换，是暂时的一次性转换。

【例 2.17】

```
#include <stdio.h>
main()
{
  float x=5.75;
  printf(" (int)x=%d,x=%f\n",(int)x,x);
}
```

程序的运行结果如图 2-11 所示。

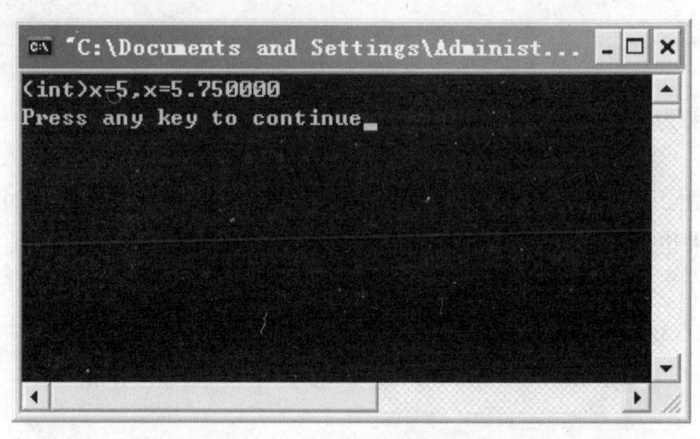

图 2-11　程序运行结果屏幕

本例表明，x 虽强制转换为 int 型，但只在一次运算中起作用，是临时的，而 x 本身的类型并不改变。因此，(int)x 的值为 5(舍去了小数)，而 x 的值仍为 5.75。

【例 2.18】　有以下定义：

```
int a; long b; double x, y;
```

则以下选项中正确的表达式是（　　）。

A. a%(int)(x−y)　　B. a=x!=y;　　C. (a*y)%b　　D. y=x+y=x

【答案】　A

【解析】　参与%运算的左右操作数均为整型，故 A 项正确，C 项错误；B 项是赋值语句，不是表达式；赋值运算符左边必须是变量，而不是表达式，所以 D 项中 x+y=x 错误。

2.4　运算符和表达式

C 语言中运算符和表达式数量之多，在高级语言中是少见的。正是丰富的运算符和表达式使 C 语言的功能十分完善，这也是 C 语言的主要特点之一。采用运算符和运算对象（操作数）构成表达式是 C 语言进行数据处理最基本的方式。

2.4.1　C 语言的运算符和表达式

例如：1+2−4，a*b/2（假定变量 a、b 已定义），x * (2 +y)−5 （假定变量 x、y 已定义）

以上 3 个式子都是表达式，由此可以看出：

- 表达式由操作数和运算符的组合而成；
- 表达式中的操作数可以是变量、常量或者子表达式；

- 操作数就是表达式中参与运算的数据对象，运算符用于连接操作数，说明对操作数进行哪种运算，如+、−、*、> 、<等。

按照运算对象的个数不同，C 语言将运算符分为单目运算符（只有一个运算对象）、双目运算符和三目运算符。单目运算符若放在运算对象的前面称为前缀单目运算符，若放在运算对象的后面称为后缀单目运算符。双目运算符都出现在两个运算对象之间。在 C 语言中三目运算符只有一个，连接了 3 个运算对象。

根据运算符的不同，C 语言的运算符可分为以下几类。

（1）算术运算符：用于各类数值运算。

包括加(+)、减(−)、乘(*)、除(/)、求余(或称模运算，%)、自加(++)、自减(--)共 7 种。

（2）关系运算符：用于比较运算。

包括大于(>)、小于(<)、等于(==)、大于等于(>=)、小于等于(<=)和不等于(!=)共 6 种。

（3）逻辑运算符：用于逻辑运算。

包括与(&&)、或(||)、非(!)3 种。

（4）位操作运算符：参与运算的量，按二进制位进行运算。

包括位与(&)、位或(|)、位非(~)、位异或(^)、左移(<<)、右移(>>)共 6 种。

（5）赋值运算符：用于赋值运算。

分为简单赋值(=)、复合算术赋值(+=,-=,*=,/=,%=)和复合位运算赋值(&=,|=,^=,>>=,<<=)3 类共 11 种。

（6）条件运算符：这是一个三目运算符，用于条件求值(?:)。

（7）逗号运算符：用于把若干表达式组合成一个表达式(，)。

（8）指针运算符：用于取内容(*)和取地址(&)两种运算。

（9）求字节数运算符：用于计算数据类型所占的字节数(sizeof)。

（10）特殊运算符：有括号()、下标[]、成员(→，.)等几种。

在 C 语言中，同时也规定了运算符的优先级和结合性。优先级就是运算符计算的先后顺序，C 语言中，运算符的运算优先级共分为 15 级。1 级最高，15 级最低。在表达式中，优先级较高的先于优先级较低的进行运算；结合方向是指当一个运算符两侧的运算对象具有相同的优先级时，该运算对象是先与左边的运算符结合，还是先与右边的运算符结合。自左至右的结合方向，称为左结合性，反之称为右结合性。

下面我们主要学习常见的运算符。

2.4.2　算术运算符与算术表达式

1. 算术运算符

算术运算符如表 2-8 所示。

（1）算术运算符中双目运算符有如下 5 种。

① 加法运算符“+”：加法运算符为双目运算符，即应有两个量参与加法运算，如 a+b,4+8 等，具有右结合性。

② 减法运算符“−”：减法运算符为双目运算符。但“−”也可作负值运算符，此时为单目运算，如−x，−5 等具有左结合性。

③ 乘法运算符“*”：双目运算符，具有左结合性。

④ 除法运算符“/”：双目运算符，具有左结合性。操作数均为整型时，结果也为整型，舍去

小数。如果操作数中有一个是实型，则结果为双精度实型。

表 2-8　　　　　　　　　　　　　　　　算术运算符

优先级	运算符	含义	运算对象个数	结合方向
1	++（后缀） --（后缀）	自加运算符 自减运算符	单目运算符	自左至右
2	++（前缀） --（前缀） -	自增运算符 自减运算符 取负运算符		自右至左
3	* / %	乘法运算 除法运算 取余运算	双目运算符	自左至右
4	+ -	加法运算 减法运算		

⑤ 求余运算符（模运算符）“%”：双目运算，具有左结合性。要求操作数均为整型。求余运算的结果等于两数相除后的余数。

这 5 种运算符都要求有两个操作数，故称双目运算符。另外还要注意以下几点。

- 除求余运算符只适用整型数运算外，其余运算符可以做整数运算，也可以做浮点数运符。加、减法运算符还可做字符运算。

- 两个整数相除其结果为整数。例如，8/5 结果为 1，小数部分舍去。如果两个操作数有一个为负数时，则舍入方法与机器有关。多数机器是取整后向零靠拢。例如，8/5 取值为 1。−8/5 取值为−1，但也有的机器例外。

- 求余运算符的功能是舍掉两整数相除的商，只取其余数。求余数运算要求两侧的操作数均为整型数据，否则出错。两个整数能够整除，其余数为 0。例如，8%4 的值为 0，当两个整数中有一个为负数，其余数如何处理呢？请记住，按照下述规则处理：

余数=被除数−除数*商

这里，被除数是指%左边的操作数，除数是指%右边的操作数，商是两整数相除的整数商。

例如，−8%5 的余数应该是

−8−5*(−1)=−3

−8/5=−1。

而 8%−5 的余数应该是

8−（−5）*（−1）=3

8/−5=−1。

由此可以看出，对于参与运算的整数异号的情况，可以先按照绝对值取余运算，结果的正负号由被除数的符号决定。

- 一个字符常量可与整数做加减运算。下列表达式是合法的：

例如：C+'A'-'a'

其中，C 是一个字符变量，该表达式将 C 所存放的大写字母变成了小写字母。

（2）算术运算符中单目运算符有如下 3 种，

① 自加 1 “++” 运算符：其功能是使变量的值自加 1。

② 自减 1 “--” 运算符：其功能是使变量值自减 1。

例如：

- ++i：i 自加 1 后再参与其他运算。
- --i：i 自减 1 后再参与其他运算。
- i++：i 参与运算后，i 的值再自增 1。
- i--：i 参与运算后，i 的值再自减 1。

在理解和使用上容易出错的是 i++和 i--。特别是当它们处在较复杂的表达式或语句中时，常常难于弄清，因此应仔细分析。通过表 2-9，希望读者把前缀和后缀的“++”和“--”区分清楚（假定定义 mum1 和 mum2，并初始化 num1=5）。

表 2-9　“++”和“--”运算符的应用

表 达 式	如 何 计 算	结　果
num2 = ++num1;	num1 = num1 + 1; num2 = num1;	num2 = 6; num1 = 6;
num2 = num1++;	num2 = num1; num1 = num1 + 1;	num2 = 5; num1 = 6;
num2 = --num1;	num1 = num1 - 1; num2 = num1;	num2 = 4; num1 = 4;
num2 = num1--;	num2 = num1; num1 = num1 - 1;	num2 = 5; num1 = 4;

由此可总结出，前缀和后缀的“++”和“--”的运算规则，前缀先加减后使用，后缀先使用后加减。而且在学习和自加和自减运算符时，应该搞清楚下列的两个不同。

- 变量值和表达式值的不同。

例如：

```
int a=2;
```

执行--a 后，a 变量的值为 l,--a 表达式的值为 1；执行 a--后，a 量的值为 1,a 表达式的值为 2。

- 前缀作用和后缀作用的不同。

在使用增 1 和减 1 运算符时应该注意：它只能作用于变量，而不能作用于常量和表达式。

例如，下列写法都是不合法的：

```
int a=5,b=3;
(a+b)++,++10, --(a*b)等
```

【例 2.19】

```
#include <stdio.h>
void main()
{ int m=12,n=34;
  printf("%d, %d",m++,++n);
  printf("\n%d, %d\n",n++,++m);
}
```

程序运行结果为：

```
12,35
35,14
```

【解析】 i++和++i 只有用在表达式中才有区别，如果单独作为一条语句则完全等价于赋值语句 i=i+1。

【例 2.20】

```
#include <stdio.h>
void main()
{
  int i=5,j=5,p,q;
  p=(i++)+(i++)+(i++);
  q=(++j)+(++j)+(++j);
  printf("%d,%d,%d,%d",p,q,i,j);
}
```

程序的运行结果为：

```
15,22,8,8
```

【解析】 这个程序中，对 P=(i++)+(i++)+(i++)应理解为 3 个 i 相加，故 P 值为 15。然后 i 再自增 1 共 3 次相当于加 3，故 i 的最后值为 8。而对于 q 的值则不然，q=(++j)+(++j)+(++j)应理解为 q 先自增 1，再参与运算，所以 j 的最后值为 8，而按照“+”运算结合性；q 的值为 22。

【例 2.21】 有以下程序：

```
#include <stdio.h>
void main()
{ int m=3,n=4,x;
  x=-m++;
  x=x+8/++n;
  printf("%d\n",x);
}
```

程序运行后的输出结果是（　　）。

A. 3　　　　B. 5　　　　C. −1　　　　D. −2

【答案】 D

【解析】 本题考核的知识点是自加运算。x=-m++;的计算过程是先将 m 的当前值 3 添上负号后付给 x，然后 m 再自增 1，等价于 x=-m;和 m++;两条语句。x=x+8/++n;的运算过程是 n 先增 1，变为 5，然后再计算 8/5 得 1，最后计算 x+1，等于−2，最后 x 得到的值就是−2。（该语句等价++n;和 x=x+8/n; 两条语句。）因此，最后输出 x 的值为−2。所以，4 个选项中选项 D 符合题意。

③ 取负运算符“-”。求负数运算符（-）又称为负值运算符，用来改变一个操作数的正号或负号。在一个正数前加一负值运算符后，则该数变为负数；在一个负数前加一负值运算符后，则该数变为正数。

【例 2.22】

```
#include <stdio.h>
void main()
{
  int i=8;
  printf("%d\n",++i);
  printf("%d\n",--i);
  printf("%d\n",i++);
  printf("%d\n",i--);
  printf("%d\n",-i++);
```

```
 printf("%d\n",-i--);
}
```

程序的运行结果如图 2-12 所示。

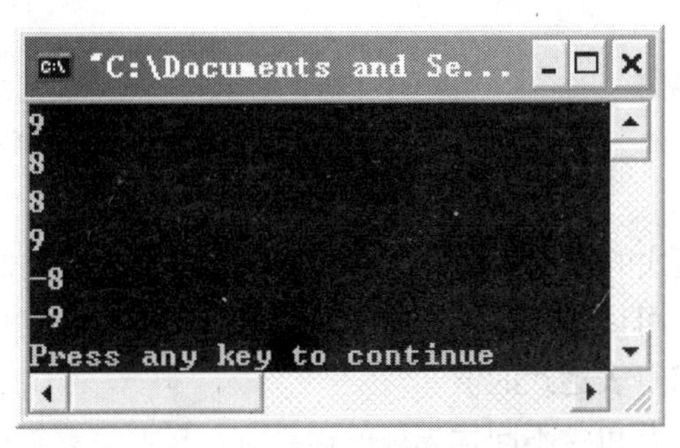

图 2-12　程序运行结果屏幕

【解析】　i 的初值为 8，第 2 行 i 加 1 后输出故为 9；第 3 行减 1 后输出故为 8；第 4 行输出 i 为 8 之后再加 1（为 9）；第 5 行输出 i 为 9 之后再减 1（为 8）；第 6 行输出-8 之后再加 1（为 9），第 7 行输出-9 之后再减 1（为 8）。

【例 2.23】　算术运算符示例。

```
#include <stdio.h>
void main()
{
 int a = 5, b = 3, c = 25, d = 12;
 float qu;
 int re,in,de;
 /* 使用算术运算符 */
 qu = a / b; // 除法
 re = a % b; // 求模
 in = ++c;
 de = --d;
 printf ("商为 %f\n",qu);
 printf ("余数为 %d\n",re);
 printf ("加 1 后为 %d\n",in);
 printf ("减 1 后为 %d\n",de);
}
```

程序的运行结果如下：

```
商为 1.000000
余数为 2
加 1 后为 26
减 1 后为 11
```

2. 算术表达式

表达式是由常量、变量、函数和运算符组合起来的式子。一个表达式有一个值及其类型，它们等于计算表达式所得结果的值和类型。表达式求值按运算符的优先级和结合性规定的顺序进行，单个的常量、变量、函数可以看做是表达式的特例。

算术表达式是用算术运算符和括号将运算对象（也称操作数）连接起来的、符合 C 语法规则的式子。

- 操作数：数值型（整型和实型）或字符型数据。

- 运算结果：数值型数据。

以下是算术表达式的例子：

```
a+b
(a*2) / c
(x+r)*8-(a+b) / 7
++i
sin(x)+sin(y)
(++i)-(j++)+(k--)
```

在 C 语言中，算术表达式的求值规律与数学中的四则运算规律类似，其运算规律和要求如下。

（1）在算术表达式中，可以使用多层圆括号，但圆括号必须成对使用。运算时从最内层的圆括号开始，由内向外依次求解表达式的值。

（2）在算术表达式中，若包含不同优先级的运算符，按照运算符的优先级别由高到低进行运算；若运算符的级别相同，按照运算符的结合方向进行运算。例如，在求解表达式 a+b−c/7 时，应该先计算 c/7，然后按照自左向右的顺序依次计算。

2.4.3　赋值运算符与赋值表达式

在 C 语言中，变量必须“先赋值、后使用”，赋值操作是通过赋值运算符来实现的。

赋值运算符又分为基本赋值运算符（简称赋值运算符）和复合赋值运算符。它们的作用是将一个数据“赋予一个变量”，也就是把数据存放在与变量所对应的存储单元中，以便在程序中对这些数据进行处理。

1. 赋值运算符

（1）基本赋值运算符：“=”

- 优先级：在所有运算符中位于倒数第二位。
- 结合方向：从右向左。

因此，a=b=c=5 可理解为 a=(b=(c=5))。

（2）复合赋值运算符。

在赋值运算符“=”的前面加上其他运算符（主要是算术运算符）就可以构成复合赋值运算符。

如+=,−=,*=, / =,%=,<<=,>>=,&=,^=,|=（两个符号之间不能有空格）。

- +=表示加赋值运算符。例如，a+=b 等价于 a=a+b。
- −=表示减赋值运算符。例如，a−=b 等价于，a=a−b。
- *=表示乘赋值运算符。例如，a*=b 等价于 a=a*b。
- /=表示除赋值运算符。例如，a=b 等价于 a=a/b。
- %=表示取余赋值运算符。例如，a% =b 等价于 a=a%b。
- &=表示位与赋值运算符。例如，a&= b 等价于 a =a&b。
- |=表示位或赋值运算符。例如，a|=b 等价于 a=a|b。
- ^=表示位异或赋值运算符。例如，a^=b 等价于 a= a^b。
- >>=表示右移赋值运算符。例如，a>>=b 等价于 a=a>>b。
- <<=表示左移赋值运算符。例如，a<<b 等价于 a=a<<b。

复合赋值运算符的优先级和结合方向同基本赋值运算符。

复合赋值运算符并不是一种变量初始化的方式，而是在变量已有初值的前提下进一步修改变量值的方法，其主要目的是为了简化书写。

例如：假设已定义 x=10，复合赋值运算符的应用如表 2-10 所示。

表 2-10　复合赋值运算符的应用

运 算 符	表 达 式	计 算	结 果
+=	x += 5	x = x + 5	15
-=	x -= 5	x = x -5	5
*=	x *= 5	x = x * 5	50
/=	x /= 5	x = x / 5	2
%=	x %= 5	x = x % 5	0

2. 赋值表达式

由赋值运算符将运算对象连接起来的式子称为赋值表达式。

（1）构成简单赋值表达式的一般形式为：

    变量=表达式;

例如：

```
x=a+b
w=sin(a)+sin(b)
y=i+++--j
```

赋值表达式的功能是计算表达式的值再赋予左边的变量。赋值运算符具有右结合性。因此，a=b=c=5 可理解为 a=(b=(c=5))。

（2）构成复合赋值表达式的一般形式为：

    变量双目运算符=表达式

它等效于

```
变量=变量 运算符 表达式
a+=5        等价于 a=a+5
x*=y+7      等价于 x=x*(y+7)
r%=p        等价于 r=r%p
```

注意：

① 赋值运算符左侧只能是变量，不能是常量或表达式。

例：b+2=7，错误的赋值表达式。

② 赋值表达式最左边变量中所得到的新值就是赋值表达的值。

例：a=2+b=3，计算这个表达式后 b 的值是 3,a 的值是 5，表达式的值是 5。

③ 复合赋值运算符右边的表达式是自动加括号的，其结合方向自右至左。

例："c%=a-3" 不能理解为 "c=c%a-3"，应理解为 "c=c%(a-3)"。

④ 赋值运算符和复合赋值运算符优先级只比逗号运算符高，比其他运算符都低。

⑤ 可多次为一个变量赋值，变量最终的值是最后一次赋的值。

例：int a=3;a=a+5;

那么变量 a 的值是 8。

【例 2.24】 已有整型变量 a，其值为 8，计算表达式 a + =a−=a + a 的值。

【解析】 因为“+=”和“-=”优先级相同，结合方向自右至左。先计算最右侧的“a + a”，其值为 16；然后再计算“a-=16”，此式相当于“a=a-16”，因为此时的 a 仍然是 8，所以此时的运算结果是-8，且 a 值经过赋值也是-8；最后计算“a+=-8”，此式相当于“a=a+（-8）”，根据 a 值为-8，所以表达式的值是-16，并且变量 a 的值也是-16。

3. 赋值运算中的数据类型转换

在赋值运算中，只有当“=”右侧表达式的类型与左侧变量类型完全一致，并且都是数值型或字符型时，才能进行赋值操作，称为“赋值兼容”。如果赋值与运算符两侧的数据类型不相同，在赋值前，系统将自动先把右侧表达式的数值转换成“=”左侧的数据类型后，再赋予左边的变量。需要注意的是，当把数据长度长的数据存入数据短的变量时，C 编译系统会截去超长的部分，这有可能造成运算结果精度的变化，甚至导致运算错误。

2.4.4 关系运算符与关系表达式

1. 关系运算符

关系运算符是用来测试操作数或两个表达式之间关系的运算符，实际上就是“比较运算”，将两个数据进行比较，判断比较的结果是否符合指定的条件。

运算的结果是“成立”或“不成立”。如果成立，其含义为“逻辑真”，用整数“1”表示；如果不成立，则表示“逻辑假”，用整数“0”表示。在 C 语言中，“0”表示“假”，“非 0”表示“真”。

关系运算符都是双目运算符。C 语言提供了如下 6 种关系运算符。

- <为小于运算符。例如，a<b。
- <=为小于等于运算符。例如，c<=5。
- >为大于运算符。例如，b>c。
- >=为大于等于运算符，例如，b>=o。
- ==为等于运算符。例如，c==b。
- !=为不等于运算符。例如，c!=10。

在这 6 个运算符中，前 4 个优先级相同，后两个优先级相同，如表 2-11 所示。

表 2-11 关系运算符

优先级	运算符	含义	运算对象个数	结合方向
1	< <= > >=	不相等判断	双目	自左至右
2	= = !=	相等判断		

关于等于运算符是由两个代数式中的等号组成的，有时容易写成一个等号与代数式中的等号相混。在 C 语言中，一个等号是赋值运算符，它与等于运算符截然不同，请一定注意其区别。

2. 关系表达式

利用关系运算符组成的表达式称为关系表达式。关系运算符用于测试两个操作数或两个表达式之间的关系。

关系表达式中的操作数和运算结果：

- 操作数：可以是变量、常量或表达式，如算术表达式、关系表达式、逻辑表达式、赋值表达式、字符表达式等 C 语言中任意合法的表达式。
- 运算结果：0 或 1。

例如，a > =b，（a=3）<（b=4），a > c==1 等都是合法的关系表达式。

又如，若 a 的值为 4，b 的值为 7，则 a > =b 为“假”，表达式的值为“0”。

注意：

① 当关系运算符两侧的数据属于不同的数据类型时，如一侧为整型，另一侧为实型，系统会自动把整型数据转换为实型数据，然后再开始比较；

② 应当避免对两个实型数据进行“==”比较，特别是数值相近的实数，因为实型数据存放在内存中时会由于系统的原因产生误差。数据不可能精确相等，这将导致结果总是“0”；

③ 关系运算符组成的关系表达式的值是逻辑值（真或假）。

例如，如果 a 值为 8，则 a>5 为真。在 C 语言中没有逻辑类型的量，规定“真”用 1 表示，“假”用 0 表示。于是，a>5 值为 1，这里的 1 就是数字 1。那么，下述表达式也是合法的：

（a>5）+2

其值为 3。

这是 C 语言不同于其他语言之处。

关系运算符常用来组成关系表达式作为某些语句的条件，故称条件表达式。

2.4.5　逻辑运算符与逻辑表达式

1. 逻辑运算符

逻辑运算符用来对操作数进行逻辑操作，用于连接一个或多个条件，判断这些条件是否成立。C 语言提供了如下的逻辑运算符。

- 单目的逻辑运算符：! 表示逻辑求反或逻辑非。
- 双目的逻辑运算符：&&表示逻辑与，即对两个操作数进行逻辑求与；||表示逻辑或，即对两个操作数进行逻辑求或。

逻辑运算符如表 2-12 所示。

表 2-12　逻辑运算符

优先级	运算符	含义	运算对象个数	结合方向
1	!	逻辑非	单目	自右至左
2	&&	逻辑与	双目	自左至右
3	||	逻辑或	双目	

逻辑运算符优先级从高到低：!、&&、||。

2. 逻辑表达式

（1）用逻辑运算符将关系表达式或逻辑量（0 或 1）连接起来就形成了逻辑表达式。

- 运算对象：0 或非 0（非 0 全部处理为 1）。
- 运算结果：0 或 1。

操作数（运算对象）的真与假是这样规定的：非零为真，零为假。

逻辑运算结果的真与假是这样规定的：真用 1 表示，假用 0 表示。

（2）逻辑运算规则。

- 逻辑求非是对真求反后为假，对假求反后为真。
- 逻辑求与是指两个操作数中只有都是真时，求与后才是真。否则，求与后为假。
- 逻辑求或是指两个操作数中只要有一个为真时，求或后就为真。只有两个都是假时，求或后才是假。

逻辑运算符的运算规则如表 2-13 所示。

表 2-13　　逻辑运算符的运算规则

<table>
<tr><th>a</th><th>b</th><th>!a</th><th>!b</th><th>a&&b</th><th>a||b</th></tr>
<tr><td>0（假）</td><td>0（假）</td><td>1（真）</td><td>1（真）</td><td>0（假）</td><td>0（假）</td></tr>
<tr><td>0（假）</td><td>非 0（真）</td><td>1（真）</td><td>0（假）</td><td>0（假）</td><td>1（真）</td></tr>
<tr><td>非 0（真）</td><td>0（假）</td><td>0（假）</td><td>1（真）</td><td>0（假）</td><td>1（真）</td></tr>
<tr><td>非 0（真）</td><td>非 0（真）</td><td>0（假）</td><td>0（假）</td><td>1（真）</td><td>1（真）</td></tr>
</table>

例如：

int a=5,b=0;

!a 的值为 0，因为 a 为真（非 0），则！ a 为假。

a&&b 的值为 0，因为 b 为假，则 a && b 为假。

a || b 的值为 1，因为 a 为真，则 a||b 为真。

!a||b 的值为 0，因为!a 和 b 都为假，则!a||b 为假。

又例如：在关系表达式（x>y）成立的条件下，若 a 的值为 13，b 的值为 15，则逻辑表达式（a>b）&&（x>y）的运算结果为 0。

3. 逻辑表达式的应用

（1）“懒惰求值法”。

在逻辑与运算“&&”中，当其左边运算对象的值为 0 时，则系统不再去计算右边运算对象的值，直接可以得出表达式的值为 0。

例如：若 a 的值为 0，b 的值为 0，则表达式 a++&&b++的计算过程为：首先计算出 a++的值为 0，则不再判断 b++，表达式的值为 0，并且该表达式执行完之后，a 的值会加 1，但 b 的值仍然为 0。

在逻辑或运算“||”中，当其左边运算对象的值为 1 时，则系统不再去计算右边运算对象的值，直接可以得出表达式的值为 1。

又如：表达式 a++||b++，若 a 的值为 1，则直接跳过 b++的判断，直接得出表达式的值为 1，b 的值仍然保持原值。

（2）数值区间的表示。

数学上的关系式“0 < x < 10”在 C 语言中不能用“0 < x < 10”直接表示，原因在于“<”是关系运算符，且遵循从左至右的结合方向，则表达式首先计算“0 < x”的值，且计算结果不是 0 就是 1，接下来计算“1 或 0<10”，该关系的结果永远为 1，所以这样书写并不能正确表示出 x 的区间，正确的写法应该对 x 的取值范围进行区分，即表示为逻辑表达式：0 < x&&x < 10。

【例 2.25】　若有定义语句：int k1=10,k2=20;，执行表达式(k1=k1>k2)&&(k2=k2>k1)后，k1 和 k2 的值分别为（　　）。

A. 0 和 1　　B. 0 和 20　　C. 10 和 1　　D. 10 和 20

【答案】 B

【解析】 k1>k2 为假，因此 k1= k1>k2 结果 0，逻辑与左边表达式为假，右边表达式不再处理，因此 k1 结果为 0，k2 不变，仍为 20。

【例 2.26】 若 a 是数值类型，则逻辑表达式(a==1)||(a!=1)的值是（　　）。

A. 1　　B. 0　　C. 2　　D. 不知道 a 的值，不能确定

【答案】 A

【解析】 a 的值有两种情况：a 等于 1 或 a 不等于 1。故逻辑表达式(a==1)||(a!=1)的值为 1。

2.4.6 位运算

C 语言中，对于整型数据和字符型数据可以进行位运算，运算时首先应将运算对象转换为二进制。

1. 位运算符

位操作运算符分为位逻辑运算符和移位运算符如表 2-14 所示。

表 2-14　位运算符

<table>
<tr><th>优 先 级</th><th>运 算 符</th><th>含 义</th><th>运算对象个数</th><th>结 合 方 向</th></tr>
<tr><td>1</td><td>～</td><td>按位取反运算符</td><td>单目</td><td>自右至左</td></tr>
<tr><td>2</td><td><<
>></td><td>按位左移
按位右移</td><td rowspan="4">双目</td><td rowspan="4">自左至右</td></tr>
<tr><td>3</td><td>&</td><td>按位与运算符</td></tr>
<tr><td>4</td><td>^</td><td>按位异或运算符</td></tr>
<tr><td>5</td><td>|</td><td>按位或运算符</td></tr>
</table>

（1）逻辑位运算符。这是一种对操作数按其二进制位进行逻辑操作的运算符，进行逻辑位操作时，先将操作数化为二进制数，然后按以下运算规则进行。

① 求反运算～。

规则：～0=1　　～1=0

② 按位与运算&。

规则：0&0=0　　0&1=0　　1&0=0　　1&1=1

③ 按位或运算|。

规则：0|0=0　　0|1=1　　1|0=1　　1|1=1

④ 按位异或运算∧。

规则：0∧0=0　　0∧1=1　　1∧0=1　　1∧1=0

- 按位求反是将操作数中各个二进制位逐位求反，即 1 求反后为 0,0 求反后为 1。
- 按位与是将两个操作数各二进制位从低位到高位对齐，再将每位的两个二进制数相与，除了两个“1”为 1 外，其余为 0。
- 按位或是将两个操作数各二进制位从低位到高位对齐，再将每位的两个二进制数相或，除了两个“0”为 0 外，其余为 1。
- 按位异或又称按位加，忽略进位，先将两个操作数各二进制位从低位到高位对齐，再将每位的两个二进制数相加，不考虑进位，即两位相同的二进制数，则为 0，两位是不同的二进制数，则为 1。

（2）移位运算符。移位运算符是用来将某个操作数向某个方向（或左，或右）移动所指定的二进制位数。

- 左移运算<<。

规则：把<<左边的运算数的各二进位全部左移若干位，高位丢弃，低位补 0。左移一位相当于该数乘以 2。左移 n 位相当于该数乘以 2^n，即左移运算时，移去的位被丢掉，右端一律补 0。

- 右移运算>>。

规则：把>>左边的运算数的各二进位全部右移若干位。高位补 0，低位丢弃。右移一位相当于该数除以 2。右移 n 位相当于除以 2^n，即右移运算时，移去的位被弃掉，左端补，或补符号位，或补 0，依据机器而不同。

2. 位运算表达式

移位运算符连接运算对象形成的表达式称为位运算表达式。关系运算和逻辑运算的结果只能是 0 或 1，但位运算的结果却可以是任意的整数值。

（1）位逻辑运算。位逻辑运算的过程为：首先将运算对象转换为二进制，然后采用右对齐的方式从右向左依次计算。

逻辑位运算符组成的表达式的值是算术值，它与逻辑表达式不同。

例如：

```
a=4&3
```

分析：首先将 4 转换为 100，3 转换为 011，右对齐后从右向左计算，结果为 0。

又如：

```
b=7^3
```

分析：首先将 7 转换为 111，3 转换为 011，右对齐后从右向左计算，由于异或运算的运算规则为：相同为 0，相异为 1，则 b 的结果为 100，即十进制数 4。

（2）移位运算。在标准 C 中，移位运算规则如下。

左移：右端空位置补 0。

右移：带符号数字左端空位置补上的值应该与原值的符号位相同；无符号数字左端高位补 0。

例如：

```
int  a=12,m,n;
m=a<<2;
n=a>>2;
```

分析：由于 a 的值为 12，二进制表示为 1100，“<<”为左移运算，左移 2 位后的值为 110000，即 m 的值为 48。同理，a 右移 2 位后变为 11（00 移出），即 n 的值为 3。

【例 2.27】 若有以下程序段：

```
int r=8*
printf("%d\n",r>>1)*
```

输出结果是（　　）。

【答案】 C

A. 16　　B. 8　　C. 4　　D. 2

【解析】 右移一位相当于该数除以 2。8>>1 相当于除以 2，等于 4，故答案是 C。

【例 2.28】 有以下程序：

```
#include <stdio.h>
void main()
{short c=124;
```

```
c=c_______;
printf("%d\n",c);
}
```

若要使程序的运行结果为 248，应在下画线处填入的是（　　）。

A. >>2　　B. |248　　C. &0248　　D. <<1

【答案】 D

【解析】 左移一位相当于该数乘以 2，124>>1 相当于 124 乘以 2，等于 248。故答案是 D。

2.4.7 条件运算符与条件表达式

条件运算符“?:”是 C 语言中唯一的一个三目运算符。

1. 条件运算符（三目运算符）

三目运算符是由两个字符“?:”组成，要求有 3 个操作数的一种特殊运算符，该运算符的功能类似于条件语句，故称条件运算符。

其格式如下：

```
表达式 1? 表达式 2 : 表达式 3
```

例如：

```
dl? d2:d3
```

其中，dl、d2 和 d3 是 3 个表达式。“? :”是三目运算符，该运算符的功能是：先计算 d1，如果 dl 的值是真值（非 0 或 1），则整个表达式的值是 d2 的值；如果 dl 的值是假值（0），则整个表达式的值是 d3 的值。

关于整个表达式的类型将是 d2 和 d3 这两个表达式中类型高的一个。

- 运算优先级：在所有运算符中位于倒数第三。
- 结合方向：自右向左。

2. 条件表达式

其格式如下：

```
表达式 1? 表达式 2 : 表达式 3
```

- 运算对象：3 个任意的表达式。
- 运算结果：取决于表达式 2 或表达式 3 的值。如果表达式 1 的值为非 0，则表达式的值为表达式 2 的值；否则为表达式 3 的值。

例如：

```
int  a=1, b=2, c=3;
k=a<b?b:a;
```

由于 a<b 的值为 1，则 k 的值为 b 的值 2。

2.4.8 长度运算符与长度表达式

该运算符用来求得某种类型或某个变量所占内存的字节数。它是一个单目运算符，作用于类型说明符或变量名的左边，并用圆括号将作用的类型说明符或变量名括起来。

sizeof 运算符的结果以字节为单位显示。

其格式如下：

```
sizeof(<类型说明符，或(变量名))
```

- 运算对象：类型说明符或变量名。

- 运算结果：整数。

例如：

```
sizeof('A')的值为1;
sizeof("A")的值为2。
```

例如：

```
int a;
float b;
```

使用 sizeof(a)将获得变量 a 在机器内存中所占的字节数。一般的 16 位微机，表达式 sizeof(a)的值应该为 2，即与 sizeof(int)的值是等价的。同样，sizeof(b)的值为 4，即与 sizeof(float)是等价的。

以下为 16 位机器中不同类型变量所占的内存字节数。

sizeof 运算符返回的大小	
char	1
int	2
short int	2
long	4
float	4
double	8

在 32 位计算机中，int 类型的变量占 4 字节的内存大小，和 long 类型的大小一样，所以现在基本上可以直接使用 int 类型，而不需要使用 long 类型。

2.4.9 逗号运算符与逗号表达式

在C语言中，逗号“,”既可作分隔符又可作运算符。作为运算符，称为逗号运算符。其功能是把多个表达式连接起来组成一个表达式，称为逗号表达式。逗号表达式的值则是组成它的最后一个表达式的值，它的类型也是最后一个表达式的类型。

1. 一般形式

表达式 1，表达式 2，……，表达式 *n*

2. 运算规则

运算时从左向右分别计算每个表达式的值，但最后一个表达式的值才是整个逗号表达式的值。

例如：表达式 1，表达式 2

其求值过程是分别求两个表达式的值，并以表达式 2 的值作为整个逗号表达式的值。

逗号运算符在整个运算符中优先级最低。

例如：a=3+6，a/4 的值为 2 。

分析：逗号运算的优先级最低，首先计算 a=3+6，则 a 的值为 9，然后计算 9/4，结果取整数部分 2。

【例 2.29】

```
#include <stdio.h>
void main()
```

```
{
 int a=2,b=4,c=6,x,y,z;
 z= (y=b+c,x=a+b);
 printf("x=%d,y=%d,z=%d",x,y,z);
}
```

程序的运行结果为：

```
x=6, y=10,z=6
```

【解析】 本例中，算术运算符优先级最高，其次是赋值运算符，逗号运算的优先级最低，z 的值是整个逗号表达式的值，即 x=a+b 的值。

【例 2.30】 设有定义：int x=2;，以下表达式中，值不为 6 的是（　　）。

A. x*=x+1　　　　B. x++,2*x　　　　C. x*=(1+x)　　　　D. 2*x,x+=2

【答案】 D

【解析】 A 项 x=x*(x+1)=2*(2+1)=6；B 项 x++后，x 的值为 3，2*x 的值为 6，整个逗号表达式的值为 6；C 项 x=x*(1+x)=2*3=6；D 项 x=x+2=2+2=4，整个逗号表达式的值为 4。故答案是 D。

对于逗号表达式还要说明以下两点。

- 程序中使用逗号表达式，通常是要分别求逗号表达式内各表达式的值，并不一定要求整个逗号表达式的值。
- 并不是在所有出现逗号的地方都组成逗号表达式，如在变量说明中，函数参数表中逗号只是用作各变量之间的间隔符。

本节介绍的运算符并不是 C 语言中所有的运算符，只是一些常用的运算符，关于未提及到的运算符，其功能和特点请参考表 2-15。

2.5　运算符的优先级和结合性

在了解一些 C 语言的初步知识以后，就应该上机练习编写和运行 C 语言的程序，通过上机实践来加深对 C 语言的认识和理解。

2.5.1　多种数据间的混合运算

当我们遇到一个复杂表达式时，需要确定先执行哪种运算。

例如，以下表达式中

```
z = x + y - g * h * (t/20)+ 65 - r % 2
```

出现了“加、减、取余、乘除、括号、赋值”多种运算符，那么到底先计算哪一部分，要解决此问题，需要清楚各类运算符的优先级。

2.5.2　各种运算符的优先级

C 语言中运算符的优先级共分 15 级。记住每种运算符的优先级在计算表达式的值或书写表达式语句中是十分重要的。各种运算符的优先级及结合性如表 2-15 所示。

表2-15　　各种运算符的优先级及结合性

<table>
<tr><th>优先级</th><th>运算符</th><th>含义</th><th>要求运算对象的个数</th><th>结合方向</th></tr>
<tr><td rowspan="4">1</td><td>( )</td><td>圆括号</td><td rowspan="4"></td><td rowspan="4">自左至右</td></tr>
<tr><td>[ ]</td><td>下标运算</td></tr>
<tr><td>-></td><td>指向结构体成员</td></tr>
<tr><td>.</td><td>结构体成员</td></tr>
<tr><td rowspan="10">2</td><td>!</td><td>逻辑非运算</td><td rowspan="10">单目</td><td rowspan="10">自右至左</td></tr>
<tr><td>~</td><td>按位取反运算</td></tr>
<tr><td>++</td><td>自增运算</td></tr>
<tr><td>--</td><td>自减运算</td></tr>
<tr><td>-</td><td>负号</td></tr>
<tr><td>(类型)</td><td>类型转换运算</td></tr>
<tr><td>*</td><td>指针运算</td></tr>
<tr><td>&</td><td>取地址运算</td></tr>
<tr><td>sizeof( )</td><td>长度运算</td></tr>
<tr><td rowspan="3">3</td><td>*</td><td>乘法运算</td><td rowspan="3">双目</td><td rowspan="3">自左至右</td></tr>
<tr><td>/</td><td>除法运算</td></tr>
<tr><td>%</td><td>求余数运算</td></tr>
<tr><td rowspan="2">4</td><td>+</td><td>加法运算</td><td rowspan="2">双目</td><td rowspan="2">自左至右</td></tr>
<tr><td>-</td><td>减法运算</td></tr>
<tr><td rowspan="2">5</td><td><<</td><td>左移运算</td><td rowspan="2">双目</td><td rowspan="2">自左至右</td></tr>
<tr><td>>></td><td>右移运算</td></tr>
<tr><td rowspan="4">6</td><td><</td><td>小于</td><td rowspan="4">双目</td><td rowspan="4">自左至右</td></tr>
<tr><td><=</td><td>小于等与</td></tr>
<tr><td>></td><td>大于</td></tr>
<tr><td>>=</td><td>大于等于</td></tr>
<tr><td rowspan="2">7</td><td>==</td><td>等与</td><td rowspan="2">双目</td><td rowspan="2">自左至右</td></tr>
<tr><td>!=</td><td>不等于</td></tr>
<tr><td>8</td><td>&</td><td>按位与运算</td><td>双目</td><td>自左至右</td></tr>
<tr><td>9</td><td>︿</td><td>按位异或运算</td><td>双目</td><td>自左至右</td></tr>
<tr><td>10</td><td>|</td><td>按位或运算</td><td>双目</td><td>自左至右</td></tr>
<tr><td>11</td><td>&&</td><td>与运算</td><td>双目</td><td>自左至右</td></tr>
<tr><td>12</td><td>||</td><td>或运算</td><td>双目</td><td>自左至右</td></tr>
<tr><td>13</td><td>? :</td><td>条件运算</td><td>三目</td><td>自左至右</td></tr>
<tr><td>14</td><td>= += -= *=
/= %= >>=
<<=
&=
︿=
|=</td><td>各种赋值运算</td><td>双目</td><td>自右至左</td></tr>
<tr><td>15</td><td>,</td><td>逗号运算
(顺序求值运算)</td><td></td><td>自左至右</td></tr>
</table>

对照表 2-15，可以这样记优先级，口诀如下：

去掉一个最高级，

去掉一个最低级，

一、二、三和赋值。

说明：(1)“最高级”是指表 2-15 中 1 级中的 4 个运算符，分别是：

- 圆括号“()”；
- 下标运算“[]”；
- 指向结构体成员“->”；
- 结构体成员“.”。

圆括号是优先级最高的运算符，其余 3 个运算符将在后续章节学习。

(2) 最低级是指表 2-15 中 15 级逗号运算符“,”。

(3)“一”是指表 2-15 中 2 级中的 9 个单目运算符。

(4)“二”是指表 2-15 中 3～12 级中 18 个双目运算符。

(5)“三”是指表 2-15 中 13 级中 1 个三目运算符。

(6)“赋值”是指表 2-15 中 14 级中 11 个赋值运算符，也是双目运算符。

在双目运算符中还包含有 10 个优先级，这 10 个优先级记忆方法是：

算术 2，关系 2，逻辑 2，移位 1 插在前，逻辑位 3 插在后。

- “算术 2”表明算术运算符又分两个优先级，*、/、%在前，+、-在后。
- “关系 2”表明关系运算符在算术运算符后，有两类优先级，<、<=、>、>=在前，==、!=在后。
- “逻辑 2”表明它在关系运算符之后，又分为两个优先级，&&在前，||在后。
- “移位 1 插在前”表明移位运算符是 1 个优先级插在算术和关系之间，即>>和<<。
- “逻辑位 3 插在后”表明逻辑位运算符有 3 个优先级，&在前，^在中，|在后，它们插在关系和逻辑之间。

这样，15 种优先级的顺序就记住了。

综上所述，总结如下口诀：

“括号”一定先计算，算术关系不一般；

位运算完逻辑赶，赋值逗号最后完。

2.5.3　各种运算符的结合性

在表达式中，优先级较高的先于优先级较低的进行运算。而在一个运算量两侧的运算符优先级相同时，则按运算符的结合性所规定的结合方向处理。

C 语言中各运算符的结合性分为两种，即左结合性（自左至右）和右结合性（自右至左）。多数运算符具有左结合性，单目运算符、三目运算符、赋值运算符具有右结合性。

例如，算术运算符的结合性是自左至右，即先左后右。例如，有表达式 x-y+z，则 y 应先与“-”号结合，执行 x-y 运算，然后再执行+z 的运算。这种自左至右的结合方向就称为“左结合性”。而自右至左的结合方向称为“右结合性”。最典型的右结合性运算符是赋值运算符，如 x=y=z，由于“=”的右结合性，应先执行 y=z 再执行 x=(y=z)运算。C 语言运算符中有不少为右结合性，应注意区别，以避免理解错误。

关于各种运算符的结合性，请参考表 2-15。

习　题

一、选择题

1. 以下选项中可作为 C 语言合法常量的是（　　）。

（A）-80.　　（B）-080　　（C）-8e1.0　　（D）-80.0e

2. 下面 4 个选项中，均是合法整型常量的选项是（　　）。

（A）160　-0xffff　011　　（B）-0xcdf 01a　0xe

（C）-01986 012　0668　　（D）-0x48a 2e5　0x

3. C 源程序中不能表示的数制是（　　）。

（A）二进制　　（B）八进制　　（C）十进制　　（D）十六进制

4. 以下选项中合法的用户标识符是（　　）。

（A）long　　（B）2Test　　（C）3Dmax　　（D）A.dat

5. 以下不能定义为用户标识符是（　　）。

A）Main　　（B）_0　　（C）_int　　（D）sizeof

6. 假定 x 和 y 为 double 型，则表达式 x=2，y=x+3/2 的值是（　　）。

（A）3.500000　　（B）3　　（C）2.000000　　（D）3.000000

7. 以下变量 x，y，z 均为 double 类型且已正确赋值，不能正确表示数学式子 x÷y÷z 的 C 语言表达式是（　　）。

（A）x/y*z　　（B）x*(1/(y*z))　　（C）x/y*1/z　　（D）x/y/z

8. 以下选项中，不能作为合法常量的是（　　）。

（A）1.234e04　　（B）1.234e0.4　　（C）1.234e+4　　（D）1.234e0

9. 数字字符 0 的 ASCII 码值为 48，若有以下程序：

```
#include <stdio.h>
void main()
{
   char a='1',b='2';
   printf("%c,",b++);
   printf("%d\n",b-a);
}
```

程序运行后的输出结果是（　　）。

（A）3,2　　（B）50,2　　（C）2,2　　（D）2,50

10. 有以下程序：

```
#include <stdio.h>
void main()
{
int m=12,n=34;
printf("%d%d",m++,++n);
printf("%d%d\n",n++,++m);
}
```

程序运行后的输出结果是（　　）。

（A）12353514　（B）12353513　（C）12343514　（D）12343513

11. 有以下程序：

```
#include <stdio.h>
void main()
{
int i=1,j=2,k=3;
if(i++==1&&(++j==3||k++==3))
printf("%d %d %d\n",i,j,k);
}
```

程序运行后的输出结果是（　　）。

（A）1 2 3　（B）2 3 4　（C）2 2 3　（D）2 3 3

12. 若以下选项中的变量已正确定义，则正确的赋值语句是（　　）。

（A）x1=26.8%3　（B）12=x2　（C）x3=0x12　（D）x4=12=3;

13. 设有以下定义：

```
int   a=0;
double  b=1.25;
char c='A';
#define   d   2
```

则上面语句中变量定义错误的是（　　）。

（A）a　（B）b　（C）c　（D）d

14. 已知 int m;float k;，正确的语句是（　　）。

（A）(int k)%m　（B）int(k)%m　（C）int(k%m)　（D）(int)k%m

15. 若变量 a 是 int 类型，并执行了语句：a='A'+1.6;，则正确的叙述是（　　）。

（A）a 的值是字符 C　（B）a 的值是浮点型

（C）不允许字符型和浮点型相加　（D）a 的值是字符'A'的 ASCII 值加上 1

16. 如有定义语句：int x=12,y=8,z;,在其后执行语句 z=0.9+x/y，则 z 的值为（　　）。

（A）1.9　（B）1　（C）2　（D）2.4

17. 以下不正确的叙述是（　　）。

（A）在 C 程序中，逗号运算符的优先级最低

（B）在 C 程序中，APH 和 aph 是两个不同的变量

（C）若 a 和 b 类型相同，在计算了赋值表达式 a=b 后 b 中的值将放入 a 中，而 b 中的值不变

（D）当从键盘输入数据时，对于整型变量只能输入整型数值，对于实型变量只能输入实型数值

18. 常数的书写格式决定了常数的类型和值，0x1011 是（　　）。

（A）八进制整型常量　（B）字符常量

（C）十六进制整型常数　（D）二进制整型常数

19. 若以下选项中的变量已正确定义，则正确的赋值语句是（　　）。

（A）x1=26.8%3　（B）1+2=x2　（C）x3=0x12　（D）x4=1+2=3;

20. C 语句“x*=y+2;”还可以写为（　　）。

（A）x=x*y+2;　（B）x=2+y*x;　（C）x=x*(y+2);　（D）x=y+2*x;

21. 执行语句“k=5 | 3;”后，变量 k 的当前值是（　　）。

（A）1　　（B）8　　（C）7　　（D）2

22. 执行语句“k=5∧3;”后，变量k的当前值是（　　）。

（A）15　　（B）125　　（C）8　　（D）6

23. 设以下变量均为int类型，表达式的值不为7的是（　　）。

（A）(x=y=6,x+y,x+1)　　（B）(x=y=6,x+y,y+1)

（C）(x=6,x+1,y=6,x+y)　　（D）(y=6,y+1,x=y,x+1)

24. 设有定义：int k=0;，以下选项的4个表达式中与其他3个表达式的值不相同的是（　　）。

（A）k++　　（B）k+=1　　（C）++k　　（D）k+1

二、填空题

1. 计算a、b中最小值的条件表达式为________。
2. 表达式（5−1&&3+5/2）的值是________。
3. 表达式(3&4|2)的值为________。
4. 在C语言中，优先级最高的运算符是________。
5. C程序中定义的变量，代表内存中的一个________。
6. 通常一个字节包含________个二进制位。
7. 在C语言中，整数可以用________、________和________ 3种进制数来表示。
8. C语言中优先级最低的运算符是________。
9. 设a和b均为double类型的常量，且a=5.5，b=2.5，则表达式“(int)a+b/b”的值是________。
10. C语言中大多数双目运算符的结合方向为________，单目运算符的结合方向为________。
11. C语言中用________表示逻辑真，用________来表示逻辑假。
12. “a≥10或a≤0”的C语言表达式是________。
13. C语言中逻辑运算符的优先级是（从高到低）________、________、________。
14. 设变量a是int型，f是float型，i是double型，则表达式10+'a'+i*f值的数据类型为________。
15. sizeof(float)是一个________类型表达式。
16. 若变量已正确定义且K的值是4，计算表达式（j=k--）后，j=________，k=________。
17. 设有：int a=1,b=2,c=3,d=4,m=2,n=2;，执行 (m=a>b)&&(n=c>d)后n的值是________。
18. 有以下程序：

```
#include <stdio.h>
void main()
{
int a,b,d=25;
a=d/10%9;b=a&&(-1);
printf("%d,%d\n",a,b);
}
```

程序运行后的输出结果是________。

19. 在C语言中，当表达式值为0时表示逻辑值“假”，当表达式值为________时表示逻辑值“真”。

20. 设x为int型变量，请写出一个关系表达式________，用以判断x同时为3和7的倍数时，关系表达式的值为真。

21. int a=2;，则表达式(!a==1)&&(a++==2)的值为0，a的值为________。

22. 有以下程序：

```
#include <stdio.h>
```

```
void main()
{int a=5,b=1,t;
t=(a<<2)|b;
printf("%d\n",t);
}
```

程序运行后的输出结果是________。

（A）21　　（B）11　　（C）6　　（D）1

三、简答题

1. 什么是数据类型？C 语言中都有哪些数据类型？

2. 字符常量和字符串常量有什么区别？符号常量和变量有什么区别？

3. 简述 C 语言中常量的类型与各自的特点。

4. 简述 C 语言中变量的类型与各自的特点。

5. 简述 C 语言中运算符优先级和运算符结合性的概念。

6. 简述 C 语言中运算符优先级和运算符结合性的规律。

7. C 语言中数据类型转换的方式有哪几种？各有什么特点？转换的规则是什么？

8. 请根据要求书写表达式。

（1）字符变量 a 中存放的是字母字符。

（2）点（x，y）在平面坐标系中第一象限或第三象限。

（3）变量 x 的个位数不是 3。

（4）x 年不是整百的年，但是能够被 4 整除。

（5）x 是 5 或 7 的倍数。

（6）将任意的两位整数 y 的个位数和十位数交换。

四、上机实践题

1. 编写程序求下列表达式的值。

（1）x+a%3*(x+y)%2/4。设 x=2.5,a=7,y=4.7。

（2）(float)(a+b)/2+(int)x%(int)y。设 a=2,b=3,x=3.5,y=2.5。

2. 编写程序，输出实型变量 x 的整数部分。

3. 操作符 sizeof 用以测试一个数据或类型所占用的存储空间的字节数。请编写一个程序，测试各基本数据类型所占用的存储空间的大小。

第3章 3种结构的程序设计

本章主要介绍实现结构化程序设计的3种基本结构，即顺序结构、选择结构和循环结构，以及实现这3种结构的相关语句。通过本章的学习，读者要熟练掌握使用3种基本结构设计简单的程序，熟练掌握一些典型程序的设计方法。

3.1 结构化程序设计

计算机程序是由若干条语句组成的语句序列，但是程序的执行并不是一定按照语句的书写顺序。程序中语句的执行顺序通常称为“程序结构”。现在的高级语言程序设计广泛采用了结构化程序设计方法，这样可以使程序的结构清晰、可读性强，以便提高程序设计的质量和效率。

3.1.1 结构化程序设计的方法

结构化程序设计方法的主要原则如下。

（1）自顶向下：程序设计时，应先考虑总体，后考虑细节；先考虑全局目标，后考虑局部目标。不要一开始就过多地追求众多的细节，先从最上层总目标开始设计，逐步使问题具体化。

（2）逐步求精：对复杂问题，应设计一些子目标作过渡，逐步细化。

（3）模块化设计：一个复杂问题，肯定是由若干个稍简单的问题构成的。模块化是把程序要解决的总目标分解为分目标，再进一步分解为具体的小目标，把每个小目标称为一个简单的模块。

（4）结构化编码：结构化程序设计方法是程序设计的先进方法和工具。采用结构化程序设计方法编写程序，可使程序结构良好、易读、易理解、易维护。

3.1.2 程序的3种基本控制结构

1966年，Boehm和Jacopini证明了程序设计语言仅仅3种其本控制结构就足以表达出各种其他形式结构的程序设计方法。

（1）顺序结构：是一种简单的程序设计，它是最基本、最常用的结构。顺序结构是顺序执行结构，所谓顺序执行，就是按照程序语句行的自然顺序，一条语句一条语句地执行程序。

（2）选择结构：又称为分支结构，它包括简单选择和多分支选择结构，这种结构可以根据设定的条件，判断应该选择哪一条分支来执行相应的语句序列。

（3）循环结构：又称为重复结构，它根据给定的条件，判断是否需要重复执行某一相的或类似的程序段，利用重复结构可简化大量的程序代码。在程序设计语言中，重复结构对应两类循环语句，对先判断后执行循环体的称为当型循环结构；对先执行循环体后判断的称为直到型循环结构。

一般一个结构化程序由若干基本结构组成，每一个基本结构可以包含一条或若干条语句。但是“总的结构”都是顺序的。

程序执行时，总是自上而下，顺序地向下执行，当执行到“选择结构”时，按照“选择结构”的执行方式执行相应的“选择结构”；当执行到“循环结构”时，按照“循环结构”的执行方式执行相应的“循环结构”。

3.2　C 语句简介

C 语言和其他高级语言一样，通过 C 语句向计算机系统发出操作指令。一条 C 语句经过编译之后能够形成多条机器指令，并通过执行这些指令来完成程序员的各种操作。

3.2.1　C 程序的基本构成

在第 1 章我们已经学习，函数是构成 C 程序的基本单位，函数则由数据定义（如声明变量）部分和若干条执行语句组成。

例如：

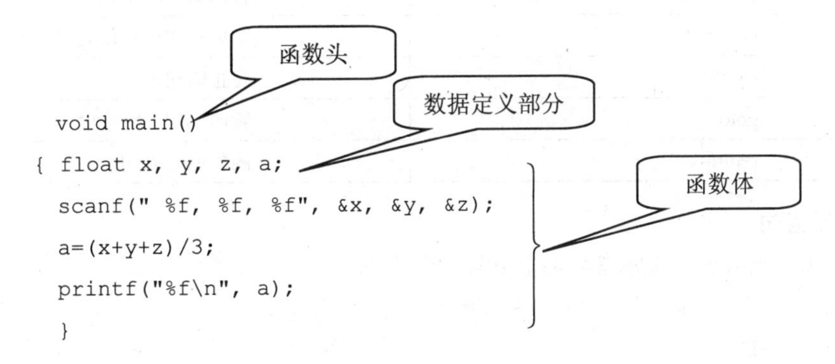

C 程序的构成如图 3-1 所示。

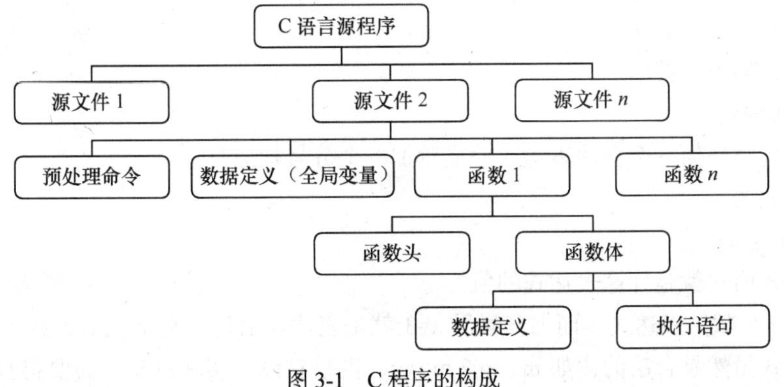

图 3-1　C 程序的构成

3.2.2 C 程序的语句

C 程序的执行部分是由语句组成的，程序的功能也是由执行语句实现的。

C 语句可以分为以下 5 类。

1. 控制语句

控制语句用来完成一定的控制功能，用于控制程序的流程，以实现程序的各种结构方式。它们由特定的语句定义符组成。

C 语言有 9 种控制语句，可分成以下 3 类。

（1）条件判断语句：if 语句、switch 语句。

（2）循环执行语句：do-while 语句、while 语句、for 语句。

（3）转向语句：break 语句、goto 语句、continue 语句、return 语句。

各语句的控制功能如表 3-1 所示。

表 3-1　　C 语言的 9 种控制语句

if()…else…	条 件 语 句
switch	多重分支语句
for()…	次数型循环语句
while()…	当型循环语句
do-while()	直到型循环语句
continue	结束本次循环语句
break	终止语句
goto	转向语句
return	函数返回语句

2. 函数调用语句

函数调用语句由函数名、实际参数加上分号“;”组成。

其一般形式为：

```
函数名(实际参数表);
```

执行函数语句就是调用函数。

例如：

```
printf("goodbye");
```

即调用库函数，输出字符串。

3. 表达式语句

表达式语句由任何一个合法表达式的最后加一个分号构成。

其一般形式为：

```
表达式;
```

执行表达式语句就是计算表达式的值。

例如，a=3 是赋值表达式，而加分号后 a=3;就是表达式语句，它是赋值表达式语句。

有些表达式虽然是合法的，如 m > n ? m : n;，但是它没有实际意义，需要将其表达式的值赋予某个变量才有意义。例如，x = m > n ? m : n;

表达式能构成语句是 C 语言的一个很大特点，由于 C 语言中的大多数语句都是表达式语句，所以有人把C语言称为“表达式语言”。

4. 空语句

空语句就是只有一个分号的语句。它在程序中什么都不做，主要用来表示转向点，或为了表示此处存在一条语句便于以后的程序调试和扩展。例如，它可以用来做循环体，则该循环是空循环。下面是一个为了延迟一段时间的循环，其循环体可用空语句。

```
for(i=0; i<1000;i++)
;
```

由于随意添加分号可能会在程序中导致逻辑错误，所以空语句需要谨慎使用。

5. 复合语句

C语言中可以用成对的花括号“{”和“}”把一些语句括起来组成复合语句。

C语句中的语句简单地划分为单条语句和复合语句两类。单条语句是指只有一条语句，而复合语句是指多条语句的总称，但是，多条语句用花括号括起来才称复合语句。没有用花括号括起的若干条单条语句只能称为语句序列。所以，复合语句是一种特殊的语句序列，它被一对花括号括起来，它在程序中被看做是一条语句。

复合语句也称为“语句块”，常用于分支结构和循环结构。

复合语句的形式如下：

```
{
语句1;
语句2;
语句3;
…;
语句n
}
```

例如：

```
{ x=y+z;
  a=b+c;
  printf("%d%d", x, a);
 }
```

一个复合语句在C语言语法上视为“一条”语句，在花括号内的语句数量不限。

在复合语句内部还可以包含有复合语句，即复合语句可以嵌套。

C语言允许一行写一条语句，也允许一条语句拆开写在几行上，书写格式自由，无固定的格式要求。

3.3 C语言中的输入输出函数

所谓输入输出是以计算机为主体而言的，本节介绍的是向标准输出设备显示器输出数据的语句以及由标准设备键盘输入数据的语句。在C语言中，所有的数据输入、输出都是由库函数完成的，因此都是函数语句，而且在使用C语言库函数时，要用预编译命令#include将有关“头文件”包括到源文件中。

使用标准输入输出库函数时要用到“stdio.h”文件，因此源文件开头应有以下预编译命令：

```
#include< stdio.h >
```

或

```
#include "stdio.h"
```

3.3.1 格式输出函数和格式输入函数

在程序中经常需要对各种基本数据类型的数据进行输入、输出，如整型、实型、字符型和字符串。为此，C 语言还提供了格式输入、输出函数。这两个函数不但可以输入、输出各种程序中所需的数据，而且还可以对数据的输入、输出格式进行适当的控制。

1. 格式输出函数 printf()

- 格式：`printf("<输出格式>", 输出列表)`
- 作用：先依次计算出“输出列表”中各个表达式的值，然后按照“输出格式”中规定的相应格式输出各个表达式的值。

说明：

（1）“输出格式”：是双引号括起来的字符串，包括以下 3 种信息。

- 格式说明：由%和格式字符组成，如%d，%f 等。

格式说明的一般形式为：%[修饰符]格式字符

- 普通字符，即原样输出的字符。
- 转义字符。

某种类型的变量一定要按照相对应的格式输出，即格式说明要与输出列表中的对象的数据类型严格对应。遇到格式控制字符，按照格式控制字符的规定输出，遇到非格式字符串按原样输出。

其中，格式字符的含义如表 3-2 所示，修饰符的含义如表 3-3 所示。

表 3-2　　格式字符

格 式 字 符	含　义
d	带符号十进制形式输出（不输出正号）
u	无符号十进制形式输出
O	无符号八进制形式输出
x(X)	无符号十六进制输出
c	单个字符输出
s	字符串输出
f	双精度形式输出（默认精确 6 位小数）
e(E)	标准指数形式输出
g(G)	自动选用较短格式（%f 和%e），不输出无意义的 0

表 3-3　　格式修饰字符

修饰字符	含　义
l	修饰 d、o、x、u、f、e，输出长整型和双精度型数据
L	输出长双精度型数据，修饰 f
m（正整数）	数据输出的总宽度（小于实际宽度时按实际宽度输出）
n（正整数）	对于实数，指定小数位数；对于字符串，指定截取字符个数
-	输出的数字或字符在左对齐

例如：

① int visitor_count = 150;
   printf (" %d" , visitor_count);

输出结果：150

② int salary = 5500;
   printf (" %10d" , salary);

输出结果：　␣␣␣␣␣␣5500

输出结果的左边显示了6个空格。

③ float circumference = 9.4786789;
   printf (" %f" , circumference);

输出结果：9.478679

默认情况下精确到6位小数。

④ double mercury_level = 168.2251074;
   printf ("%7.2f" , mercury_level);

输出结果：␣168.23

%7.2f中，7表示长度，表示所有的数字和小数点所占的位数。不够7位右对齐；2表示精度（精确到小数点后多少位）。

【例3.1】

```
#include <stdio.h>
void main()
{
int a=10;
float b=40.8;
char c='w';
printf("%d,%f,%c\n",a,b,c);
printf("%5d%8.3f%3c\n",a,b,c);
}
```

程序运行结果如下：

```
10,40.8,w
␣␣␣10␣␣40.800␣␣w
```

（2）“输出列表”：输出表列由若干个输出项构成，输出项之间用逗号来分隔，每个输出项既可以是常量、变量，也可以是表达式。

例如：

```
printf("%s,%7s,%3s,%-7s\n","CHINA","CHINA","CHINA","CHINA");
```

输出结果为：

```
CHINA,␣␣CHINA,CHINA,CHINA␣␣
```

再例如：

```
float a=100000000;
printf("a=%f,%e,%g",a,a,a);
```

程序的运行结果为：

```
a=100000000.000000,1.000000e+008,1e+008
```

【例3.2】　有以下程序，其中%u表示按无符号整数输出。

```
#include <stdio.h>
void main()
```

```
{unsigned int x=0xFFFF; /* x 的初值为十六进制数 */
printf("%u\n",x);
}
```

程序运行后的输出结果是（　　）。

A. −1　　B. 65535　　C. 32767　　D. 0xFFFF

【答案】 B

【解析】 本题考查的是标准函数 printf()。在 Visual C++ 6.0 系统中，变量 x=0xFFFF 在计算机中占 4 个字节，存放的二进制数为 0000 0000 000 000 1111 1111 1111 1111。变量 x 按照%u 格式输出的值为 65535。所以本题正确答案为 B。

【例 3.3】 有以下程序段：

```
char ch; int k;
ch='a'; k=12;
printf("%c,%d,"ch,ch ,k,k); printf("k=%d\n",k);
```

已知字符 a 的 ASCII 十进制代码为 97，则执行上述程序段后输出结果是（　　）。

A. 因变量类型与格式描述符的类型不匹配输出无定值

B. 输出项与格式描述符个数不符，输出为零值或不定值

C. a,97,12k=12

D. a,97,k=12

【答案】 D

【解析】 使用 printf（格式控制，输出项表）输出数据时，格式说明与输出项必须匹配，若格式说明个数少于输出项，则多余的输出项不输出；若格式说明个数多于输出项，则输出一些毫无意义的乱码。printf（"%c,%d,"ch, ch,k,k）；中的 k 的值将不输出，ch 按%c 格式输出'a'，按%d 格式输出 97。所以，程序段输出结果是 a,97,k=12。

2. 格式输入函数 scanf()

scanf( )函数从标准输入（键盘）读取信息，按照格式描述把读入的信息转换为指定数据类型的数据，并把这些数据赋给指定的程序变量，可以作为给变量赋值的一种方法。

- 格式：scanf("<输入格式>", 输入项地址表);

例如：scanf("%d %f", &i, &f);

说明：

（1）输入格式：同 printf 函数中的输出格式类似，但不包含转义字符。格式字符串主要包含 3 种类型：

- 格式字符：同 printf 函数类似（见表 3-2、表 3-3）；
- 控制字符：（空格等）直接输入（不用转义字符）；
- 普通字符：直接原样输入。

（2）输入项地址表：由若干个输入项地址组成，必须是变量的地址，或者是数组名和指针变量（后续内容介绍）。

变量地址的表示方法为“&变量名”，其中，“&”是地址运算符。

【例 3.4】

```
#include <stdio.h>
void main()
{
int x,y;
```

```
printf("PLEASE INPUT 2 NUMBERS\n");    /*显示提示信息*/
scanf("%d%d",&x,&y);
printf("x=%d,y=%d",x,y);
}
```

【解析】 程序运行时，首先显示输出提示信息“PLEASE INPUT 2 NUMBERS”，用户可以按照以下方式输入：23 ␣ 33↙（输入 x 和 y 的值），运行结果为：“x=23,y=33”。

其中，“&x”和“&y”中的“&”是“取地址运算符”。“&x”是指变量 x 在内存中的地址。scanf 函数会将键盘输入的“23”和“33”存入变量 x 和 y 的地址。x 和 y 的地址是在定义变量时确定的，会在程序编译时分配给具体变量（C 语言规定，使用 scanf 函数时，“&”必不可少）。

scanf 函数使用时的注意事项如下。

① scanf 函数的“变量地址表”中的各个变量，应当是地址变量，而不是变量名（变量名前必须加“&”）。

② 如果“格式控制字符串”中包含普通字符，必须在输入时原样输入。这种形式是为了用户在输入数据时添加必要的信息，以便更好地理解程序。用户在使用时则需要特别注意源程序中 scanf 函数的普通字符，以免出错。

例如，“scanf("%d,%d",&a,b)”，输入数据时必须输入 23,33↙，如果用户输入的数据为 23 ␣ 33↙，则会发生错误。

（3）键盘输入数据时，遇到以下情况会结束数据输入。

- 遇空格字符、回车字符或跳格字符（TAB 键）正常结束。
- 截取宽度正常结束。
- 遇到非法输入，非正常结束（可能导致输入数据出错）。

例如：

```
#include <stdio.h>
void main()
{
int a,c;char b;
scanf("%d%d",&a,&c);
printf("%d,%d",a,c);
}
```

该程序运行时如果输入 23 ␣ 33↙，运行结果为“23,33”，属于正常结束。如果误输入数据为 23 ␣ Y↙，则运行结果为“23,3129”。程序结果出错的原因是格式字符%d 不接收键盘输入的字母“Y”，系统认为输入结束。

（4）输入数值数据时，输入的数据之间必须用空格、回车符、制表符（Tab 键）隔开，间隔符个数不限。

例如：

```
int k;
float a;
double y;
scanf("%d%f%le", &k, &a, &y);
```

输入格式可以是：

```
10 12.3 1234567.89 ↙
```

也可以是：

```
10 <Tab> 12.3 <Tab> 1234567.89 ↙
```

还也可以是：

```
10↙
12.3↙
1234567. 89↙
```

【例 3.5】 输入输出函数示例。

```
#include <stdio.h>
void main()
{double radius,high,vol;
printf("请输入圆柱体底面积的半径和圆柱体的高：");
scanf("%lf%lf",&radius,&high);
vol=3.14*radius*radius*high;
printf("radius=%7.2f, high=%7.2f, vol=%7.2f\n",radius,high,vol);
}
```

程序的运行结果是：

```
请输入圆柱体底面积的半径和圆柱体的高：5  10
radius=    5.00, high=  10.00, vol=  785.00
```

【例 3.6】 有以下程序：

```
#include <stdio.h>
void main()
{ int m,n,p;
scanf("m=%dn=%dp=%d",&m,&n,&p);
printf("%d%d%d ",m,n,p);
}
```

若想从键盘上输入数据，使变量 m 中的值为 123，n 中的值为 456，p 中的值为 789，则正确的输入是（　　）。

A. m=123n=456p=789　　　B. m=123 n=456 p=789

C. m=123,n=456,p=789　　　D. 123 456 789

【答案】 A

【解析】 本题考查的是标准输入函数 scanf()的运用。scanf 函数的第一个参数是格式控制串，若在格式控制串中插入了格式控制符以外的其他字符，则在输入数据时要在对应的位置原样输入这些字符才能正确输入。所以本题正确的输入是“m=123n=456p=789”。注意，不能像选项 B 和选项 C 那样中间加空格或其他字符。所以，4 个选项中选项 A 符合题意。

【例 3.7】 设有定义：int a; float b;执行 scanf("%2d%f",&a,&b);语句时，若从键盘输入 876 543.0<回车>，a 和 b 的值分别是（　　）。

A. 876 和 543.000000　　　B. 87 和 6.000000

C. 87 和 543.000000　　　D. 76 和 543.000000

【答案】 B

【解析】 本题考查了格式输入函数 scanf()的运用。scanf()函数的一般形式为：scanf(格式控制，地址表列)。本题中的“格式控制”是“%2d%f”，其中%2d 的意思是要输入一个整数，但该整数最宽只占 2 个字符，而%f 是要输入一个浮点数。而题目要求输入的是 876 543.0，所以 scanf()函数将 87 这两个字符当做第 1 个整数读入到变量 a 中，而剩下的 6 543.0 因为中间有空格隔断，所以只将 6 这一个字符当做浮点数读入到变量 b 中。因此，选项 B 正确。

【例 3.8】 设变量均已正确定义，若要通过 scanf("%d%c%d%c",&a1,&c1,&a2,&c2);语句为变量 a1 和 a2 赋数值 10 和 20，为变量 c1 和 c2 赋字符 X 和 Y。以下所示的输入形式中正确的是（注：

␣代表空格字符）(　　)。

A. 10␣X␣20␣Y <回车>　　B. 10␣X20␣Y <回车>

C. 10␣X <回车>　20␣Y <回车>　　D. 10X <回车>　20Y <回车>

【答案】 D

【解析】 本题考查格式输入函数 scanf()的运用。scanf()函数的一般形式为：scanf（格式控制，地址表列），题中的格式控制“%d%c%d%c”要求输入%d 对应变量的值时，其前面可以输入空格、回车、<Tab>后再输入对应的十进制数，而在输入%c 对应的变量的值时，其前面不能输入包括空格、回车、<Tab>在内的任何字符，必须直接输入对应的字符。题中选项 A 最终的结果是：a1 的值是 10，c1 的值是空格符，a2 和 c2 也将得到错误的值。4 个选项中，选项 D 是正确的输入形式。

3.3.2 字符输入输出函数

完整的程序都应该含有数据的输入和输出功能。一个没有输入功能的程序缺乏灵活性，每次运行时只能对固定的数据进行处理；而没有输出功能的程序可以说是没有任何用处的。输入和输出是程序中不可缺少的语句。在 C 语言中没有提供专门的输入和输出语句，输入和输出操作都是由函数来实现的。在 C 的标准函数库中提供了一些用于输入和输出的函数，如 scanf、printf 等。在使用过程中用户需要将它们写成函数调用语句。这些函数不是 C 语言中的关键字，而是预定义标识符，它们全部以“库”的形式存放在系统中，在程序编译连接时，用户程序将与标准库文件相连，从而在程序中可以直接使用。

1. 字符输入函数（getchar 函数）

getchar 函数的作用是从系统隐含的输入设备（键盘）输入一个字符。getchar 函数没有参数。

使用格式：getchar()

功能：就是读取由键盘输入的单个字符。该函数的值（也称为函数的返回值）就是所读取的单个字符。(从输入设备得到的单个字符)

getchar 函数只能接收一个字符。利用 getchar 函数得到的单个字符可以赋予一个字符型变量，也可以不赋予任何变量，作为表达式的一部分使用。

在程序中使用 getchar 函数时，特别是在用户利用键盘输入字符时，必须以“回车键”表示输入结束。键盘输入字符时，可以一次输入多个字符，系统会自动根据程序需要选择其中的前若各个使用。

例如：

```
char c;
c=getchar();
printf("%c",c);
```

2. 字符输出函数（putchar 函数）

putchar 函数的作用是向系统默认的输出设备（显示器）输出一个字符。putchar 函数是一个有参数的函数。

使用格式：putchar（形式参数）

功能：是将形式参数（简称形参）对应的字符输出道显示器上。该函数的值就是形参对应的字符。

简单地说，putchar 函数使用格式中的“形式参数”，就是“形式意义上的参数”。表示该函数在使用时，形参所在位置可以（应该）出现具体数据来代替形参。在函数的使用过程中，用来代替形参的数据被称为实际参数（简称实参）。putchar 函数的形参是字符常量、字符变量或整型表达式。例如：

```
putchar('a');
putchar(65+32);
```

其中，第 1 条语句输出小写字母 a，第 2 条语句输出的也是小写字母 a，这是因为 65+32 就是小写字母 a 对应的 ASCII 码值。

【例 3.9】 getchar()和 putchar()示例。

```
#include <stdio.h>
void main()
{
        char a,b;
        printf(" 请输入两个字符：\n");
        a=getchar();
        fflush(stdin);
        b=getchar();
        fflush(stdin);
        putchar(a);
        putchar(b);
        putchar('\n');
}
```

在程序运行时，从键盘输入'H'↙（"↙"表示回车键）'E'↙（"↙"表示回车键）则会在显示器输出 HE（考虑如果从键盘输入字符'H'空格'E'↙（"↙"表示回车键）↙"程序的运行结果是？）。

注意

在此例中，fflush(stdin)函数的功能是清空输入缓冲区，通常是为了确保不影响后面的数据读取（例如，在读完一个字符串后紧接着又要读取一个字符，此时应该先执行 fflush(stdin);）。此函数仅适用于部分编译器（如 VC6），这是一个对 C 标准的扩充。

【例 3.10】 有以下程序：

```
#include <stdio.h>
void main()
{char a,b,c,d;
scanf("%c%c",&a,&b);
c=getchar();  d=getchar();
printf("%c%c%c%c\n",a,b,c,d);
}
```

当执行程序时，按下列方式输入数据（从第 1 列开始，<CR>代表回车，注意回车也是一个字符）。

```
12<CR>
34<CR>
```

则输出结果是（　）。

【答案】 B

A. 1234　　B. 12
3　　C. 12
34　　D. 12

【解析】 以%c 格式读取一个字符，以 getchar()形式也是读取一个字符。空格会被当做字符赋值给变量。所以，a='1',b='2',c='\n',d='3'。

3.4　顺序结构程序设计

从程序流程的角度来看，程序可以分为 3 种基本结构，即顺序结构、分支结构和循环结构。这 3 种基本结构可以组成所有的各种复杂程序。C 语言提供了多种语句来实现这些程序结构。本节介绍这些基本语句及其在顺序结构中的应用，使读者对 C 程序有一个初步的认识，为后续各章的学习打下基础。

3.4.1　顺序结构程序流程图

顺序结构的语句是按书写顺序自上而下顺序执行的。例如，程序中含有两条语句 A 和 B，书写顺序为：语句 A;语句 B，执行顺序是先执行语句 A，再执行语句 B，两条语句顺序执行，如图 3-2 和图 3-3 所示。

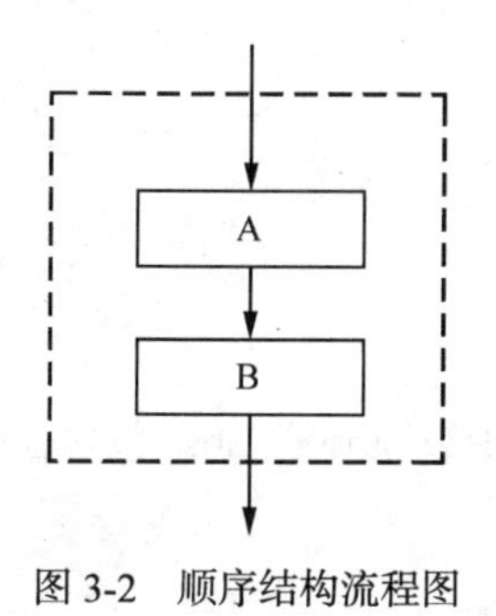

图 3-2　顺序结构流程图

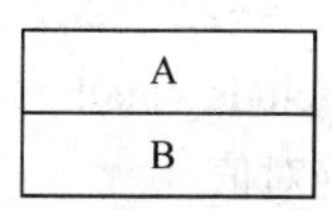

图 3-3　顺序结构 N-S 流程图

3.4.2　顺序结构程序实例

顺序结构的程序或程序段设计非常简单，只要按照执行顺序，依次写出相应的语句即可。对于一个顺序结构的程序来说，程序员通常只是输入要加工处理的原始数据，然后顺序地利用赋值语句对数据进行计算，最后输出运算结果。

【例 3.11】　设计一个 C 程序，完成由终端输入两个整数给变量 x 和 y；然后输出 x 和 y；在交换 x 和 y 中的值后，再输出 x 和 y。验证两个变量中的数整是否正确地进行了交换。

输入 X，Y
X→Z
Y→X
Z→Y
输出 X，Y

图 3-4　例 3.11 N-S 图

N-S 流程图如图 3-4 所示。

程序如下：

```
#include <stdio.h>
void main( )
{
int x, y,z;
printf("Enter x&y: \n");
scanf("%d%d",&x,&y);
printf("x=%d y=%d\n",x,y);
z=x;x=y;y=z;
printf("x=%d y=%d\n",x,y);
}
```

以下是程序运行情况：

```
Enter x&y:          (由第 4 行的 printf 输出)
123 456↙            (从键盘输入两个整数) ("↙"表示回车键)
x=123 y=456         (由第 6 行的 printf 输出)
x=456 y=123         (由第 8 行的 printf 输出)
```

【例 3.12】 输入一个 3 位整数，依次输出其百位、十位和个位。

```
#include <stdio.h>
#include <math.h>
void main()
{
   int x;
   char c1,c2,c3;
   scanf("%d",&x);
   printf("x=%d,",x);
   x=abs(x);
   c3=x%10+48;
   x=x/10;
   c2=x%10+48;
   c1=x/10+48;
   printf("%c,%c,%c\n",c1,c2,c3);
}
```

程序运行时输入数据：−257↙

输出结果为：x=−257,2,5,7

程序中的“#include <math.h>”表示程序中要使用数学函数“abs()”。abs()包含在头文件“math.h”中，其功能是求绝对值。

3.5 选择结构程序设计

选择结构体现了程序的判断能力。在程序运行时，能够依据某些表达式的值（条件）确定某些操作是做，还是不做；或者确定执行若干个操作中的哪一个。

选择结构有 3 种形式：单分支结构、双分支结构和多分支结构。C 语言为这 3 种结构分别提供了相应的语句。以这些语句为主体的选择结构，可以根据逻辑判断的结果决定程序的不同流程。

3.5.1 if 语句

1. if 语句的两种基本形式

用 if 语句可以构成分支结构。它根据给定的条件进行判断，以决定执行某个分支程序段。C 语言的 if 语句有两种基本形式。

（1）第一种基本形式：单分支选择语句 if

其使用格式为：

```
if（表达式）语句
```

功能：先计算表达式的值，如果其值为非 0，则执行表达式后的“语句”，否则不执行任何操作。该语句执行完毕后继续顺序地执行程序中的后续语句，执行流程如图 3-5 和图 3-6 所示。

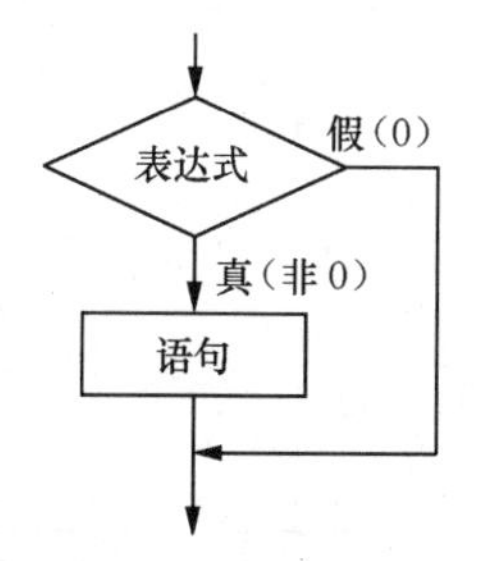

图 3-5　单分支选择结构流程图

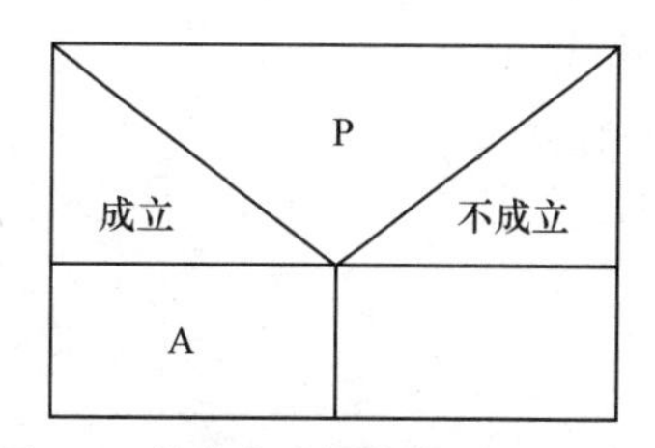

图 3-6　单分支选择结构 N-S 流程图

需要说明的是，“if” 是 C 语言提供的关键字。if 语句中的表达式可以是任何类型的表达式，通常是关系表达式或逻辑表达式，用来进行判断。表达式两侧的圆括号不可缺少。表达式后的 if 子句可以是任意的可执行语句，也可以是另一个 if 语句（即嵌套的 if 语句）。

如果需要同时执行多条语句，可以用成对的花括号“{” 和 “}”括起来，形成复合语句。

【例 3.13】　输入一个数，输出其绝对值。

```
#include <stdio.h>
void main()
{
float x,y;
scanf("%f",&x);
if (x>=0) y=x;
if (x<0)  y=-1*x;
printf("x=%g,abs(x)=%g\n",x,y);     /*用%g 不输出无效的 0*/
}
```

程序运行时，如果输入数据：“-23↙”，则运行结果为：

```
x=-23,abs(x)=23
```

【例 3.14】　输入两个整数，按其值由大到小顺序输出这两个数。

```
#include <stdio.h>
void main()
{
int a,b,t;
printf("Input a,b:");
scanf("%d%d", &a,&b);
if(a<b)
{
t=a;
a=b;
b=t;
}
printf("%d, %d\n",a,b);
}
```

执行该程序后，屏幕显示如下提示信息：

```
Inputa,b:
```

输入 3 和 5 后，按回车键，3 与 5 之间用空格符分隔，屏幕显示如下结果：

```
5,3
```

说明

该程序中使用了最简单的 if 语句的格式，仅有 if 短语和一个 if 体，该 if 体用一个复合语句，它由 3 条斌值表达式语句组成，其功能是实现变量 a 和 b 之间内容的交换。交换方法是通过第 3 个变量 t，先将 a 的值斌予 t，再将 b 的值赋予 a，最后将 t 的值赋予 b。

（2）第二种基本形式：双分支选择语句 if…else

其语句的格式为：

```
if （表达式）
 语句 1;
else
语句 2;
```

注意　作为结构化程序的书写要求，一般 else 另起一行。

功能：先计算表达式的值，如果其值为真（非 0），则执行表达式后的"语句 1"，否则执行"语句 2"。"语句 2"通常称为"else 子句"。"else"也是 C 语言提供的关键字。if…else…语句的执行流程如图 3-7 和图 3-8 所示。

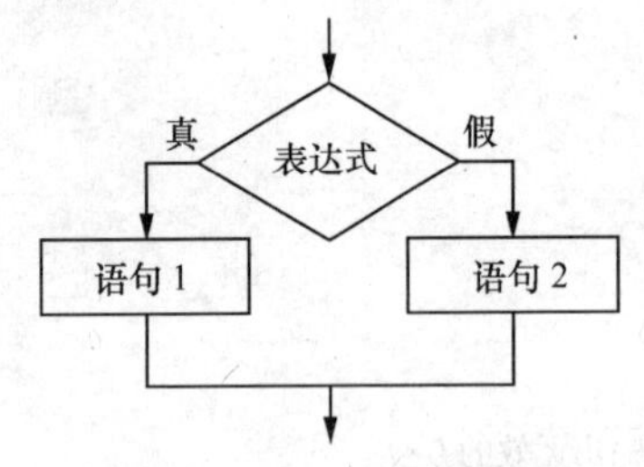

图 3-7　if…else 语句流程图

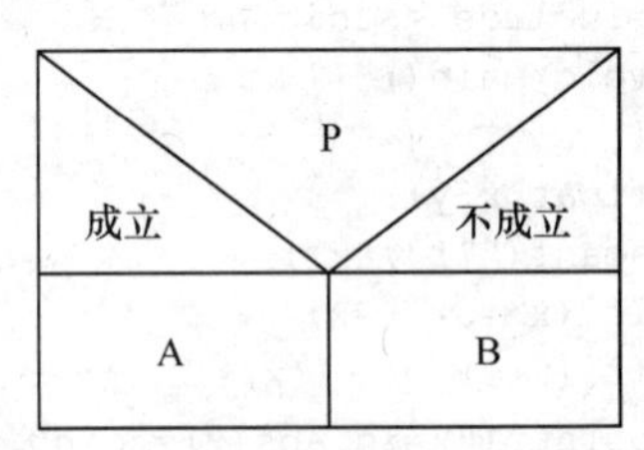

图 3-8　if…else 语句 N-S 流程图

需要说明的是"if…else"语句中的表达式，也可以是任何类型的表达式，通常是关系表达式或逻辑表达式，用来进行判断。只是在表达式结果为 0 时，它会"跳过"if 子句，转去执行 else 子句，即不论表达式的值是什么，总有一条语句会被执行。该语句执行完毕后继续顺序地执行程序中的后续语句。

"if…else"语句中的"语句 1"和"语句 2"，可以是 C 语言允许的任何语句，也可以是"if 语句"或"if…else 语句"，同样也被称为 if 语句的嵌套。

【例 3.15】　输入一个数，输出其绝对值。（利用 if…else 语句）

N-S 流程图如图 3-9 所示。

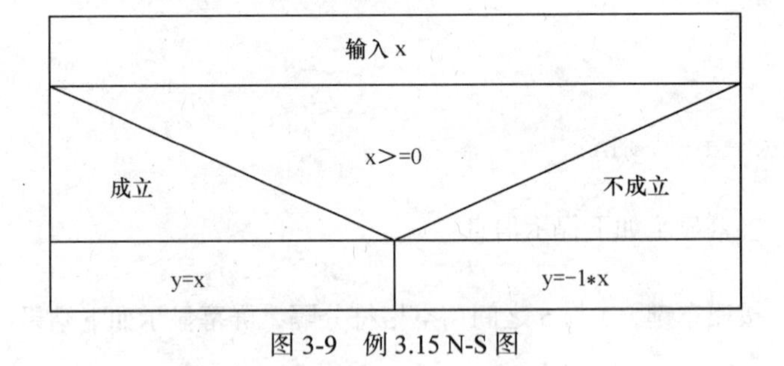

图 3-9　例 3.15 N-S 图

程序如下：

```
#include <stdio.h>
void main()
{
float x,y;
```

```
scanf("%f",&x);
if(x>=0)
   y=x;
else
   y=-1*x;
printf("x=%g,abs(x)=%g\n",x,y);
}
```

程序运行时，如果输入数据："−23↙"，则运行结果为："x=−23,abs(x)=23"。程序中使用了一条 if…else 语句。

【例 3.16】　输入一个数，判断其奇偶性。（利用 if…else 语句）

```
#include <stdio.h>
void main()
{
int x;
scanf("%d",&x);
if(x%2==0)
 printf("%d 是偶数\n",x);
else
 printf("%d 是奇数\n",x);
}
```

程序运行时，如果输入数据：−15，则运行结果为：−15 是奇数

【例 3.17】　判定给定的年份是否为闰年。

提示：闰年的判定规则为：能被 4 整除但不能被 100 整除的年份，或能被 400 整除的年份

N-S 流程图如图 3-10 所示。

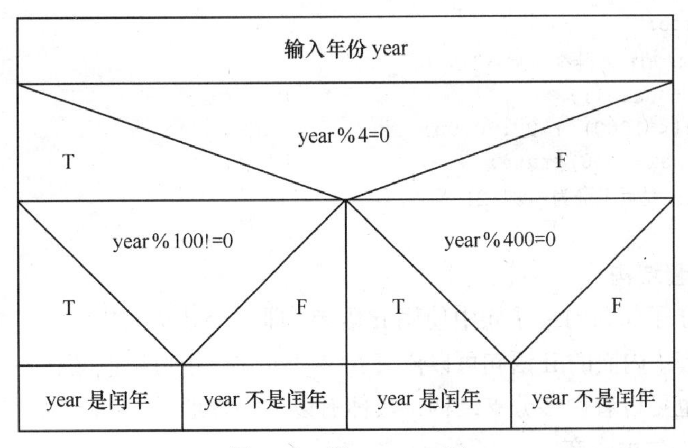

图 3-10　例 3.17 N-S 图

程序如下：

```
#include <stdio.h>
void main()
{
  int year;
  printf("\n 请输入年份：");
  scanf("%d",&year);
  if((year % 4 ==0 && year % 100 != 0) || (year % 400 == 0))
  printf("\n %d 年是闰年 \n ", year);
  else
  printf("\n %d 年不是闰年 \n ", year);
}
```

程序运行如下：

```
请输入年份：2005
2005年不是闰年
```

2. 比较条件表达式与双分支结构

我们在前面章节学过 C 语言中唯一的一个三目运算符是条件运算符“？：”，由条件运算符构成条件表达式，其特点如下。

- 一般形式：表达式 1？表达式 2：表达式 3
- 执行过程：表达式 1 的值为真，条件表达式取表达式 2 的值；表达式 1 的值为假，条件表达式取表达式 3 的值。

例如：`value = num > 100 ? 'y':'n';`

这个表达式语句等同于 if…else 语句：

```
if (num>100)
    value='y';
else
    value='n';
```

所以可以用条件表达式代替 if…else 语句。

例如，以下程序要求用户输入基本工资，计算税后工资。个人所得税收取规定：工资大于 1000 元的部分将扣除 5%的个人所得税。小于 1000 元的部分不扣除个人所得税。

```
#include <stdio.h>
void main()
{double sal;
double rate;
printf("\n 请输入基本工资：");
scanf("%lf",&sal);
rate= (sal<=1000) ? 0 : 0.05;
sal=sal-(sal-1000)*rate;
printf("\n 税后工资为：%7.2f \n",sal);
}
```

3. if 语句的嵌套结构

C 语句允许在 if 子句和 else 子句中使用 if 语句，即一个 if 语句中继续包含其他的 if 语句，这种使用方法称为嵌套。内嵌的 if 语句可以嵌套在 if 子句中，也可以嵌套在 else 子句中。这样的结构叫做嵌套结构，也可以看做多分支结构，具体有以下多种形式。

（1）单分支 if 语句内嵌套。

- 单分支 if 语句内嵌套单分支 if 语句。

语句嵌套格式如下：

```
if(表达式1)
   if(表达式2)
      语句1;
```

分析：当表达式 1 的值为非 0 时，计算表达式 2，如果表达式 2 的值为非 0，执行语句 1。在这种嵌套格式中，只要任意一个 if 后的表达式值为 0，执行就跳到语句 1 之后。这种嵌套很少单独使用，因为其相当于以下格式：

```
if(表达式1&&表达式2)
语句1;
```

例如：

```
#include <stdio.h>
void main()
{
int a=5,b=4,c=3;
if(a>b)
    if(b>c)
      printf("%d",c+1);
printf("%d",c+2);
}
```

程序的运行结果是：45

- 单分支 if 语句中嵌套 if…else 语句。

语句嵌套格式如下：

```
if（表达式 1）
   if（表达式 2）语句 1;
   else 语句 2;
```

分析：当表达式 1 的值为非 0 时，计算表达式 2，如果表达式 2 的值为非 0，执行语句 1，否则执行语句 2。

“最近匹配”原则。此格式中“if”和“else”的数量不一致。C 语言规定，每个 else 部分总属于前面最近的那个缺少对应的 else 部分的 if 语句，称为“最近匹配”，与书写格式无关，即“else 与 if（表达式 2）语句 1;”中的 if 匹配。提倡使用大括号括起来以避免看起来有二义性。

例如：比较两个数的大小，并输出相应信息。

```
#include<stdio.h>
void main()
{
int a,b;
printf("\n 请输入 A 和 B 的值：");
scanf("%d%d",&a,&b);
if(a!=b)
    if(a>b)
      printf("\n A>B\n");
    else
      printf("\n A<B \n");
}
```

分析程序的运行结果：

◆ 如果从键盘输入 15 15，那么不满足第一个 if 后的表达式，所以不执行任何处理语句；

◆ 如果从键盘输入 16 15，那么满足第一个 if 后的表达式，而且满足第二个 if 后的表达式，所以执行第二个 if 后的语句，输出结果为 A>B；

◆ 如果从键盘输入 15 16，那么满足第一个 if 后的表达式，但不满足第二个 if 后的表达式，所以执行 else 后的语句，输出结果为 A<B。

这实际上是一个简单的 if 语句，该 if 语句的 if 体是一个 if…else 语句。按这种情况，分析输出结果。

（2）双分支语句 if…else 内嵌套。

① 在 if…else 语句的 if 子句中嵌套。

- 在 if…else 语句的 if 子句中嵌套 if…else 语句。

语句嵌套格式如下：

```
if（表达式 1）
    if（表达式 2）语句 1;
    else 语句 2;
else 语句 3;
```

分析：当表达式 1 的值为非 0 时，执行内嵌的 if…else 语句；当表达式 1 的值为 0 时，执行语句 3。即表达式 1 的值为非 0，并且表达式 2 的值也为非 0，执行语句 1；表达式 1 的值为非 0，并且表达式 2 的值为 0，执行语句 2；当表达式 1 的值为 0 时，“跳过”内嵌的 if…else 语句，执行语句 3。

此格式中“if”和“else”的数量一致。内嵌的 else 同样遵循“最近匹配原则”。

例如：比较两个数的大小，并输出相应信息。

```
#include<stdio.h>
void main()
{
int a,b;
printf("\n 请输入 A 和 B 的值: ");
scanf("%d%d",&a,&b);
if(a!=b)
    if(a>b)
      printf("\n A>B\n");
    else
      printf("\n A<B\n");
else
    printf("\n A=B\n");
}
```

分析程序的运行结果：

◆ 如果从键盘输入 15 15，那么不满足第一个 if 后的表达式，所以执行最后一个 else 后的语句输出结果为 A=B;

◆ 如果从键盘输入 16 15，那么满足第一个 if 后的表达式，而且满足第二个 if 后的表达式，所以执行第二个 if 后的语句，输出结果为 A>B;

◆ 如果从键盘输入 15 16，那么满足第一个 if 后的表达式，但不满足第二个 if 后的表达式，所以执行 else 后的语句，输出结果为 A<B;

- 在 if…else 语句的 if 子句中嵌套不含 else 子句的 if 语句。

语句嵌套格式如下：

```
if（表达式 1）
{ if（表达式 2）语句 1;}
else 语句 2;
```

分析：当表达式 1 的值为非 0 时，执行内嵌的 if 语句，即计算表达式 2，如果表达式 2 的值为非 0，执行语句 1，否则结束；当表达式 1 的值为 0，则直接执行语句 2。

注意 内嵌的 if 语句必须用成对的花括号括起来，否则等价于单分支 if 语句中嵌套 if…else 语句。

例如：比较两个数的大小，并输出相应信息。

```
#include<stdio.h>
void main()
{
int a,b;
printf("\n 请输入 A 和 B 的值: ");
scanf("%d%d",&a,&b);
if(a!=b)
{if(a>b)
 printf("\n A>B\n");
}
else
    printf("\n A=B \n");
}
```

分析程序的运行结果：

◆ 如果从键盘输入 15 15，那么不满足第一个 if 后的表达式，所以执行最后一个 else 后的语句输出结果为 A=B；

◆ 如果从键盘输入 16 15，那么满足第一个 if 后的表达式，而且满足第二个 if 后的表达式，所以执行第二个 if 后的语句，输出结果为 A>B；

◆ 如果从键盘输入 15 16，那么满足第一个 if 后的表达式，但不满足第二个 if 后的表达式，所以无任何处理。

② 在 if…else 语句的 else 子句中嵌套。

- 在 if…else 语句的 else 子句中嵌套 if…else 语句。

语句嵌套格式如下：

```
if(表达式 1)
        语句 1;
    else  if(表达式 2)
        语句 2;
    else  if(表达式 3)
        语句 3;
        …
    else  if(表达式 m)
        语句 m;
    else
        语句 n;
```

分析：这个嵌套结构的执行时依次判断表达式的值，当出现某个值为真时，则执行其对应的语句。然后跳到整个 if 语句之外继续执行程序。如果所有的表达式均为假，则执行语句 n，然后继续执行后续程序。if…else…if 语句的执行过程如图 3-11 所示，其 N-S 流程图如图 3-12 所示。

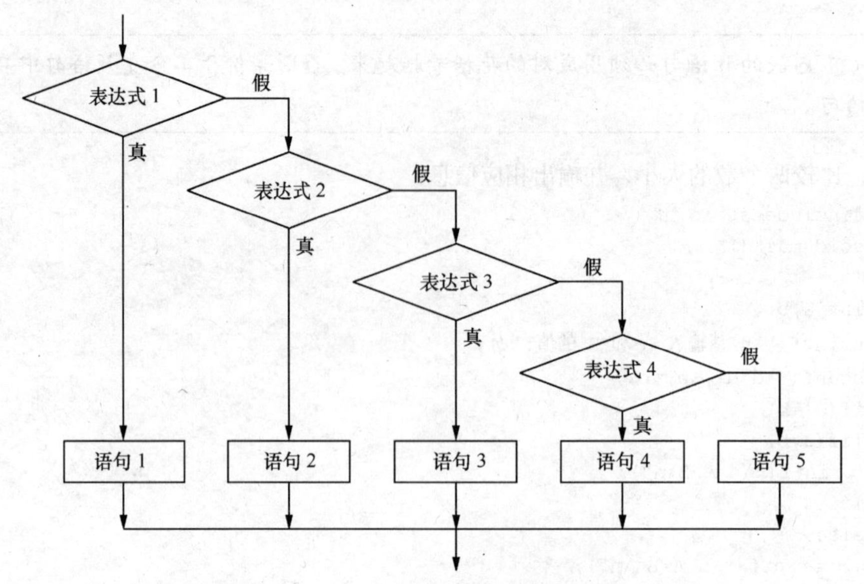

图 3-11　if…else…if 语句的执行流程

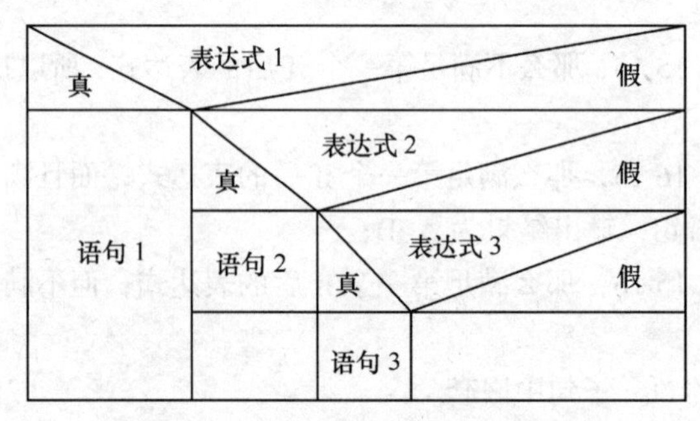

图 3-12　if…else…if 结构 N-S 图描述

【例 3.18】　编写一个程序，根据用户输入的期末考试成绩，输出相应的成绩评定信息。

- 90 分以上为优；
- 80 分及以上 90 分以下为良；
- 60 分及以上 80 分以下为中；
- 60 分以下差。

N-S 图描述如图 3-13 所示。

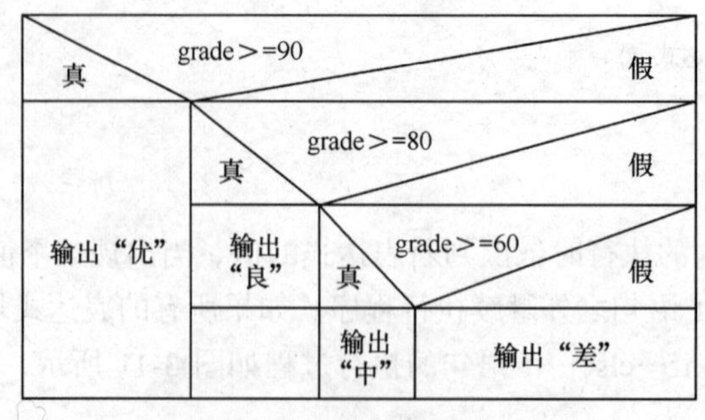

图 3-13　例 3.18 N-S 图

```
#include <stdio.h>
```

```
void main()
{
int grade;
printf("\n 请输入期末考试成绩: ");
scanf("%d", &grade);
if(grade>=90)
   printf("\n 优");
else if ((grade>=80) && (grade<90))
    printf("\n 良");
   else if ((grade>=60) && (grade<80))
    printf("\n 中");
   else
    printf("\n 差");
printf("\n");
}
```

分析程序运行结果：

输入成绩大于等于 90 输出“优”；

输入成绩大于等于 80 小于 90 输出“良”；

输入成绩大于等于 60 小于 80 输出“中”；

输入成绩小于 60 输出“差”。

- 在 if…else 语句的 else 子句中单分支 if 语句。

```
if（表达式 1）语句 1;
else  if（表达式 2）语句 2;
…
```

分析：此结构的执行流程是如果表达式 1 为真，则执行语句 1；如果表达式 1 为假，程序流程则转至 else；如果 else 中的 if 块表达式 2 成立，则执行语句 2；如果表达式 2 不成立，则结束，无任何处理。

【例 3.19】 要求判别键盘输入字符是否为大小写英文字母。

```
#include <stdio.h>
void main()
{char c;
printf("\n 请输入一个字符: ");
c=getchar();
if(c>='A'&&c<='Z')
   printf("\n 该字符是一个大写字母。\n");
else if(c>='a'&&c<='z')
   printf("\n 该字符是一个小写字母。\n");
rintf("\n 该字符是其它字符。\n");
}
```

这两种格式中都将 if 语句内嵌在 else 子句里。内嵌的 if 语句不论是否有 else 子句，都不会引起误会，建议用户在编写 if 语句的嵌套程序时，尽量将 if 语句嵌套在 else 子句中。

3.5.2　swith 语句

对于多重条件判断问题，if 语句的嵌套可以实现，但是 if 语句的嵌套太过烦琐，可读性较差，使用不当还可能出现错误，为此 C 语言还专门提供了实现多分支结构的 switch 语句。

switch 语句的格式如下：

```
switch(表达式)
{case 常量表达式 1:
语句序列 1
case 常量表达式 2:
语句序列 2
…
case 常量表达式 n:
语句序列 n
default:
语句序列 n+1
}
```

其语义是：计算表达式的值，并逐个与其后的常量表达式值相比较，当表达式的值与某个常量表达式的值相等时，即执行其后的语句，然后不再进行判断，继续执行后面所有 case 后的语句。如表达式的值与所有 case 后的常量表达式均不相同时，则执行 default 后的语句。

请注意：如果 switch 的判断表达式的值与 case 常量表达式 i 的值相等（称为匹配），在执行后面的语句序列 i 之后，并不立即退出 switch 结构，而是继续执行语句序列 i+1，语句序列 i+2，…，语句序列 *n*，语句序列 *n*+1，如图 3-14 所示，这种流程往往不是编程者所希望的。编程者希望在执行匹配的常量表达式后面的语句序列 i 之后，应立即退出 switch 结构。为了解决这一问题，可以在各语句序列后面加一条 break 语句，使流程脱离 switch 结构，如图 3-15 所示。

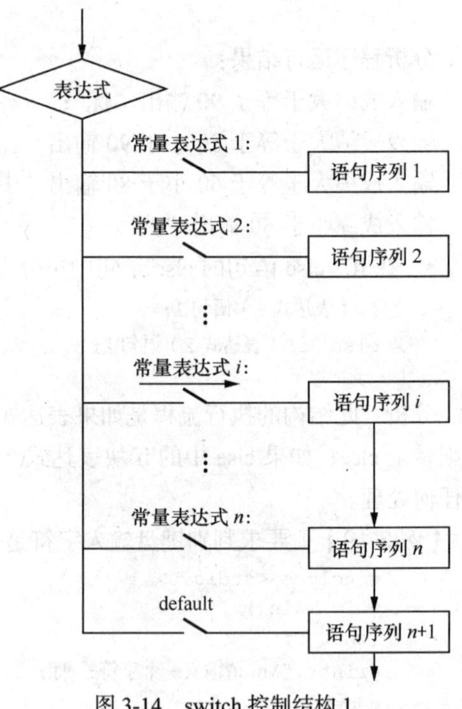

图 3-14 switch 控制结构 1

```
switch(表达式)
{case 常量表达式 1:
语句序列 1
break;
case 常量表达式 2:
语句序列 2
break;
…
case 常量表达式 n:
语句序列 n
break;
default:
语句序列 n+1
break;
}
```

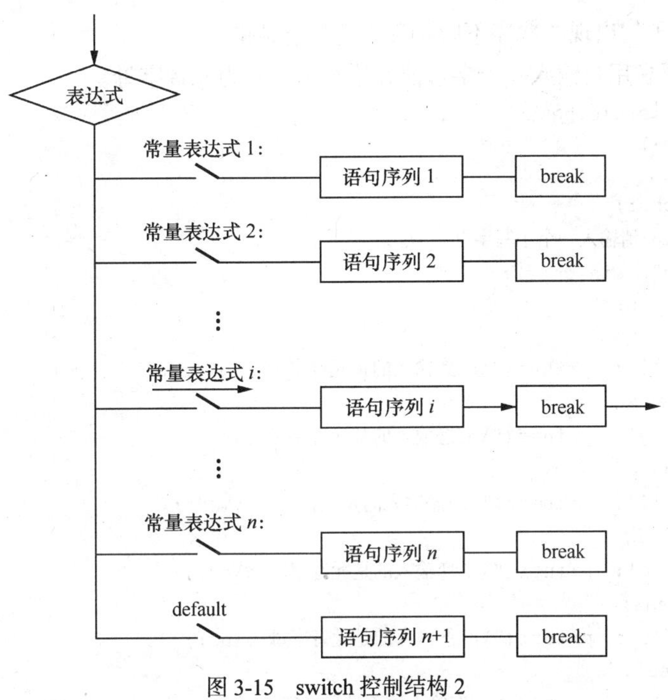

图 3-15　switch 控制结构 2

这里，break 语句的作用是中断该 switch 结构，即将流程转出 switch 结构。所以，执行 switch 结构就相当于只执行与判断表达式相匹配的一个 case 子结构中的语句。其实，可以将 break 看做语句序列中必要的成分（位置在语句序列中的最后）。

使用 switch 语句时，需要注意以下几点。

（1）“break;”是 C 语言提供的一种特殊的语句，称为“中断语句”或“间断语句”。其功能是，中断正在执行的语句，在 switch 语句中的作用是：执行完某个语句 i 后退出当前的 switch 语句，继续执行程序中的后续语句。在 switch 语句中，break 可以省略，如果省略了 break，在执行完某个语句 i 后，将会执行其后的所有语句，即语句 i+1、语句 i+2……直至 switch 语句结束或遇到下一个 break。在 switch 语句中通常总是含有 break 语句，用来使 switch 语句真正可以实现多分支选择结构。

（2）switch 语句圆括号中的表达式的值必须是整型或字符型，不能为实型，case 后的表达式可以是求得整型和字符型的常量表达式，但不能含有变量，其值应该和圆括号中的表达式相匹配。所有的常量表达式的值必须互不相同，否则会互为产生矛盾。

（3）case 后的语句可以是任何合法的 C 语句，包括空语句和复合语句，当然也可以是另一条 switch 语句。

（4）允许将相同操作的 case 及对应的常量表达式连续排列，对应的语句和 break 只需要出现在最后一个 case 的后面。

例如：

```
case 常量表达式 1:
case 常量表达式 2: 语句 2;break;
```

中的“语句 2;break;”只写在“常量表达式 2”之后。

（5）default 及其后的语句 n+1 可以省略。省略后表示，如果表达式的值和每一个常量表达式的值都不相同，不会执行 switch 中的任何语句，switch 语句直接结束。

（6）各个case子句出现的次序不影响程序的执行结果。

【例 3.20】 要求用户输入一个字符值并检查它是否为元音字母。

```
#include <stdio.h>
void main()
{
char in_char;
printf("\n 请输入一个小写字母： ");
scanf("%c", &in_char);
switch(in_char)
{
    case 'a':  printf("\n 您输入的是元音字母 a\n");
      break;
    case 'e':  printf("\n 您输入的是元音字母 e\n");
      break;
    case 'i':   printf("\n 您输入的是元音字母 i\n");
      break;
    case 'o':  printf("\n 您输入的是元音字母 o\n");
      break;
    case 'u':  printf("\n 您输入的是元音字母 u\n");
      break;
    default:  printf("\n 您输入的不是元音字母 \n");
}
}
```

【例 3.21】 编写一个简单的计算器，实现两个整型数的四则运算。

```
#include <stdio.h>
void main()
{
int a,b; char op;
printf("\n 输入操作数1,运算符,操作数2:  ");
scanf("%d,%c,%d",&a,&op,&b);
switch(op)
{
  case '+':  printf("\n %d+%d=%d\n",a,b,a+b);
  break;
  case '-':  printf("\n %d-%d=%d\n",a,b,a-b);
  break;
  case '*':  printf("\n %d×%d=%d\n",a,b,a*b);
  break;
  case '/':   printf("\n %d/%d=%d\n",a,b,a/b);
  break;
  default:   printf("\n 运算符错误! ");
}
}
```

3.6 循环结构程序设计

采用循环（或称重复）结构是计算机程序的一个重要特征。计算机运算速度快，最适用于重复性的工作。在程序设计时，人们也总是把复杂的不易理解的求解过程转换为易于理解的操作的多次重复。这样，一方面可以降低问题的复杂性，减低程序设计的难度，减少程序书写及输入的工作量；另一方面可以充分发挥计算机运算速度快、能自动执行程序的优势。

为了让大家更好地理解循环的概念，我们先分析下面这个程序段：

```
int result1,result2,result3;
int result4,result5;
result1 = 1 * 10;
printf("1 × 10 = %d \n",result1);
result2 = 2 * 10;
printf("2 × 10 = %d \n",result2);
result3 = 3 * 10;
printf("3 × 10 = %d \n",result3);
result4 = 4 * 10;
printf("4 × 10 = %d \n",result4);
result5 = 5 * 10;
printf("5 × 10 = %d \n",result5);
```

以上这个程序段中，在虚线框中的部分是重复的语句。如果采用这样的方法解决此类问题，效率是非常低的。所以我们通常使用循环结构代替程序中重复出现并有一定规律的语句。

循环结构又称为重复结构，是程序中一种很重要的结构。其特点是，在给定条件成立时，重复执行某程序段，直到条件不成立为止。给定的条件称为循环条件，反复执行的程序段称为循环体。C 语言提供了多种循环语句，可以组成各种不同形式的循环结构。

3.6.1　循环结构的各种形式

C 语言中的循环结构有 3 种形式，分别是当型循环结构、直到型循环结构和次数型循环结构。C 语言为这 3 种结构分别提供了相应的语句。

1. while 语句和用 while 语句构成的循环

C 语言中的 while 语句可以实现当型循环结构。

while 语句的格式为：

```
while（表达式）语句;
```

其执行过程为：先计算“表达式”值，其值为真（非 0），则执行“语句”，其值为假（0），不执行任何语句；反复执行上述操作，当“表达式”的值为假时结束 while 语句，即先判断循环执行的条件（表达式），如果条件成立则执行循环体（语句），循环体执行完毕后再重复对条件进行判断，若循环执行的条件不成立，则结束本次循环执行。

当型循环的也被称为“可以 0 次循环”，其流程图如图 3-16 和图 3-17 所示。

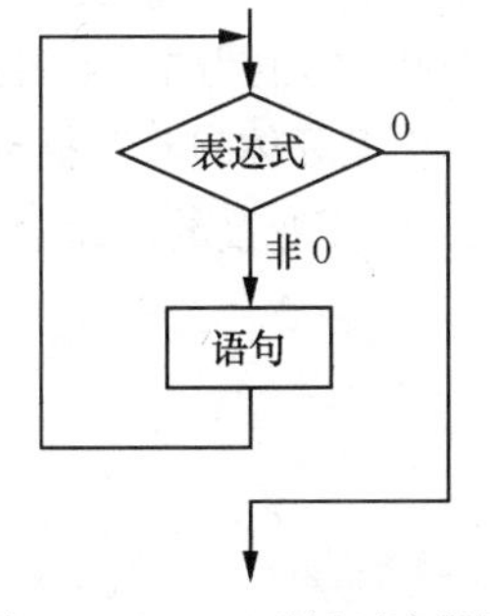

图 3-16　while 型循环流程图

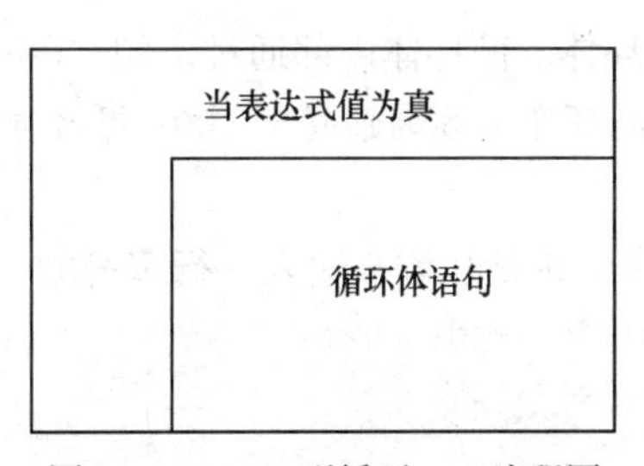

图 3-17　while 型循环 N-S 流程图

在利用 while 语句实现当型循环结构时，需要注意以下几点。

（1）表达式可以是任意类型的，常用关系表达式或逻辑表达式称为循环控制的条件，用来判断是否执行循环体。只要表达式的值为真（非 0）即可继续循环。表达式中用于判断表达式结果的变量，称为“循环变量”。

（2）语句称为“循环体”，是需要反复执行的程序段，可以是任何语句，通常是复合语句。并且在循环体内部应该有改变循环变量值的语句，以便在某次执行循环体后使表达式的值为 0，退出循环（使循环趋向于结束）。循环体如包括有一个以上的语句，则必须用{}括起来，组成复合语句。

（3）若循环体内还包含“循环语句”，则称为嵌套的循环语句，也称多重循环。

【例 3.22】 计算整数 1+2+3+…+99+100 的和。（利用 while 语句）

用传统流程图和 N-S 结构流程图表示该算法，如图 3-18 和图 3-19 所示。

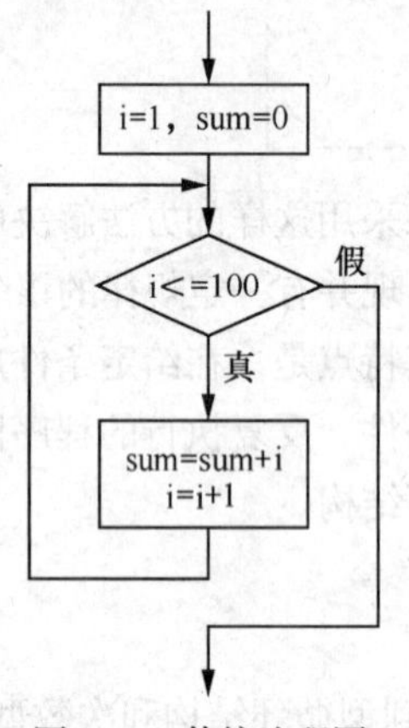

图 3-18 传统流程图

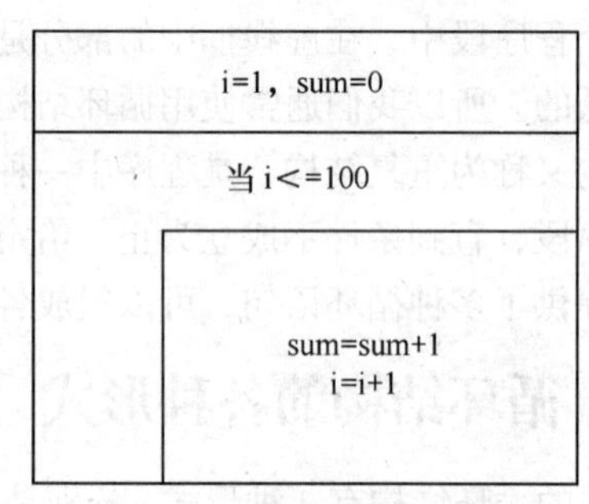

图 3-19 N-S 结构流程图

```
#include <stdio.h>
void main()
{
   int i,sum=0;
   i=1;                          /*控制循环的变量 i 置初值*/
   while(i<=100)                 /*控制循环的条件*/
     {
     sum=sum+i;
        i++;
       }
   printf("%d\n",sum);
}
```

程序的运行结果为：sum=5050,i=101。程序开始时利用“i=1;”为循环变量赋初值，使循环变量可以和“while(i<=100)”中的常量 100 进行比较。因为“i<=100”的值为 1（条件成立），从而会反复执行循环体。循环体内部通过语句“i=i+1;”，在每执行一次循环体时都对循环变量 i 的值进行自增，使循环变量逐渐趋向于 100；循环体在执行 100 次后，循环变量的值递增为 101，循环结束。

【例 3.23】 统计从键盘输入一行字符的个数。

```
#include <stdio.h>
void main()
{
    int count=0;
```

```
    printf("input a string:\n");
    while(getchar()!='\n')
      count++;
    printf("共有%d 个字符",count);
}
```

本例程序中的循环条件为 getchar()!='\n'，其意义是，只要从键盘输入的字符不是回车就继续循环。循环体 count+++完成对输入字符个数计数。从而程序实现了对输入一行字符的字符个数计数。

请读者在学习编程语言的过程中一定要把知识联系和扩展，如求和问题的算法都是相似的，统计字符个数其实也是个求和问题。大家一定要学会在简单算法的基础上解决同类型的问题。

【例 3.24】　求 5！的阶乘。

```
#include <stdio.h>
void main()
{
   int i,p=1;
   i=1;                          /* 控制循环的变量 i 置初值 */
   while(i<=5)                   /* 控制循环的条件*/
      {
        p=p*i;
        i++;
        }
   printf("%d\n",p);
}
```

在这个程序的基础上，请大家思考求 n!的程序。

2. do-while 语句和用 do-while 语句构成的循环结构

C 语言中的 do-while 语句可以实现直到型循环。

do-while 语句的格式为：

```
do
 语句;
while （表达式）;
```

其执行过程为：先执行循环体，然后再判断循环执行的条件，若"表达式"的值为非 0，会再一次执行循环体，直到"表达式"的值为 0，结束当前的 do-while 语句，即先执行循环体（语句），判断条件（表达式），直到循环条件不成立时结束。执行流程图如图 3-20 和图 3-21 所示。

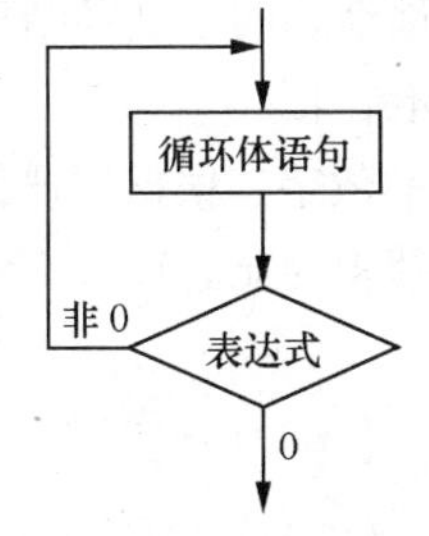

图 3-20　直到型循环流程图

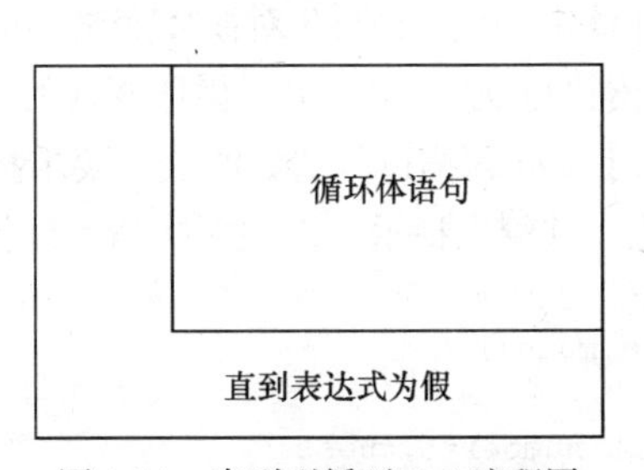

图 3-21　直到型循环 N-S 流程图

在利用 do-while 语句实现直到型循环结构时，需要注意以下几点。

（1）表达式可以是任意类型的，常用关系表达式或逻辑表达式，称为循环控制的条件，用来判断是否结束此次循环。表达式必须用圆括号括起来，并且其后的分号不可少。

（2）语句称为“循环体”，是需要反复执行的程序段，可以是任何语句，通常是复合语句。并且在循环体内部也应该有使循环趋向于结束的语句。如果循环体是复合语句，复合语句后的分号可以省略。

（3）若循环体内还包含“循环语句”，则称为嵌套的循环语句，也称多重循环。

（4）do-while 循环由 do 开始，while 结束。必须注意的是：在 while（表达式）后的“；"不可丢，它表示 do-while 语句的结束。do-while 循环至少执行 1 次。

【例 3.25】 计算整数 1+2+3+…+99+100 的和。（利用 do-while 语句）

用传统流程图和 N-S 结构流程图表示该算法，如图 3-22 和图 3-23 所示。

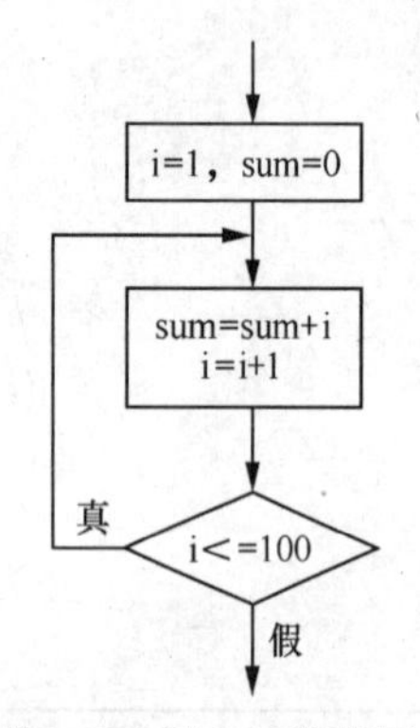

图 3-22　例 3.25 流程图

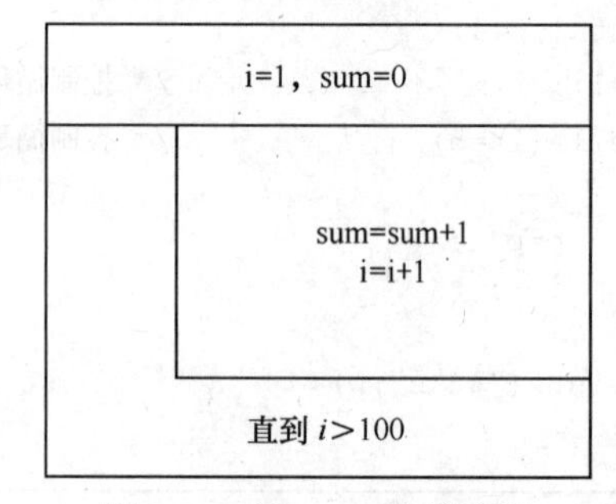

图 3-23　例 3.25 N-S 流程图

```
#include <stdio.h>
 void main()
 {int i=1,sum=0;
  do
   {sum=sum+i;
      i++;
    }
  while (i<=100);
   printf("sum=%d,i=%d",sum,i);
    }
```

程序的运行结果为：sum=5050,i=101。

【解析】 程序开始时在变量的定义部分为循环变量赋初值为 1，然后直接执行了 do 后面的循环体，并在循环体执行完毕后对 while 后的表达式进行判断，决定是继续执行循环体，还是结束循环。循环体中利用“i++;”对循环变量的值进行修改，使之逐渐趋向于循环结束的“终值”101，循环反覆执行 99 次后，由于循环变量的值递增为 101，循环结束。

【例 3.26】 问题描述：猜数游戏。要求猜一个介于 1～10 的数字，根据用户猜测的数与标准值进行对比，并给出提示，以便下次猜测能接近标准值，直到猜中为止。

```
#include <stdio.h>
void main()
{
  int number=5,guess;
  printf ("猜一个介于 1 与 10 之间的数\n");
```

```
  do
  {
      printf("请输入您猜测的数：");
      scanf("%d",&guess);
      if (guess > number)
          printf("太大\n");
      else if (guess < number)
          printf("太小\n");
   }while(guess!= number);
  printf("您猜中了！ 答案为 %d\n",number);
}
```

【解析】 程序运行时，提示用户从键盘输入猜测的数，和程序中定义的标准值进行比较。如大于标准值，屏幕显示太大，如小于标准值，屏幕显示太小，直到输入的数等于标准值，循环结束。然后屏幕输出相应信息，如图 3-24 所示。

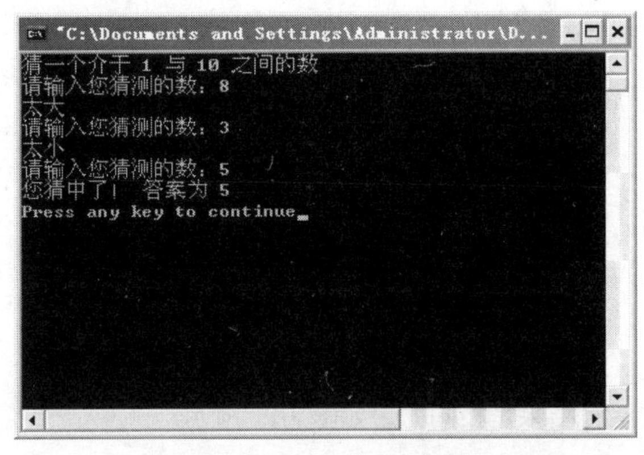

图 3-24　程序运行结果屏幕

通过以上实例，可以得知 do-while 循环与 while 循环的不同如下：

- while 循环是先判断后执行，因此，如果条件为假，则循环体一次也不会被执行；
- do-while 循环是先执行后判断，因此，即使开始条件为假，循环体也至少会被执行一次。

通过以下两个程序的比较，希望读者熟练掌握这两种循环结构。

【例 3.27】 该程序用 do-while 循环将数字左右反转。

```
#include <stdio.h>
void main()
{
int  value, r_digit;
value = 0;
do
{
    printf("\n 请输入一个数：");
    scanf("%d", &value);
    if( value <= 0 )
       printf("该数必须为正数\n");
}while( value <= 0 );
printf("\n 反转后的数为：");
do
{
    r_digit = value % 10;
```

```
        printf("%d", r_digit);
        value = value / 10;
    }while( value != 0 );
    printf("\n");
    }
```

【例 3.28】 同样的程序用 while 循环将数字左右反转。

```
    #include <stdio.h>
    void main()
    {
    int  value, r_digit;
    value = 0;
    while( value <= 0 )
    {
      printf("\n 请输入一个数: ");
      scanf("%d", &value);
     if( value <= 0 )
          printf("该数必须为正数\n");
    }
    printf("\n 反转后的数为: ");
    while( value != 0 )
    {
          r_digit = value % 10;
          printf("%d", r_digit);
          value = value / 10;
    }
    printf("\n");
    }
```

例 3.27 和例 3.28 的运行结果是相同的，如图 3-25 所示。

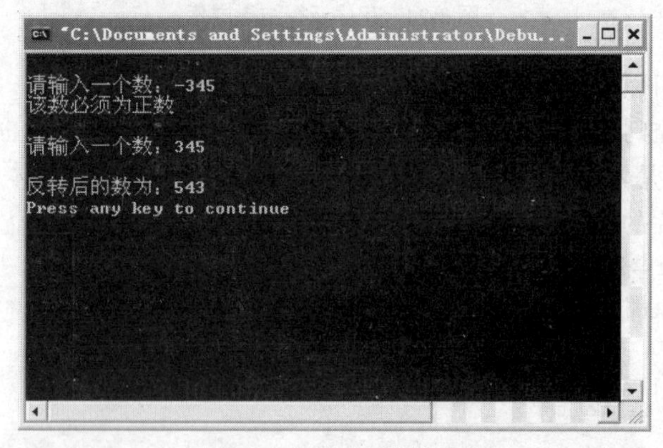

图 3-25　程序运行结果屏幕

3. for 语句和 for 语句构成的循环结构

C 语言中的 for 语句可以实现次数型循环。次数型循环是一种特殊的当型循环，通常用于循环次数已知的或是循环结束条件已知的循环结构程序设计。

for 语句的格式为：

```
    for ( 表达式 1; 表达式 2; 表达式 3 )
     { 语句 }
```

其执行流程如图 3-26 所示。

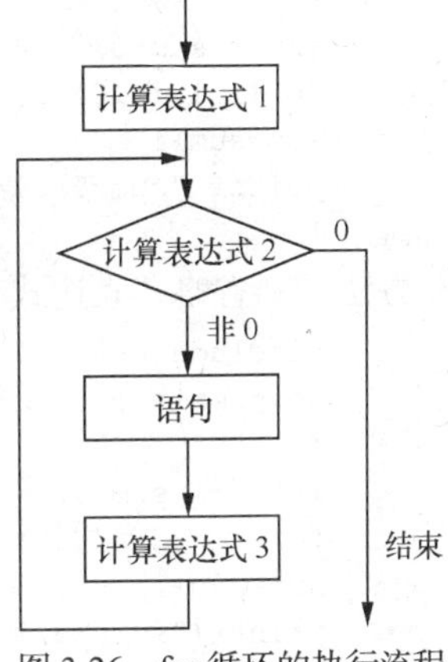

图 3-26　for 循环的执行流程

for 语句的执行过程和 while 语句相似，其功能为：

第 1 步，计算表达式 1 的值，通常为循环变量赋初值；

第 2 步，计算表达式 2 的值，即判断循环条件是否为真，若值为真则执行循环体一次，否则跳出循环；

第 3 步，计算表达式 3 的值，这里通常写更新循环变量的赋值表达式，然后转回第 2 步重复执行。

在利用 for 语句实现次数型循环结构时，需要注意以下几点。

（1）for 语句中 3 个表达式，对应循环中的三要素：

- 表达式 1——循环变量的初值；
- 表达式 2——循环的条件；
- 表达式 3——循环趋于结束语句。

for 语句中的各个表达式都可以省略，分号分隔符不能省略。

（2）表达式 1 可以是任意类型的，常为赋值表达式，用来为控制循环次数的循环变量赋初值。其后有一个分号。表达式可以省略，省略时不计算表达式 1 的值。

（3）表达式 2 可以是任意类型的，通常是关系表达式或逻辑表达式，称为控制循环的条件（相当于 while 语句中的表达式），表达式 2 的后面也有一个分号。表达式 2 同样也可以省略，省略时相当于循环控制条件为“永真”，循环将会一直执行下去，这种情况称为“死循环”。应该在各种循环结构中避免死循环出现。

（4）表达式 3 可以是任意类型的，常用赋值表达式来修改循环变量的值，以便使表达式 2 的值为 0，退出循环。表达式 3 也可以省略，省略时不计算表达式 3。注意，表达式 3 后面没有分号。

（5）for 语句中的 3 个表达式，可以变换位置，但功能不变。

（6）语句又称“循环体”，可以是任何语句，通常是复合语句。若循环体中又含有循环语句，称为嵌套的循环语句，或称多重循环。如果循环体是复合语句，复合语句后的分号可以省略。

（7）for 循环的一般形式等价于下面的程序段：

```
表达式 1;
while(表达式 2)
{ 循环体;
表达式 3; }
```

例如，变量已正确定义，有如下功能相同的两个程序段：

```
for(i=1; i<=100; i++)sum=sum+i;
```

先给 i 赋初值 1，判断 i 是否小于等于 100，若是则执行语句，之后值增加 1。再重新判断，直到条件为假，即 i>100 时，结束循环。

相当于：

```
i=1;
while (i<=100)
    { sum=sum+i;
     i++;
}
```

【例 3.29】　计算整数 1+2+3+…+99+100 的和。（利用 for 语句）

方法一：常规格式的 for 循环。

```
#include <stdio.h>
void main()
```

```
{
int i,sum=0;
for(i=1;i<101;i++)
sum=sum+i;
printf("sum=%d,i=%d",sum,i);
}
```

方法二：省略“表达式 1”的 for 循环。

```
#include <stdio.h>
void main()
{
int i=1,sum=0;
for(    ;i<101;i++)
sum=sum+i;
printf("sum=%d,i=%d",sum,i);
   }
```

方法三：省略“表达式 3”的 for 循环。

```
#include <stdio.h>
void main()
{int i,sum;
for(i=1,sum=0;i<101;   )
{sum=sum+i;
i++;}
printf("sum=%d,i=%d",sum,i);
}
```

方法四：省略“表达式 1”和“表达式 3”的 for 循环。

```
#include <stdio.h>
 void main()
 {int i=1,sum=0;
   for(  ;i<101;   )
    {sum=sum+i;
     i++;}
    printf("sum=%d,i=%d",sum,i);
   }
```

方法五：省略“循环体”的 for 循环。

```
#include <stdio.h>
void main()
{int i,sum=0;
for(i=1;i<101;sum=sum+i,i++ )
        ;
printf("sum=%d,i=%d",sum,i);
}
```

以上 5 个程序的运行结果均为：sum=5050,i=101。

- 方法一描述的 for 语句是常规格式的 for 语句。
- 方法二描述的 for 语句中省略了“表达式 1”，循环变量赋初值放在变量的定义部分。
- 方法三描述的 for 语句中省略了“表达式 3”，用于改变循环变量的“i++”写在循环体内部。
- 方法四描述的 for 语句中同时省略了“表达式 1”和“表达式 3”，循环变量赋初值以及改变循环变量的方式同上。
- 方法五描述的 for 语句中省略了“循环体”，循环体以逗号表达式的形式写在“表达式 3”中。

由此可见，for 语句的使用方法灵活多变。但是不论以何种方式使用，其执行过程总是不变的。

【例 3.30】　输入 *n* 个数，求出其中的最大值。

分析：每个读入的数据用 x 表示，最大值用 max 表示，数的个数用 *n* 表示。

N-S 流程图如图 3-27 所示。

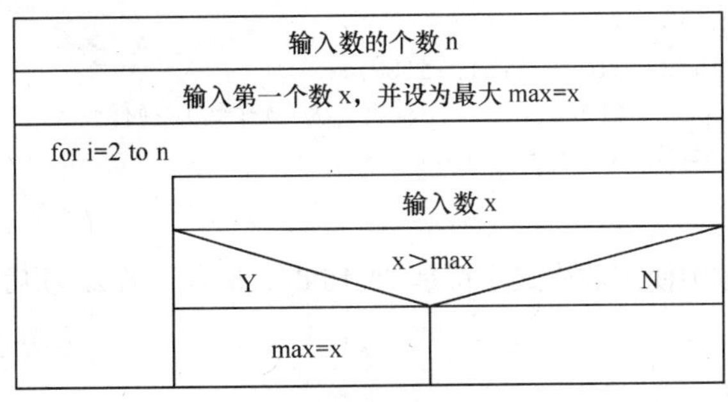

图 3-27　例 3.30 N-S 图

程序如下：

```
#include <stdio.h>
void main()
{
float x,max;
int i,n;
printf("请输入数的个数 n:");
scanf("%d",&n);
printf("请输入第一个数:");
scanf("%f",&x);
max=x;
for(i=2;i<=n;i++)
{
printf("请输入下一个数:");
scanf("%f",&x);
if(max<x)
  max=x;
}
printf("最大数是%f",max);
}
```

【例 3.31】　求 Fibonacci 数列的前 40 个数。（Fibonacci 数列：1，1，2，3，5，8，13…，即数列的第一项、第二项都为 1，其后的每一项是前两项的和）

计算 Fiboonacci 数列的 N-S 图，如图 3-28 所示。

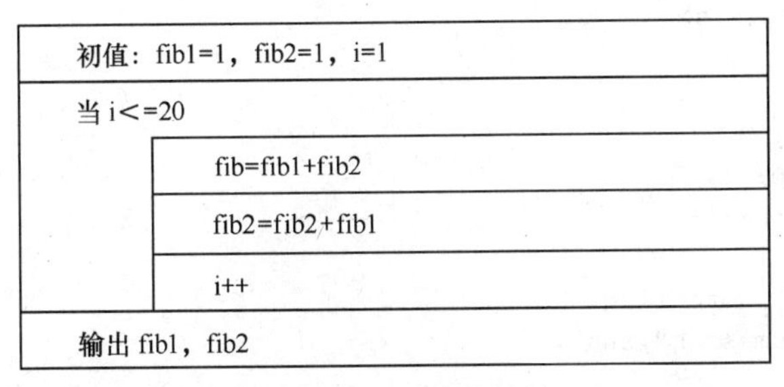

图 3-28　例 3.31 N-S 图

程序如下：

```
#include <stdio.h>
void main()
{ long int fib1=1,fib2=1;
 int i=1;
 for( ; i<=20; i++ )
  { printf("%15ld%15ld", fib1, fib2);
   if(i%2==0) printf("\n");    /*输出 2 次（4 个数），换行*/
     fib1 += fib2; fib2 += fib1;
  }
 }
```

程序中在 printf 函数中使用的格式字符是“%15ld”，是由于第 22 项后数据超出了微机的最大表示范围。

程序的运行结果为：

```
              1              1              2              3
              5              8             13             21
             34             55             89            144
            233            377            610            987
           1597           2584           4181           6765
          10946          17711          28657          46368
          75025         121393         196418         317811
         514229         832040        1346269        2178309
        3524578        5702887        9227465       14930352
       24157817       39088169       63245986      102334155
```

4. goto 语句以及用 goto 语句构成的循环

goto 语句又称为“无条件转移语句”，它可以写在程序中的任何地方，用来实现程序流程的“任意”转移，即跳转到程序中其他语句处继续执行。

goto 语句的格式为：“goto 语句标号”。其中标号是一个有效的标识符，这个标识符加上一个“:”一起出现在函数内某处，执行 goto 语句后，程序将跳转到该标号处并执行其后的语句。

一条语句可以有一个或多个语句标号，多数语句不带语句标号，只有 goto 语句需要转向到的语句才加语句标号。语句标号可以是 C 语言任意合法的用户标识符，使用时不必特殊加以定义。在用户标识符后面添加一个冒号，就构成了一个语句标号，如“flag :”。在 goto 语句中使用语句标号时，必须保证语句标号与对应的 goto 语句在同一个函数内。

【例 3.32】 计算整数 1+2+3+…+99+100 的和。（利用 goto 语句）

```
#include <stdio.h>
void main()
{
   int i,sum;
   i=1; sum=0;
   flag:sum=sum+i;
   i=i+1;
   if(i<=100) goto flag;
   printf("sum=%d\n",sum);
 }
```

程序运行结构为：sum=5050。

【解析】 程序运行到 goto 语句时，会将程序的流程向前跳转到语句标号“flag:”的位置，使循环体反复执行，当变量 i 的值大于 100 的时候，不再执行 goto 语句，循环结束。程序利用 goto 语句实现了当型直到型循环。

由于 goto 语句可以破坏程序的 3 种结构，使程序的执行流程变得不清晰。goto 语句不属于结构化程序设计语句，建议尽量少用或不用 goto 语句。常用循环结构的 3 种基本形式，即 while、do-while 和 for 语句构成的循环。

3.6.2 break 语句和 continue 语句

C 语言为了更好地控制循环结构的执行过程，提供了专用于循环体内的两条语句“break 语句”和“continue 语句”。前者除了用于 switch 语句之外，在循环结构中用来跳出循环体，提前结束循环，将程序流程转向循环结构后的语句，即强制提前结束循环；continue 的作用是结束本次循环，即跳过循环体 continue 其后未执行的语句，直接进行下一次循环是否执行的判断。

1. break 语句

break 语句可以改变程序的控制流，C 语言只允许在 3 种循环结构和 switch 语句中使用 break 语句。在循环结构的语句中，break 语句的使用方法和 switch 语句中的使用方法相同，都是在关键字 break 的后面加分号，构成语句。C 语言规定，break 语句只能出现在循环体中，用来跳出循环体，提前结束循环，将程序流程转向循环结构后的语句，即强制提前结束整个循环结构。break 语句的作用如图 3-29 所示。

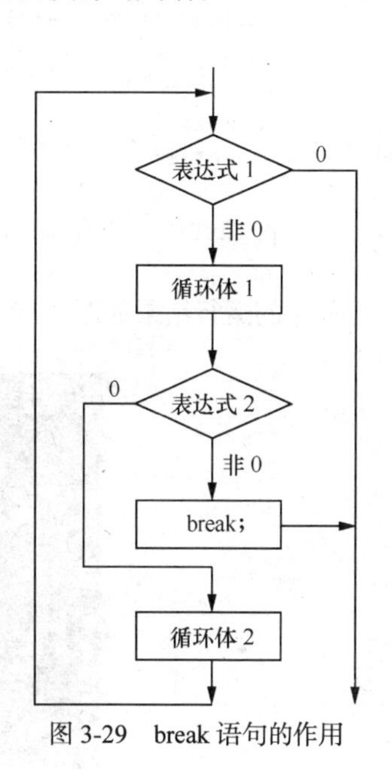

图 3-29　break 语句的作用

例如，以下 3 个程序段，假设变量正确定义，使用 break 语句跳出循环：

```
跳出 for 循环
for( ; ; )
{
printf("这将一直进行下去");
i = getchar();
if(i == 'X' || i == 'x')
break;
}
跳出 while 循环
while(1)
{
 if(x == 10)
break;
}
跳出 do-while 循环
do
{
if (x == 10)
break;
}while (x< 15);
```

使用 break 语句时应注意：

- break 语句用于 do-while、while、for 循环中时，可使程序终止循环而执行循环后面的语句；

- break 语句通常在循环中与条件语句（if 语句）一起使用，若条件值为真，将跳出循环，控制流转向循环后面的语句；
- 如果已执行 break 语句，就不会执行循环体中位于 break 语句后的语句；
- 在多层循环中，一个 break 语句只向外跳一层，即只跳出当前层；
- 在 switch 语句的程序段中，遇到 break 语句，则退出 switch 语句，执行 switch 语句后面的语句。

【例 3.33】 统计从键盘输入的若干个字符中有效字符的个数，以换行符作为输入结束。有效字符是指第一个空格符前面的字符，若输入字符中没有空格符，则有效字符为除了换行符之外的所有字符。

```
#include <stdio.h>
void main()
{
int count=0,ch;
printf("\n 请输入一行字符：");
while((ch=getchar())!='\n')
{
 if(ch==' ')
 break;
 count++;
}
printf("\n 共有 %d 个有效字符。\n",count);
}
```

程序的运行结果如图 3-30 所示。

图 3-30 程序运行结果屏幕

【例 3.34】 验证素数。

分析：验证一个正整数 n>3 的数是否为素数，一个最直观的方法是，看在 2～n/2 中能否找到一个整数 m 能将 n 整除。若 m 存在，则 n 不是素数；若找不到 m，则 n 为素数。这是一个穷举验证算法。这个循环结构用下列表达式控制：

- 初值：m=2
- 循环条件：m<=n/2
- 修正：m++

即这是一个 for 结构。它的作用是穷举 2～n/2 中的各 m 值。循环体是判断 n 是否可以被 m 整除。显然，在这个过程中，一旦找到一个 m 可以整除 n，则用该 m 后面的各数去验证已经没有意义了，需要退出循环结构。

程序如下：

```
#include <stdio.h>
void main()
{
   int m,n,flag=1;
   printf("请输入要测试的整数：");
   scanf("%d",&n);
   for (m=2;m<=n/2;m++)
      if (n%m==0)
        {
           flag =0;          /* 设置非素数标志*/
           break;            /* 一旦找到一个 m，断定该 n 非素数，不需再验证 */
        }
   flag?printf("%d 是素数\n",n):printf("%d 不是素数\n",n);
}
```

【例 3.35】　分析下列程序的输出结果。

```
#include <stdio.h>
void main()
{
int i=1;
do
{
i++;
printf("%d\n",++i);
if(i==7)
break;
}while(i==3);
printf("ok!\n");
}
```

执行该程序输出结果如下：

```
3
5
ok!
```

【解析】　该程序的 do-while 循环中，在 if 语句里使用了 break 语句，即当 i==7 为非 0 时，执行 break 语句，退出 do-while 循环。本例中 do-while 循环共执行两次循环体，分别输出 3 和 5。

2. continue 语句

C 语言规定 continue 语句只能用在循环结构的循环体中，其作用是结束本次循环，即跳过循环体中 continue 后未执行的语句，直接进行下一次循环是否执行的判断。在 while 和 do-while 循环语句中，continue 语句将程序流程直接跳转到循环控制条件的判断部分，然后决定是否继续执行下一次循环；在 for 语句中，如果遇到 continue 语句，则将程序流程跳转到 for 语句中的“表达式 3”，再计算了“表达式 3”的值后，对“表达式 2”的循环控制条件进行判断，决定是否继续执行下一次循环。continue 语句的作用如图 3-31 所示。

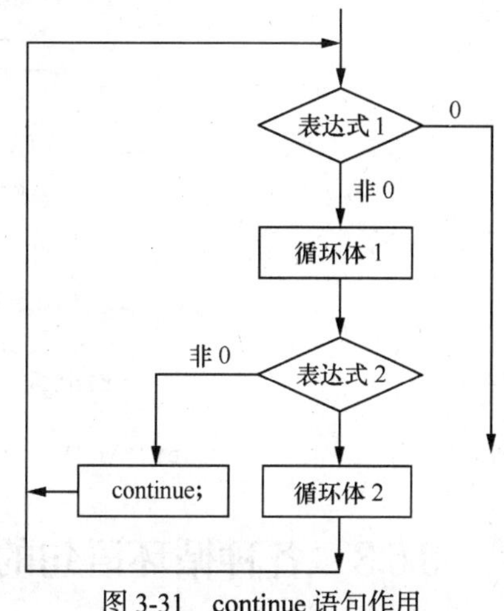

图 3-31　continue 语句作用

使用 continue 语句时要注意：

- continue 语句只能用在循环里；
- continue 语句的作用是跳过循环体中剩余的语句而执行下一次循环；
- 对于 while 和 do-while 循环，continue 语句执行之后的动作是条件判断；对于 for 循环，随后的动作是变量更新 。
- 和 break 语句一样，continue 语句也经常和单分支语句（if 语句）配合使用。

和 break 语句不同的，continue 语句不会使整个循环终止，只是提前结束本次循环。

【例 3.36】 找出 30 以内不能被 4 整除的正整数。

```
#include <stdio.h>
void main()
{
  int i;
  for(i=1;i<=30;i++)
  {if(i%4==0)
   continue;
   printf("%4d,",i);
   }
 }
```

程序运行时，当变量 i 能被 4 整除时，执行 continue 语句，结束本次循环（不执行 printf 语句）；只有不能被 4 整除时，才会输出变量 i 的值。

【例 3.37】 输出 100～200 间的所有素数。

这个程序可以在例 3.34 的基础上设计。当测试到某个 n 存在一个因数 m 时，用 break 跳出内层循环复结构，同时在外层循环结构中要跳过输出语句，进入对下一个数的测试。

程序如下：

```
#include <stdio.h>
void main()
   {
       int m,n,flag;
       printf("\nThe primers from 100 to 200 is:\n");
       for(n=101; n<=200; n+=2)          /*仅测试 100～200 间的奇数*/
         {
           flag=1;                       /*设置标志*/
           for(m=2; m<=n/2; m ++)
            {
               if(n%m==0)
                 {
                     flag=0;             /*改变标志*/
                      break;             /*跳出内层循环结构*/
                 }
            }
             if(flag==0)                 /*判断标志*/
                     continue;           /*跳出过输出语句进入下一周期*/
             printf("%d,",n);
         }
      printf("\n");
}
```

3.6.3 各种循环语句的比较

我们学习了循环结构的 4 种表示形式，它们有各自的优缺点。

（1）4 种循环都可以处理相同的问题，一般情况下，它们可以互换，但不建议使用 goto 型循环。

（2）while 和 do-while 循环，都是在“while”后的表达式中确定循环条件，在循环体内通过一些语句修改循环变量的值，使循环趋向于结束。

for 循环中循环条件由 for 语句中的“表达式 2”指定，利用“表达式 3”修改循环变量的值，使循环趋向于结束。凡是 while 序号能完成的，用 for 循环都可以实现。二者都用于“当型循环”。

（3）3 种循环语句都应该进行循环变量的初始化。使用 while 和 do-while 循环时，循环变量的初始化操作应该在 while 和 do-while 语句之前完成；for 语句利用其语句中的“表达式 1”实现循环变量的初始化。

（4）while 和 for 循环都用来实现“当型循环”，do-while 循环则用来实现“直到型循环”。for 语句功能最强。

（5）3 种循环语句都可以用“break”语句跳出循环，用“continue”语句结束本次循环。

3.6.4　循环的嵌套

循环结构的嵌套，又称多重循环或多层循环，是指某个循环语句的循环体中含有另一个循环语句，外面的循环语句称为“外层循环”，嵌套在外层循环的循环体内的循环语句称为“内层循环”。根据嵌套的循环语句的数量可以分为二重循环、三重循环等。原则上嵌套的层数是任意的。其中二重循环比较简单，易于理解。

设计多重循环时，一定要把内层循环完整地包含在外层循环的循环体中，不允许出现内外层循环体的交叉现象。但是可以在一个外层循环的循环体中并列地包含多个内层循环。

C 语言中的 3 种循环结构都可以互为嵌套，组成多重循环。嵌套循环的执行从最外层开始，但只有在内循环完全结束后，外循环才会进行下一次循环。

1. 嵌套 while 循环

嵌套 while 循环如图 3-32 所示。

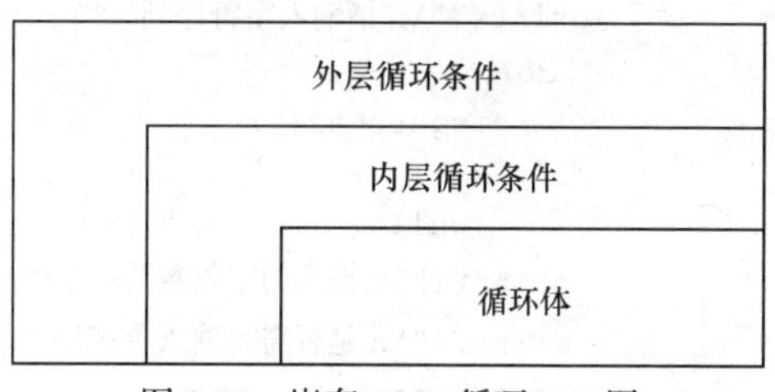

图 3-32　嵌套 while 循环 N-S 图

【例 3.38】 用“*”打印一个直角三角形图案。图案如下所示：

```
*
**
***
****
*****
******
```

```
#include <stdio.h>
void main()
{
  int nstars=1,stars;
  while(nstars<=6)
  {stars=1;
   while (stars <= nstars)
       {printf("*");
       stars++;
```

```
        }
    printf("\n");
    nstars++;
   }
  }
```

2. 嵌套 do-while 循环

嵌套 do-while 循环如图 3-33 所示。

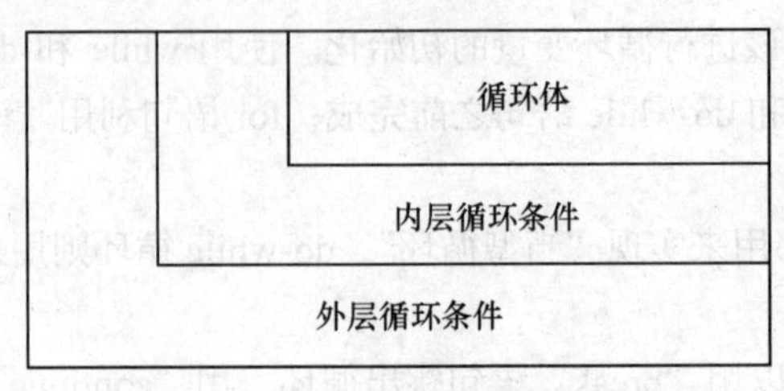

图 3-33　嵌套 do-while 循环示意图

【例 3.39】　计算用户从键盘输入的字符个数，并根据屏幕提示信息确定是否再次输入计算。

```
#include <stdio.h>
#include <conio.h>
void main()
{int x;
char i, ans;
ans='y';
do
 {x=0;
 printf("\n 请输入字符序列：");
   do{
       i=getchar();
       x++;
       }while( i !='\n' );
  printf("\n 输入的字符数为：%d", --x);
  printf("\n 是否需要输入更多序列 (Y/N) ? ");
  ans = getch();
 }while(ans =='Y' || ans == 'y');
}
```

程序运行时，根据屏幕提示信息，要求用户从键盘输入字符序列，如输入 goodbye!，那么屏幕会显示输入字符个数为 8，并从屏幕输出信息“是否输入更多序列(Y/N) ?”此时如果从键盘输入 Y 或 y，那么重复输入并计算字符个数，否则循环结束。

3. 嵌套 for 循环

【例 3.40】　用“*”输出一个菱形图案，图案如下：

```
      *
     * * *
    * * * * *
   * * * * * * *
    * * * * *
     * * *
      *
```

```
#include <stdio.h>
void main()
{
int i,j,k;
for(i=1;i<=4;i++)                    /*控制打印的行数*/
  {
     for(j=1;j<=4-i;j++)             /*控制每行打印的空格数 */
     printf(" ");
     for(k=1;k<=2*i-1;k++)           /*控制每行打印的*号数*/
     printf("*");
   printf("\n");
  }
for(i=1;i<=3;i++)                    /*控制打印的行数*/
  {
      for(j=1;j<=i;j++)              /*控制每行打印的空格数 */
      printf(" ");
      for(k=1;k<=7-2*i;k++)          /*控制每行打印的*号数*/
      printf("*");
     printf("\n");
   }
}
```

另外，3种形式的循环结构可以互相嵌套。

【例3.41】 打印输出100～200间的全部素数。

分析：素数是指只能被1和它本身整除的数。算法比较简单，先将这个数被2除，如果能整除，且该数又不等于2，则该数不是素数。如果该数不能被2整除，再看则是否能被3整除。如果能被3整除，并且该数不等于3，则该数不是素数。再判断是否被4整除，依此类推，该数只要是能被小于本身的某个数整除时，就不是素数。

```
#include <stdio.h>
void main()
{int i,j,n;
   n=0;
   for(i=100;i<=200;i++)
    {j=2;
      while(i%j!=0)             /* 从2到i之间寻找第一个能被整除的数*/
       j++;
       if(i==j)                 /*如果第一个能被整除的数等于该数本身，则说明该数为素数*/
       {
       printf("%4d",i);
       n++;
       if(n%8==0)               /* 控制每行输出8个素数*/
       printf("\n");
        }
     }
   printf("\n");
}
```

程序运行输出：

从100到200之间所有的素数为：

```
 101 103 107 109 113 127 131 137
 139 149 151 157 163 167 173 179
 181 191 193 197 199
```

3.7 程 序 举 例

1. 顺序结构程序举例

（1）输入一个小数，将其保留两位小数并输出。

源程序如下：

```
#include <stdio.h>
void main()
{
float x;
printf("ENTER x!");
scanf("%f",&x);
printf("x=%f\n",x);
x*=100;
x+=0.5;
x=(int)x;
x=x/100;
printf("x=%g\n",x);
}
```

程序运行时先输出“ENTER x!”，此时输入数据：3.1415926↙

运行结果为：x=3.141593

x=3.14

（2）输入三角形的三边长，求三角形面积。

已知三角形的三边长 *a,b,c*，则该三角形的面积公式为：

$$area = \sqrt{s(s-a)(s-b)(s-c)}$$

其中 $s=(a+b+c)/2$。

源程序如下：

```
#include <math.h>
void main()
{
 float a,b,c,s,area;
 scanf("%f,%f,%f",&a,&b,&c);
 s=1.0/2*(a+b+c);
 area=sqrt(s*(s-a)*(s-b)*(s-c));
 printf("a=%7.2f,b=%7.2f,c=%7.2f,s=%7.2f\n",a,b,c,s);
 printf("area=%7.2f\n",area);
}
```

程序运行时先求三角形三边的值，分别赋予变量 a、b、c，然后根据求面积公式计算出三角型面积，再由两个输出语句分别输出三角形三边的值和 s 以及面积。

运行时输入 4,5,6↙

运行结果为：a=3.00,b=4.00,c=5.00,s=6.00

area=6.00

2. 选择结构程序举例

（1）要求用户输入一个字符，用程序判断该字符是否为小写字母，并输出相应的信息。

源程序如下：

```
#include <stdio.h>
void main()
{
char a;
printf("\n 请输入一个字符：");
scanf("%c",&a);
if(a>='a' && a<='z')
   printf("您输入的字符是小写字母\n",a);
else
   printf("您输入的字符不是小写字母\n",a);
}
```

程序运行如下：

```
请输入一个字符：T
您输入的字符不是小写字母
```

（2）输入一个 5 位数，判断它是不是回文数。

例如：12321 是回文数，个位与万位相同，十位与千位相同。

源程序如下：

```
#include <stdio.h>
void main()
{
long ge,shi,qian,wan,x;
printf("\n 请输入一个 5 位整数：");
scanf("%ld",&x);
wan=x/10000; /*分解出万位数*/
qian=x%10000/1000; /*分解出千位数*/
shi=x%100/10;  /*分解出十位数*/
ge=x%10; /*分解出个位数*/
if (ge==wan && shi==qian) /*个位等于万位并且十位等于千位*/
   printf("\n 这个数是回文数\n");
else
   printf("\n 这个数不是回文数\n");
}
```

程序运行时：

```
请输入一个 5 位整数：45654
这个数是回文数
```

（3）单分支 if 语句内嵌套单分支 if 语句。

```
#include <stdio.h>
void main()
{
int a=5,b=4,c=3;
if(a>b)
   if(b<c)
      printf("%d",c+1);
printf("%d",c+2);
}
```

程序的运行结果是：5

（4）要求判别键盘输入字符的类别（根据输入字符的 ASCII 码来判别）。

```
#include <stdio.h>
void main()
{
char c;
printf("\n 请输入一个字符：");
c=getchar();
if(c<32)
    printf("\n 该字符是一个控制字符。\n");
else if(c>='0'&&c<='9')
    printf("\n 该字符是一个数字。\n");
else if(c>='A'&&c<='Z')
    printf("\n 该字符是一个大写字母。\n");
else if(c>='a'&&c<='z')
    printf("\n 该字符是一个小写字母。\n");
else
    printf("\n 该字符是其他字符。\n");
}
```

【分析】 程序的运行结果由键盘输入的字符决定。

由 ASCII 码表可知 ASCII 码值小于 32 的为控制字符。在 0～9 之间的为数字，在 A～Z 之间为大写字母，在 a～z 之间为小写字母，其余则为其他字符。

（5）以下程序的运行结果是。

```
#include <stdio.h>
void main()
{    int  x=1,a=0,b=0;
     switch(x)
     {
          case 0:  b++;
          case 1:  a++;
          case 2:  a++;b++;
      }
    printf("a=%d,b=%d\n",a,b);
}
```

【答案】 a=2,b=1

【解析】 在这个 switch 语句中，因为 x 的值为 1，所以执行 case 1:后面的 a++，这样 a = 1。但又由于其下没有 break 语句，所以其后面的语句（a++;b++）也将被执行，这样一来，a = 2，b = 1。

（6）有以下程序：

```
#include <stdio.h>
void main()
    {  int c;
      while((c=getchar() )!='\n') {
        switch(c-'2') {
           case 0: case 1: putchar(c+4);
           case 2:putchar(c+4);break;
           case 3:putchar(c+3);
           default:putchar(c+2);break; }
      }
    }
```

从第一列开始输入以下数据，↙代表一个回车符。

```
2473↙
```

程序的输出结果是________。

【答案】 668977

3. 循环结构程序举例

（1）求1！+2！+3！+4！+5！

```
#include <stdio.h>
void main()
{
  int i,p=1,s=0;
  i=1;                /* 控制循环的变量 i 置初值 */
  while(i<=5)         /* 控制循环的条件*/
    { p=p*i;
      s=s+p;
      i++;
    }
  printf("%d\n",s);
}
```

（2）以下程序的输出结果是________。

```
#include <stdio.h>
void main()
{ int n=12345,d;
while(n!=0)
  { d=n%10; printf("%d",d); n/=10;}
}
```

【答案】 54321

【解析】 本题考查的是数位分解。程序中通过while循环来实现正整数的逆序输出，在循环体中，每次通过n%10取出n的个位数字，然后输出该数字，通过n/=10去掉n刚输出的个位数字。所以输出结果为：54321。

（3）有以下程序：

```
#include <stdio.h>
void main()
{  int a=7;
 while(a--);
printf("%d\n", a);
}
```

程序运行后的输出结果是（　　）。

A. −1　　B. 0　　C. 1　　D. 7

【答案】 B

【解析】 此类题一定要注意标点符号的位置，while(a--);该行末尾的分号即为一条空语句，来作为while的循环体。

（4）有以下程序：

```
#include <stdio.h>
void main()
{int a=1,b=2;
while(a<6) {b+=a;a+=2;b%=10;}
printf("%d,%d\n",a,b);
}
```

程序运行后的输出结果是（　　）。

A. 5,11　　B. 7,1　　C. 7,11　　D. 6,1

【答案】 B

【解析】 循环体部分可以只有一条空语句，不做任何操作。

（5）有以下程序：

```
#include <stdio.h>
void main()
{int y=10;
while(y--);
printf("y=%d\n",y);
}
```

程序执行后的输出结果是（　　）。

A. y=0　　B. y=−1　　C. y=1　　D. while 构成无限循环

【答案】 B

【解析】 while(y--)后面的分号是一个空语句，当 y--不等于 0 时执行空语句，当 y--等于 0 时，执行 printf 函数输出 y 值，当 y--等于 0 时退出循环，此时 y 值变成−1。

如果第一次判断表达式的值为 0，则循环一次也不执行，即 while 循环体最少执行 0 次。

（6）当执行下列程序时，输入 1234567890<CR>，则其中 while 循环体将执行________次。

```
#include <stdio.h>
void main()
{char ch;
while((ch=getchar()=='0'))
 printf('#');
}
```

【答案】 0

【解析】 ch=getchar()，ch 第一次读入的值为'1'，故 while((ch=getchar()=='0'))不成立，循环一次也不执行。

（7）用 $\frac{\pi}{4}=1-\frac{1}{3}+\frac{1}{5}-\frac{1}{7}+\cdots$ 公式求π。

N-S 流程图如图 3-34 所示。

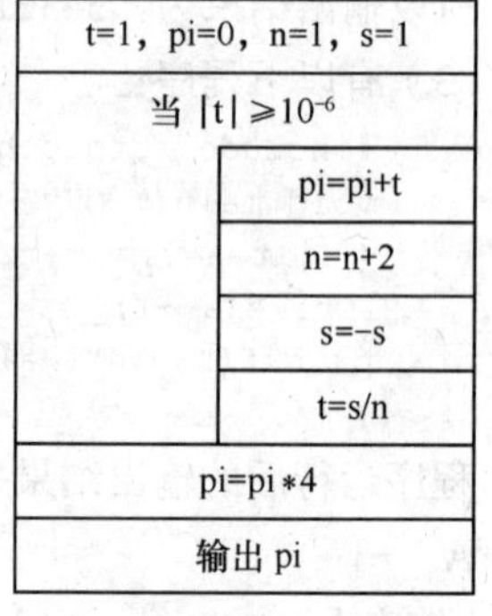

图 3-34　N-S 流程图

源程序如下：

```
#include<stdio.h>
#include<math.h>
void main()
{
  int s;
  float n,t,pi;
  t=1,pi=0;n=1.0;s=1;
  while(fabs(t)>1e-6)
      {pi=pi+t;
       n=n+2;
       s=-s;
       t=s/n;
      }
  pi=pi*4;
  printf("pi=%10.6f\n",pi);
  }
```

（8）分析下列程序的输出结果。

```
#include <stdio.h>
void main()
{
int i=5;
   while(i-->0)
   {
      do{
         printf("%4d",i--);
      }while(i>2);
      i++;
   }
   printf("\n");
 }
```

执行该程序输出结果如下：

```
4    3    2    1    0
```

（9）有以下程序段：

```
#include <stdio.h>
void main()
{ int i=0;
do
printf("%d,",i);
while(i++);
printf("%d\n",i);
}
```

其输出结果是（　　　　）。

（A）0,0　　（B）0,1　　（C）1,1　　（D）程序进入无限循环

【答案】 B

【解析】 执行 do-while 循环，输出 i 的值为 0，接着判断循环条件 i++，i++的值为 0，i 的值为 1，故答案是 B。

（10）以下程序运行后的输出结果是________。

```
#include <stdio.h>
void main()
{int a=1,b=7;
do{
b=b/2; a+=b;
}while(b>1);
printf("%d\n",a);
}
```

【答案】 5

【解析】 执行 do-while 循环第一次 b=3，a=4；执行 do-while 循环第二次 b=1，a=5；然后循环结束，输出 a。

（11）有以下程序：

```
#include <stdio.h>
 void main( )
  { int s=0,a=1,n;
  scanf("%d",&n);
do
```

```
{ s+=1; a=a-2; }
 while(a!=n);
 printf("%d\n",s);
}
```

若要使程序的输出值为 2，则应该从键盘给 n 输入的值是（　　）。

（A）-1　　　（B）-3　　　（C）-5　　　（D）0

【答案】 B

【解析】 本题考核的知识点是 do-while 循环的使用。根据题目要求，最后要使输出的 s 值为 2，在程序中改变 s 的值语句只有循环体中的 s+=1;语句，而初始 s 的值为 0，显然要使 s 的值变为 2，该语句必须执行两次，而 do-while 的特点是先执行循环体语句，然后再判断 while 循环条件。所以只需要 while 后面括号的循环判断表达式的值为真成立一次且只能为真一次，将 4 个选项中的内容依次代入该程序中不难得到只有 n=-3 刚好使循环判断条件 a! =n 为真一次。故 4 个选项中选项 B 符合题意。

（12）编程实现，根据输入的数值输出对应的加法表。

源程序如下：

```
#include <stdio.h>
void main()
{
int i,j,max;
printf("请输入一个值 \n");
printf("根据这个值可以输出以下加法表：");
scanf("%d",&max);
for(i = 0,j = max ; i <=max ; i++,j--)
   printf("\n %d  +  %d  =  %d",i,j,i + j);
printf("\n");
}
```

程序运行结果如图 3-35 所示。

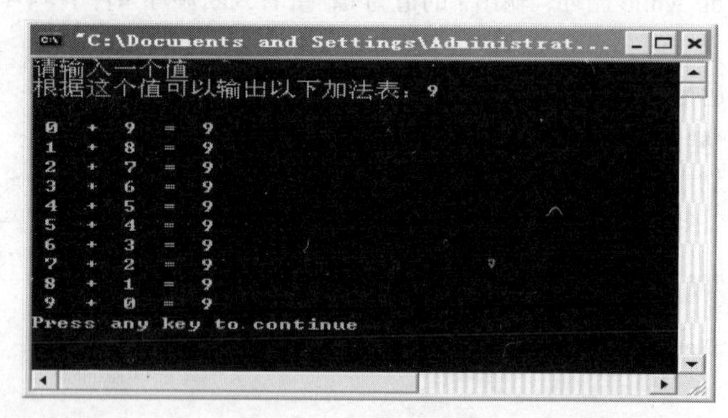

图 3-35　程序运行结果

【解析】 通过以上程序可以看出，for 语句中的 3 个表达式都可以是逗号表达式。

请注意，逗号表达式就是通过“,”运算符隔开的多个表达式组成的表达式，逗号表达式从左往右计算。逗号运算符在 C 语言运算符中的优先级最低。

（13）有以下程序：

```
#include <stdio.h>
void main()
{
```

```
char b,c;
int i;
b='a';
c='A';
for(i=0;i<6;i++)
{
if(i%2)
putchar(i+b);
else
putchar(i+c);
}
printf("\n");
}
```

程序运行后的输出结果是（　　）。

A. ABCDEF　　B. AbCdEf　　C. aBcDeF　　D. abcdef

【答案】 B

【解析】 for 循环执行 6 次，每次判断 i 能否被 2 整除，如果不能，则输出 i+b，如果可以则输出 i+c。注意，if(i%2)是求表达式 i%2 是否为 true，即其结果是不是非 0。所以 i 为 0 时，输出 0+A=A；i 为 1 时，输出 1+a=b；i 为 2 时，输出 2+A=C；i 为 3 时，输出 3+a=d；i 为 4 时，输出 4+A=E；i 为 5 时，输出 5+a=f。故选 B。

（14）有以下程序：

```
#include <stdio.h>
void main()
{int a=1,b=2;
for(;a<8;a++) {b+=a;a+=2;}
printf("%d,%d\n",a,b);
}
```

程序运行后的输出结果是（　　）。

A. 9,18　　B. 8,11　　C. 7,11　　D. 10,14

【答案】 B

【解析】 表达式 1、表达式 2、表达式 3 可以缺省，但两个分号不能省略。以上例题就是表达式 1 省略的情况。

（15）百钱买百鸡问题。

公元前五世纪，我国古代数学家张丘建在《算经》一书中提出了“百鸡问题”：鸡翁一值钱五，鸡母一值钱三，鸡雏三值钱一。百钱买百鸡，问鸡翁、母、雏各几何？

基本解题思路：这是一个有名的不定方程问题。

```
cocks+hens+chicks=100(1)
5*cocks+3*hens+chicks/3=100(2)
```

上式中：

cocks 为鸡翁数；

hens 为鸡母数；

chicks 为鸡雏数。

百钱买百鸡算法的 N-S 图如图 3-36 所示。

源程序如下：

```
#include <stdio.h>
void main()
```

```
{
int chicks,cocks,hens;
cocks=0;
while(cocks<=19)
{hens=0;
while(hens<=33)
{chicks=100-cocks-hens;
if((5*cocks+3*hens+chicks/3.0)==100)
printf ("%d %d %d\n", cocks, hens, chicks);
hens++;
}
cocks++;
}
}
```

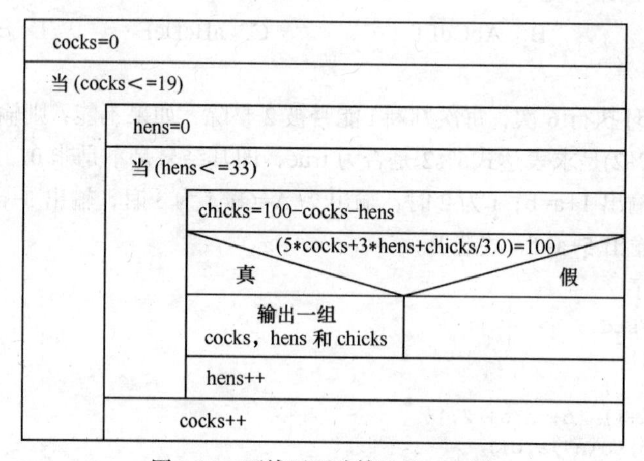

图 3-36　百钱买百鸡算法的 N-S 图

（16）有以下程序：

```
#include <stdio.h>
void main()
{
  int a=1,b;
  for(b=1;b<=10;b++)
 {
  if(a>8) break;
  if(a%2==1)
  {a+=5;continue;}
  a-=3;
 }
 printf("%d\n",b);
}
```

程序运行后的输出结果是（　　）。

A. 3　　B. 4　　C. 5　　D. 6

【答案】 D

【解析】 本题考查的是 for 循环与 break、continue 语句。continue 的功能是提前结束本次循环，进入下一次循环条件的判断；break 的功能是提前结束本层循环。循环结束时 b 的值是 6，选项 D 正确。

习　　题

一、选择题

1. 以下叙述中错误的是（　　）。

（A）C 语言是一种结构化程序设计语言

（B）结构化程序由顺序、分支、循环 3 种基本结构组成

（C）使用 3 种基本结构构成的程序只能解决简单问题

（D）结构化程序设计提倡模块化的设计方法

2. 以下不属于流程控制语句的是（　　）。

（A）表达式语句　（B）选择语句　（C）循环语句　（D）转移语句

3. C 语言中用于结构化程序设计的 3 种基本结构是（　　）。

（A）顺序结构、选择结构、循环结构　（B）if、switch、break

（C）for、while、do…while　（D）if、for、continue

4. putchar()函数可以向终端输出一个（　　）。

（A）整型变量表达式值　（B）实型变量值

（C）字符串　（D）字符或字符型变量值

5. getchar()函数的参数个数是（　　）。

（A）1　（B）0　（C）2　（D）任意

6. 以下程序的输出结果是（　　）。

```
main()
{
  printf("\n*s1=%15s*", "chinabeijing");
  printf("\n*s2=%-5s*", "chi");
}
```

（A）*s1=chinabeijing　　*
　　*s2=**chi*

（B）*s1=chinabeijing　　*
　　*s2=chi　*

（C）*s1=*chinabeijing*
　　s2=chi

（D）*s1=　　chinabeijing*
　　*s2=chi　*

7. printf 函数中用到格式符%5s，其中数字 5 表示输出的字符串占用 5 列。如果字符串长度大于 5，则输出按方式（　　）；如果字符串长度小于 5，则输出按方式（　　）。

（A）从左起输出该字串，右补空格

（B）按原字符长从左向右全部输出

（C）右对齐输出该字串，左补空格

（D）输出错误信息

8. 有以下程序段：

```
int a,b,c;
a=10; b=50; c=30;
if(a>b)
a=b,b=c;
c=a;
printf("a=%d b=%d c=%d \n",a,b,c);
```

程序的输出结果是（　　）。

（A）a=10 b=50 c=10　　（B）a=10 b=50 c=30

（C）a=10 b=30 c=10　　（D）a=50 b=30 c=50

9. 若变量已正确定义，有以下程序段：

```
int a=3,b=5,c=7;
if(a>b) a=b; c=a;
if(c!=a) c=b;
printf("%d,%d,%d\n",a,b,c);
```

其输出结果是（　　）。

（A）程序段有语法错　　（B）3，5，3

（C）3，5，5　　（D）3，5，7

10. 下列条件语句中输出结果与其他语句不同的是（　　）。

（A）if(a) printf("%d\n",x);　else printf("%d\n",y);

（B）if(a==0) printf("%d\n",y);　else printf("%d\n",x);

（C）if(a!=0) printf("%d\n",x);　else printf("%d\n",y);

（D）if(a==0) printf("%d\n",x);　else printf("%d\n",y);

11. 设变量 x 和 y 均已正确定义并赋值，以下 if 语句中，在编译时将产生错误信息的是（　　）。

（A）if(x++)　　（B）if(x>y&&!=0)

（C）if(x>y) x--
　　else y++;　　（D）if(y<0){;}
　　else x++;

12. 以下程序段中，与语句 k=a>b?(b>c?1:0):0;功能相同的是（　　）。

（A）if((a>b)&&(b>c)) k=1;
　　else k=0;　　（B）if((a>b)||(b>c)) k=1;
　　else k=0;

（C）if(a<=b) k=0;
　　else if(b<=c) k=1;　　（D）if(a>b) k=1;
　　else if(b>c) k=1;
　　else k=0;

13. 有以下程序：

```
#include <stdio.h>
main()
{int a=1,b=0;
if(!a) b++;
else if(a==0)  if(a) b+=2;
else b+=3;
printf("%d\n",b);
}
```

程序运行后的输出结果是（　　）。

（A）0　　（B）1　　（C）2　　（D）3

14. 若有定义语句 int a,b;double x;，则下列选项中没有错误是（　　）。

（A）switch(x%2)
　　{case 0:a++;break;
　　case 1:b++;break;
　　default:a++;b++;
　　}　　（B）switch((int)x%2.0)
　　{case 0:a++;break;
　　case 1:b++;break;
　　default:a++;b++;
　　}

（C）switch((int)x%2)
```
{case 0:a++;break;
 case 1:b++;break;
 default:a++;b++;
}
```

（D）switch((int)(x)%2)
```
{case 0.0:a++;break;
 case 1.0:b++;break;
 default:a++;b++;
}
```

15. C 语言中 while 和 do-while 循环的主要区别是（　　）。

（A）do-while 的循环体至少无条件执行一次

（B）while 的循环控制条件比 do-while 的循环控制条件严格

（C）do-while 允许从外部转到循环体内

（D）do-while 的循环体不能是复合语句

16. 设有程序段：
```
int k=10;
while(k) k=k-1;
```
则下面描述中正确的是（　　）。

（A）while 循环执行 10 次　　（B）循环是无限循环

（C）循环体语句一次也不执行　　（D）循环体语句执行一次

17. 下列循环语句中有语法错误的是（　　）。

（A）while(x=y) 5:　　（B）while(0);

（C）do 2；while(x==b);　　（D）do x++　while(x==10);

18. 已知 int i=1;，执行语句 while (i++<4);后，变量 i 的值为（　　）。

（A）3　　（B）4　　（C）5　　（D）6

19. 语句 while(!E);中的表达式!E 等价于（　　）。

（A）E==0　　（B）E!=1　　（C）E!=0　　（D）E==1

20. 下面程序段的运行结果是（　　）。
```
a=1; b=2; c=2;
while(a<b<c) { t=a; a=b; b=t; c--;    }
printf("%d,%d,%d",a,b,c);
```
（A）1,2,0　　（B）2,1,0　　（C）1,2,1　　（D）2,1,1

21. 下面程序的运行结果是（　　）。
```
#include <stdio.h>
main()
{
    int num=0;
    while(num<=2)
    {
        num++;
        printf("%d\n",num);
    }
}
```
（A）1

（B）1
2

（C）1
2
2

（D）1
2
3

22. 以下能正确计算 1×2×3×⋯×10 的程序段是（　　）。

（A）do{i=1; s=1;
s=s*i;
i++;
}while(i<=10);

（B）do{i=1; s=0;
s=s*i;
i++;
}while(i<=10);

（C）i=1; s=1;
do{s=s*i;
i++;
}while(i<=10);

（D）i=1; s=0;
do{s=s*i;
i++;
}while(i<=10);

23. 有以下程序段：

```
#include <stdio.h>
main()
{   …
while( getchar()!='\n');
…
}
```

以下叙述中正确的是（　　）。

（A）此 while 语句将无限循环

（B）getchar()不可以出现在 while 语句的条件表达式中

（C）当执行此 while 语句时，只有按回车键程序才能继续执行

（D）当执行此 while 语句时，按任意键程序就能继续执行

24. 下面程序的运行结果是（　　）。

```
#include <stdio.h>
main()
{
    int y=10;
    do{ y--; }while(--y);
    printf("%d\n",y--);
}
```

（A）-1　　（B）1　　（C）8　　（D）0

25. 已知 int i=1,j=0;，执行下面语句后 j 的值是（　　）。

```
while(i)
switch(i)
{ case 1: i+=1; j++; break;
  case 2: i+=2; j++; break;
  case 3: i+=3; j++; break;
  default: i--; j++; break;
}
```

（A）1　　（B）2　　（C）3　　（D）死循环

26. 若运行以下程序时，从键盘输入 2473<回车>，则下面程序的运行结果是（　　）。

```
#include <stdio.h>
main()
{
    int c;
    while((c=getchar())!='\n')
        switch(c-'2')
        {
```

```
        case 0:
        case 1: putchar(c+4);
        case 2: putchar(c+4); break;
        case 3: putchar(c+3);
        default: putchar(c+2); break;
      }
   printf("\n");
}
```

（A）668977　　（B）668966　　（C）66778777　　（D）6688766

27. 请阅读以下程序：

```
main()
{
   int a=5,b=0,c=0;
   if(a=b+c)  printf("***\n");
   else  printf("$$$\n");
}
```

以上程序（　　）。

（A）有语法错不能通过编译　　（B）可以通过编译但不能通过连接

（C）输出***　　（D）输出$$$

28. 以下程序的运行结果是（　　）。

```
main()
{
   int m=5;
   if(m++>5)    printf("%d\n",m);
   else    printf("%d\n",m--);
}
```

（A）4　　（B）5　　（C）6　　（D）7

29. 下面有关 for 循环的正确描述是（　　）。

（A）for 循环只能用于循环次数已经确定的情况

（B）for 循环是先执行循环体语句，后判断表达式

（C）在 for 循环中，不能用 break 语句跳出循环体

（D）for 循环的循环体语句中，可以包含多条语句，但必须用花括号括起来

30. 对 for(表达式 1;;表达式 3)可理解为（　　）。

（A）for(表达式 1;0;表达式 3)

（B）for(表达式 1;1;表达式 3)

（C）for(表达式 1; 表达式 1;表达式 3)

（D）for(表达式 1; 表达式 3;表达式 3)

31. 若 i 和 k 都是 int 类型变量，有以下 for 语句：

for(i=0,k=-1;k=1;k++)　printf("*****\n");

下面关于语句执行情况的叙述中，正确的是（　　）。

（A）循环体执行两次　　（B）循环体执行一次

（C）循环体一次也不执行　　（D）构成无限循环

32. 下列说法中正确的是（　　）。

（A）break 用在 switch 语句中，而 continue 用在循环语句中

（B）break 用在循环语句中，而 continue 用在 switch 语句中

（C）break 能结束循环，而 continue 只能结束本次循环

（D）continue 能结束循环，而 break 只能结束本次循环

33. 以下正确的描述是（　　）。

（A）continue 语句的作用是结束整个循环的执行

（B）只能在循环体内和 switch 语句体内使用 break 语句

（C）在循环体内使用 break 语句或 continue 语句的作用相同

（D）从多层循环嵌套中退出时，只能使用 goto 语句

34. 若 i 为整型变量，则以下循环执行次数是（　　）。

for(i=2;i==0;) printf("%d",i--);

（A）无限次　（B）0 次　（C）1 次　（D）2 次

35. 以下 for 循环的执行次数是（　　）。

for(x=0,y=0;(y=123)&&(x<4);x++)

（A）是无限循环　（B）循环次数不定　（C）执行 4 次　（D）执行 3 次

36. 以下不是无限循环的语句为（　　）。

（A）for(y=0,x=1;x>++y;x=i++) i=x

（B）for(;;x++=i);

（C）while(1) { x++; }

（D）for(i=10;;i--) sum+=i;

37. 执行语句 for(i=1;i++<4;);后，变量 i 的值是（　　）。

（A）3　（B）4　（C）5　（D）不定

38. 下面程序段（　　）。

```
for(t=1;t<=100;t++)
{
    scanf("%d",&x);
    if(x<0) continue;
    printf("%3d",t);
}
```

（A）当 x<0 时整个循环结束　（B）x>=0 时什么也不输出

（C）printf 函数永远也不执行　（D）最多允许输出 100 个非负整数

39. 下面程序段（　　）。

```
x=3;
do{
    y=x--;
    if(!y) { printf("x"); continue; }
    printf("#");
}while(1<=x<=2);
```

（A）将输出##　（B）将输出##*

（C）是死循环　（D）含有不合法的控制表达式

40. 以下程序的功能是：按顺序读入 10 名学生 4 门课程的成绩，计算出每位学生的平均分并输出，程序如下：

```
#include<stdio.h>
void main()
{ int n,k;
  float score ,sum,ave;
```

```
    sum=0.0;
    for(n=1;n<=10;n++)
    {   for(k=1;k<=4;k++)
    {   scanf("%f",&score);  sum+=score;}
    ave=sum/4.0;
    printf("NO%d:%f\n",n,ave);
    }
}
```

上述程序运行后结果不正确，调试中发现有一条语句出现在程序中的位置不正确。这条语句是（　　）。

（A）sum=0.0;　　　　（B）sum+=score;

（C）ave=sun/4.0;　　　　（D）printf("NO%d:%f\n",n,ave);

41. 以下程序的输出结果是（　　）。

```
#include<stdio.h>
void main ()
{ int  n;   float   s;
s=1.0;
for(n=10;n>1;n--)
s=s+1/n;
print("%6.4f\n",s);
}
```

（A）1.0000　　　　（B）1.5000

（D）1.8000　　　　（D）以上答案均不对

42. 程序运行后输出结果错误，导致错误结果的程序行是（　　）。

（A）s=1.0;　　　　（B）for(n=10;n>1;n--)

（C）s=s+1/n;　　　　（D）printf("%6.4f/n",s);

43. 以下程序中，while 循环的循环次数是（　　）。

```
#include<stdio.h>
void main()
{ int  i=0;
  while(i<10)
  { if(i<1)   continue;
  if(i==5)  break;
i++;
  }
...
}
```

（A）1　　（B）10　　（C）6　　（D）死循环，不能确定

44. 有如下程序：

```
#include<stdio.h>
void main()
{ int   n=9;
while(n>6){n--;printf("%d",n);}
}
```

该程序段的输出结果是（　　）。

（A）987　　（B）876　　（C）8765　　（D）9876

45. 有如下程序段：

```
int  k=0;
while(k=1)k++;
```

while 循环执行的次数是（　　）。

（A）无限次　　（B）有语法错，不能执行

（C）一次也不执行　　（D）执行 1 次

二、填空题

1. C 语句分为 5 种：________、函数调用语句、________、空语句和________。

2. 程序的 3 种基本结构是________结构、________结构和________结构，它们的共同特点是________。

3. 适合于结构化程序设计，广受欢迎的流程图是________。

4. 一个基本语句的最后一个字符是________。

5. 复合语句又称分程序，是用________括起来的语句。

6. 使用 C 语言库函数时，要用于预编译命令________将有关的“头文件”包括到用户源文件中。

7. 使用标准输入输出库函数时，程序的开头要有如下预处理命令：________。

8. { a=3;c+=a-b; } 在语法上被认为是________条语句。

9. getchar 函数的作用是从终端输入________个字符。

10. 如果从键盘输入字符'a'并按回车键，请写出以下程序的运行效果________。

```
#include<stdio.h>
void main()
{
putchar(getchar());
}
```

11. 以下程序的输出结果为________。

```
#include<stdio.h>
void main()
{
short i;
i=-4;
printf("\ni:dec=%d,oct=%o,hex=%x,unsigned=%u\n",i,i,i,i);
}
```

12. 以下程序的输出结果为________。

```
#include<stdio.h>
void main()
{
printf("*%f,%4.3f*\n",3.14,3.1415);
}
```

13. 以下程序的输出结果为________。

```
#include<stdio.h>
void main()
{
char c='x';
printf("c:dec=%d,oct=%o,hex=%x,ASCII=%c\n",c,c,c,c);
}
```

14. 已有定义 int d=-2;，执行以下语句后的输出结果为________。

```
printf("*d(1)=%d*d(2)=%3d*d(3)=%-3d*\n",d,d,d);
printf("*d(4)=%o*d(5)=%7o*d(6)=%-7o*\n",d,d,d);
```

15. 以下程序的输出结果为________。

```
#include<stdio.h>
void main()
```

```
{
int x=1,y=2;
printf("x=%d y=%d *sum*=%d\n",x,y,x+y);
printf("10 Squared is:%d\n",10*10);
}
```

16. 以下程序的输出结果为________。

```
#include <stdio.h>
void main()
{
float a=123.456; double b=8765.4567;
printf(" (1) %f\n",a);
printf(" (2) %14.3f\n",a);
printf(" (3) %6.4f\n",a);
printf(" (4) %lf\n",b);
printf(" (5) %14.3lf\n",b);
printf(" (6) %8.4lf\n",b);
printf(" (7) %.4f\n",b);
}
```

17. 在 if 语句中又包含一个或多个 if 语句称为________。

18. 为了避免在嵌套的条件语句 if-else 中产生二义性，C 语言规定：else 子句总是与________配对。如果 if 与 else 数目不一样，为实现设计者的企图，可以加________来确定配对关系。

19. 条件运算符是 C 语言中唯一的一个________目运算符，其结合性为________。

20. 假设条件表达式的格式为：表达式 1？表达式 2：表达式，若表达式 2 和表达式 3 的类型不同，此时条件表达式的值的类型为二者中较________的类型。

21. 在 switch 语句中，switch 后面括弧内的“表达式”，可以为________类型。

22. 若有以下 if 语句：if (a<b)　min=a;else　min=b;，可用条件运算符来处理的等价式子为________。

23. 若从键盘输入 58，则以下程序输出的结果是________。

```
#include<stdio.h>
void main()
{ int  a;
scanf("%d",&a);
if(a>50)  printf("%d",a);
  if(a>40)  printf("%d",a);
    if(a>30)  printf("%d",a);
}
```

24. 有如下程序：

```
#include <stdio.h>
void main()
{     int   a = 2,b =- 1,c = 2;
      if(a<b)
         if(b<0)  c=0;
        else  c++;
       printf("%d\n",c);
}
```

该程序的输出结果是________。

三、程序填空题

1. 下面程序的功能是将从键盘输入的一组字符中统计出大写字母的个数 m 和小写字母的个数 n，并输出 m、n 中的较大者。

```
#include <stdio.h>
```

```
void main()
{
    int m=0,n=0;
    char c;
    while((_______)!='\n')
    {
        if(c>='A'&&c<='Z') m++;
        if(c>='a'&&c<='z') n++;
    }
    printf("%d\n",m<n?_______);
}
```

2. 下面程序的功能是在输入的一批正整数中求出最大者，输入 0 结束循环。

```
#include <stdio.h>
void main()
{
    int a,max=0;
    scanf("%d",&a);
    while(_______)
    {
        if(max<a) max=a;
        scanf("%d",&a);
    }
    printf("%d",max);
}
```

3. 下面程序的功能是计算正整数 2345 的各位数字平方和。

```
#include <stdio.h>
void main()
{
    int n,sum=0;
    n=2345;
    do{
        sum=sum+_______;
        n=_______;
    }while(n);
    printf("sum=%d",sum);
}
```

4. 下面程序的功能是用“辗转相除法”求两个正整数的最大公约数。

```
#include <stdio.h>
void main()
{
  int r,m,n;
  scanf("%d %d",&m,&n);
  if(m<n)_______;
  r=m%n;
  while(r) { m=n; n=r; r=_______; }
  printf("%d\n",n);
}
```

5. 下面程序的功能是用 do-while 语句求 1～1000 中满足“用 3 除余 2；用 5 除余 3；用 7 除余 2”的数，且一行只打印 5 个数。

```
#include <stdio.h>
void main()
{
  int i=1,j=0;
  do{
```

```
        if(_______ )
        {
           printf("%4d",i);
           j=j+1;
           if(_______) printf("\n");
        }
        i=i+1;
    }while(i<1000);
  }
```

6. 等差数列的第一项 a=2，公差 d=3。下面程序的功能是在前 n 项和中，输出能被 4 整除的所有的和。

```
  #include <stdio.h>
  void main()
  {
    int a,d,sum;
    a=2; d=3; sum=0;
    do{
      sum+=a;
      _______;
      if(_______) printf("%d\n",sum);
    }while(sum<200);
  }
```

7. 下面程序的功能是：计算 1～10 中奇数之和及偶数之和。

```
  #include <stdio.h>
  void main()
  {  int a, b, c, i;
     a=c=0;
     for(i=0;i<10;i+=2)
     {  a+=i;
       _______;
        c+=b;
     }
     printf("偶数之和=%d\n",a);
     printf("奇数之和=%d\n",c-11);
  }
```

8. 下面程序的功能是:输出 100 以内能被 3 整除且个位数为 6 的所有整数。

```
  #include <stdio.h>
  void main()
  {  int  i, j;
     for(i=0;_______; i++)
     {  j=i*10+6;
        if(_______) continue;
        printf("%d",j);
     }
  }
```

9. 要使以下程序段输出 10 个整数，请填入一个整数。

```
  for(i=0;i<= _______ ;printf("%d\n",i+=2));
```

10. 以下程序运行后的输出结果是________。

```
  #include  <stdio.h>
      void main()
      {  int x=15;
      while(x>10 && x<50)
```

```
    {  x++;
    if(x/3){x++;break;}
    else continue;
    }
    printf("%d\n",x);
}
```

11. 以下程序运行后的输出结果是________。

```
#include  <stdio.h>
void main()
{ int  i,m=0, n=0, k=0;
for (i=9; i<=11; i++)
switch(i/10)
{ case  0 :  m++; n++; break;
case 10:   n++;break;
default:  k++;n++;
}
printf("%d %d %d\n",m,n,k);
}
```

12. 执行以下程序后，输出'#'号的个数是________。

```
#include  <stdio.h>
void main()
{ int  i,j;
for(i=1; i<5; i++)
for(j=2; j<=i; j++)  putchar('#');
}
```

四、编程题

1. 编程求 1*3*5*7*9 的值，并用 N-S 图表示算法。

2. 编写一个程序，输入分数，如超过或等于 400 分，显示“Sueess!”，否则，显示“Fail!”。要求：（1）用 N-S 流程图表示算法；（2）写出程序。

3. 求解爱因斯坦数学题。有一条长阶梯，若每步跨 2 阶，则最后剩余 1 阶，若每步跨 3 阶，则最后剩 2 阶，若每步跨 5 阶，则最后剩 4 阶，若每步跨 6 阶则最后剩 5 阶，若每步跨 7 阶，最后才正好一阶不剩。请问，这条阶梯共有多少阶？

分析：根据题意，阶梯数满足下面一组同余式：

x mod 2==1

x mod 3==2

x mod 5==4

x mod 6==5

x mod 7==0

4. 求 1−3+5−7+ … −99+101 的值。

5. 从键盘输入的字符中统计数字字符的个数，用换行符结束循环。

6. 编程输出如下所示的等腰三角形。

```
     *
    ***
   *****
  *******
 *********
***********
```

7. 编写程序，从键盘输入 6 名学生的 5 门成绩，分别统计出每个学生的平均成绩。

8. 猴子吃桃问题。猴子第一天摘下若干个桃子，当即吃了一半，还不过瘾，又多吃了一个。第二天早上又将剩下的桃子吃掉一半，又多吃了一个。以后每天早上都吃了前一天剩下的一半零一个，到第 10 天早上再想吃时，只剩下一个桃子了。求第一天一共摘了多少桃子?

9. 编写程序，根据输入的系数，求一元二次方程的实根。注意，分多种情况讨论。

10. 编程计算 1！+2！+3！+…+n!

11. 用 switch 结构，输入 1 打印 1！值，输入 2 打印 2！……输入 6 打印 6！值。

12. “水仙花数”是指一个 3 位数，它的 3 个数位数字的立方和这个数的数值相等。例如，$153=1^3+5^3+3^3$。

13. 先输入 n，再输入 n 个实数并分别统计正数的和、负数的和，然后输出统计结果。

14. 利用“#”输出 4 行 5 列的平行四边形。

15. 编写程序计算下列算式的值：

$$C=1+\frac{1}{x^1}+\frac{1}{x^2}+\frac{1}{x^3}+\frac{1}{x^4}\cdots(x>1)$$

直到某一项 A<=0.000001 时为止。输出最后 C 的值。

第4章 预处理命令

在前面各章中，已多次使用过以“#”号开头的预处理命令，如包含命令#include、宏定义命令#define等。在源程序中这些命令都放在函数之外，而且一般都放在源文件的前面，它们称为预处理命令。

所谓预处理是指在进行编译的第一遍扫描（词法扫描和语法分析）之前所作的工作。预处理是C语言的一个重要功能，它由预处理程序负责完成。当对一个源文件进行编译时，系统将自动引用预处理程序对源程序中的预处理部分作处理，处理完毕自动进入对源程序的编译。

C语言提供了多种预处理命令，如宏定义、文件包含、条件编译等。合理地使用预处理命令编写的程序，便于阅读、修改、移植和调试，也有利于模块化程序设计。C语言的预处理命令都以“#”开头，以区别于一般C语句。本章介绍常用的几种预处理命令。

4.1 宏 定 义

在C语言源程序中允许用一个标识符来表示一个字符串，称为“宏”，被定义为“宏”的标识符称为“宏名”。在编译预处理时，对程序中所有出现的宏名，都用宏定义中的字符串去代换，这称为“宏代换”或“宏展开”。

宏定义是由源程序中的宏定义命令完成的，C语言用#define进行宏定义。宏代换是由预处理程序自动完成的。

在C语言程序中，宏实质上是一种源程序中语句代码的替换机制，使用宏可以防止出错，提高代码的可移植性、编码的方便性和可读性。

宏分为无参数的宏和带参数的宏两种。下面分别讨论这两种宏的定义和调用。

4.1.1 无参数的宏定义

无参数宏定义的宏名后不带参数，用指定标识符来代替一个字符串。其一般格式为：

```
#define 标识符 字符串
```

其中，“#”表示这是一条预处理命令，“define”为宏定义命令，“标识符”为所定义的宏名，“字符串”可以是常数、表达式、格式串等。

该预处理命令的功能是在程序开头将程序中所使用的字符串进行符号化，在程序中凡是出现该宏名的位置，在编译预处理时，都由编译系统自动替换成对应的字符串。

例如：`# define PI 3.1415926`

其作用是指定宏名 PI 来代替“3.1415926”这个字符串，在编译预处理时，将源程序中在该命令以后的所有表达式语句中出现的 PI 都用 3.1415926 代替。

【例 4.1】　使用无参数的宏定义，计算圆的面积。

```
#include <stdio.h>
#define  R  5.0
#define  PI 3.1415926
void  main()
{
   float  area;
   area=PI*R*R;
   printf("圆的面积是:%f\n",area);
}
```

通常，#define 语句出现在源程序首部，也可以安排在源程序的任何位置，但一定要在使用宏名之前用#define 命令对它进行宏定义。

宏定义必须写在函数之外，其作用域为宏定义命令起到源程序结束。如果要取消前面定义的宏，则可以使用如下形式：

```
#undef 标识符
```

【例 4.2】　定义宏的作用域。

```
#define PI 3.14159
main()
{
…
}
#undef PI
f1()
{
…
}
```

表示 PI 只在 main 函数中有效，在 f1 中无效。

使用宏定义命令时，需要注意以下几点。

（1）宏定义是用宏名来表示一个字符串，在宏展开时又以该字符串取代宏名，这只是一种简单的代换，字符串中可以含任何字符，可以是常数，也可以是表达式，预处理程序对它不作任何检查。如有错误，只能在编译已被宏展开后的源程序时发现。

（2）宏定义不是说明或语句，在行末不必加分号，如加上分号则连分号也一起置换。

（3）宏名在源程序中若用引号括起来，则预处理程序不对其作宏代换。例如：

```
#define STAR *****
main()
{
 printf("STAR");
 printf("\n");
}
```

上例中定义宏名 STAR 表示“*****”，但在 printf 语句中 STAR 被引号括起来，因此不作宏代换，程序的运行结果为：STAR。这表示把“STAR”当字符串处理。

（4）宏定义允许嵌套，在宏定义的字符串中可以使用已经定义的宏名。在宏展开时由预处理程序层层代换。例如：

```
#define PI 3.1415926
#define AREA PI*r*r          /* PI 是已定义的宏名*/
```

对语句：

```
printf("%f", AREA);
```

在宏代换后变为：

```
printf("%f",3.1415926*r*r);
```

（5）习惯上宏名用大写字母表示，以便于与变量区别，但也允许用小写字母。

4.1.2 带参数的宏定义

带参数的宏定义是指宏名后带有形参表的宏定义，对于带参数的宏定义，编译预处理对源程序出现的宏不仅进行字符串代换，而且还要进行参数代换。其一般格式为：

#define 标识符（参数表） 字符串

其中，在字符串中含有各个形参，在以后的程序中将以实参替换。

带参数的宏定义的功能，是将一个带形参的字符串定义为一个带形参的宏名，在进行宏展开时，用字符串替换该宏名，同时用实参代替宏名后的形参。

带参数的宏定义替换过程如下：

在程序中若有带参数的宏，则按#define 命令中指定的字符串从左到右进行置换，如果字符串中包含宏中的形式参数，则用程序语句中相应的实参代替形参，如果宏定义中的其他字符串不是参数字符，则原样保留。

【例 4.3】 使用带参数的宏定义，计算圆的面积。

```
#define PI  3.1415926
#define AREA(r)  PI*r*r
…
a=AREA(5);
```

宏展开后，赋值语句为以下表达式：

```
a=3.1415926*5*5;
```

带参数的宏定义和函数比较相似，但是两者有着本质的区别，现说明如下。

（1）函数调用时，先求出实参表达式的值，再把此值传递给形参；而使用带参数的宏时，只是简单地进行字符串替换，在宏展开时，不对表达式求值。例如：

```
#define S(x)  ((x)*(x))
```

在程序中执行语句：

```
z=S(a+b);
```

对宏展开得到：

```
z=((a+b)*(a+b));
```

在宏替换时，只是用参数 a+b 替换形参 x，但并不求表达式 a+b 的值。

（2）函数调用是在程序运行中进行处理，为该函数中的变量和参数分配临时存储单元，调用结束后系统收回；而宏展开是在编译前进行替换，展开时并不分配存储单元。

（3）对函数的实参和形参要定义一致的类型；而宏替换无类型要求，宏名和参数都没有类型，只是一个符号代表，展开只是相应的字符代换。

（4）宏展开会使源程序变长；而函数调用不会使源程序变长。

（5）宏展开只是在编译前处理，不占用运行时间，程序效率高；而函数调用则占用运行时间，相对运行效率低。

【例 4.4】 从键盘输入 3 个整数，利用宏定义求其中的最大值。

```
#define MAX(x,y)  ((x)>(y)?(x):(y))
```

```
#include <stdio.h>
void  main()
{
   int a,b,c,max;
   printf("input a,b,c: ");
   scanf("%d%d%d",&a,&b,&c);
   max=MAX(MAX(a,b),c);
   printf("max=%d\n ",max);
}
```

程序运行结果为：

```
input a,b,c: 35 26 59
max=59
```

4.2 文件包含

文件包含是指一个程序文件将另一个指定文件的全部内容包含进来。其一般格式为：

```
#include  <被包含文件名>
```

或

```
#include   "被包含文件名"
```

文件包含命令的功能是将指定文件的全部内容嵌入到该预处理命令行处，使被包含文件内容成为当前源程序的一部分。

被包含文件可以用一对尖括号<>括起来，也可以使用一对双引号" "。

尖括号的意义是，使编译程序按照系统设定的标准路径搜索被包含文件；双引号的意义是，使编译程序先在源文件所在目录中搜索被包含文件，若找不到时，再按照系统设定的标准路径进行搜索。对于编译系统提供的存放在 INCLUDE 目录下的头文件，如 stdio.h、math.h 等，常使用尖括号<>；而对于其他文件的包含，一般建议使用英文双引号。

使用文件包含的优点如下。

（1）文件包含预处理行通常放在程序的开头，其被包含的文件内容往往是一些公用的宏定义或者外部变量说明，当它们出错或者某种原因需要修改其内容时，只需要修改头文件的内容就可以了，有利于程序的维护和更新。

（2）可以节省程序员的重复劳动，可以把一些常用的宏定义或者通用的子程序保存为若干不同文件，在编写新程序时，根据需要包含进来，而不必再重复编写这些宏定义或子程序。

使用文件包含命令时，需要注意以下几点。

（1）被包含的文件也只能是源程序，其扩展名可以是“.c”或者“.h”。编译系统提供了许多头文件，“.h”表示这些文件的性质为头文件。

（2）一个#include 命令只能指定一个包含文件，若要包含多个文件，则必须用多条#include 命令。

（3）文件包含可以嵌套，即被包含的文件中还可以再包含另外的被包含文件。

（4）当被包含的文件发生变化时，则把包含该文件的所有源文件都必须重新编译。

4.3 条件编译

一般情况下，源程序中所有的语句都参加编译。但有时也希望根据一定的条件去编译源文件的不同部分，这就是条件编译。可以按不同的条件去编译不同的程序部分，因而产生不同的目标代码文件。这对于程序的移植和调试是很有用的。

条件编译有 3 种形式，下面分别介绍。

1. 第 1 种形式

```
#ifdef  标识符
        程序段 1
#else
        程序段 2
#endif
```

它的功能是，如果标识符已被 #define 命令定义过则对程序段 1 进行编译；否则对程序段 2 进行编译。如果没有程序段 2，本格式中的#else 可以没有，即可以写为：

```
#ifdef  标识符
        程序段
#endif
```

【例 4.5】 条件编译举例一。

```
#include <stdio.h>
#define LI
void main ( )
{
#ifdef LI
printf ("Hello,LI\n");
#else
printf ("Hello,everyone\n");
#endif
}
```

程序结果如下：

```
Hello,LI
```

如果从程序中去掉

```
#define LI
```

则输出结果为：

```
Hello,everyone
```

2. 第 2 种形式

```
#ifndef 标识符
        程序段 1
#else
        程序段 2
#endif
```

与第一种形式的区别是将“ifdef”改为“ifndef”。它的功能是，如果标识符未被#define 命令定义过，则对程序段 1 进行编译，否则对程序段 2 进行编译。这与第一种形式的功能正相反。

这种形式的条件编译在实际开发系统时很有用，一般系统是由多个源程序文件组成的，有时由于嵌套包含文件的原因，一个头文件可能会被多次包含在一个源文件中，从而引起编译错误，如果采用以下的条件编译可以防止这种情况发生：

```
#ifndef _MYSHAPE_
#define _MYSHAPE_
… /*MyShape.h 内容*/
#endif
```

如果_MYSHAPE_没有被定义则#ifndef 条件为真，于是从#ifndef 到#endif 之间的所有语句都被包含进来进行处理。相反，如果#ifndef 标识符的值为假，则它与#endif 标识符之间的行将被忽略（不再包含进来）。

为了保证头文件只被处理一次，把如下命令行

```
#define _MYSHAPE_
```

放在#ifndef 后面，这样在头文件的内容第一次被处理时_MYSHAPE_将被定义，从而防止了在程序文本文件中以后#ifndef 标识符的值为真。

3. 第 3 种形式

```
#if 常量表达式
    程序段 1
#else
    程序段 2
#endif
```

它的功能是，如常量表达式的值为真（非 0），则对程序段 1 进行编译，否则对程序段 2 进行编译。因此，可以使程序在不同条件下，完成不同的功能。

【例 4.6】 条件编译举例二。

```
#define R 1
main(){
  float c,r,s;
  printf ("input a number:");
  scanf("%f",&c);
  #if R
    r=3.14159*c*c;
    printf("area of round is: %f\n",r);
  #else
    s=c*c;
  printf("area of square is: %f\n",s);
  #endif
}
```

本例中采用了第 3 种形式的条件编译。在程序第 1 行宏定义中，定义 R 为 1，因此在条件编译时，常量表达式的值为真，故计算并输出圆面积。

上面介绍的条件编译当然也可以用条件语句来实现。但是用条件语句将会对整个源程序进行编译，生成的目标代码程序很长，而采用条件编译，则根据条件只编译其中的程序段 1 或程序段 2，生成的目标程序较短。如果条件选择的程序段很长，采用条件编译的方法是十分必要的。

使用条件编译的主要原因是便于程序的移植。例如，在 PC 上最常用的 C 有 Turbo C 和 MS C，两者在实现上有一些不同处。如果我们希望自己的源程序能够适应这种差异，可以在它们形式不同的地方写上

```
#ifdef  TURBOC
…                    / * Turbo C 独有的内容*/
#endif
```

```
#ifdef  MSC
…                    /*MSC 独有的内容*/
#endif
```

如果希望这个程序在 Turbo C 环境下编译运行，可在程序前面写上

```
#define TURBOC
```

如果希望生成 MS C 版本，就在程序前面写上

```
#define MSC
```

这样一个源程序只要修改一句就可以适应两种 C 编译，商业软件公司的软件经常都是这样编写的。

习　　题

一、选择题

1. 以下叙述中正确的是（　　）。
   （A）预处理命令行必须位于源文件的开头
   （B）在源文件的一行上可以有多条预处理命令
   （C）宏名必须用大写字母表示
   （D）宏替换不占用程序的运行时间
2. 以下叙述中不正确的是（　　）。
   （A）预处理命令行都必须以#号开始
   （B）在程序中凡是以#号开始的语句行都是预处理命令行
   （C）宏替换不占用运行时间，只占编译时间
   （D）在以下定义是正确的：　#define PI+3　　3.1415926;
3. 下列程序的执行结果是（　　）。

```
#include <stdio.h>
#define PLUS(X,Y) X+Y
main()
{
  int x=1,y=2,z=3,sum;
    sum=PLUS(x+y,z)*PLUS(y,z);
    printf("SUM=%d",sum);
}
```

   （A）SUM=9　　（B）SUM=12　　（C）SUM=18　　（D）SUM=28
4. 阅读下列程序段，程序的输出结果为（　　）。

```
#include "stdio.h"
#define M(X,Y)  (X)*(Y)
#define N(X,Y)  (X)/(Y)
void main()
{
  int a=5,b=6,c=8,k;
  k=N(M(a,b),c);
  printf("%d\n",k);
}
```

   （A）3　　（B）5　　（C）6　　（D）8

5. 以下程序运行后的输出结果是（ ）。

```
#include <stdio.h>
#define F(X,Y)  (X)*(Y)
void main()
{
int a=3, b=4;
   printf("%d\n", F(a++, b++));
}
```

（A）12　　（B）15　　（C）16　　（D）20

6. 下列程序段的输出结果是（ ）。

```
#include <stdio.h>
#define M(x,y)  (x/y)
void main()
{
printf("%d",M(3+4,6));
}
```

（A）2　　（B）3　　（C）4　　（D）5

二、编程题

1. 输入两个整数，求它们相除的余数，用带参数的宏来实现。
2. 分别用函数和带参数的宏，从 3 个数中找到最大数。

三、分析下程序的输出结果

```
#define SQR(X) X*X
main()
{
int a=16, k=2, m=1;
a/=SQR(k+m)/SQR(k+m);
printf("%d\n",a);
}
```

第5章 数组

在此之前，程序中使用的数据均是基本类型（整型、实型、字符型），C语言还提供了构造型（数组、结构体、共用体）数据类型。构造类型数据是由基本类型数据按照一定的规则组成的。本章将介绍构造类型中的数组类型。

在介绍数组类型之前，先看一个十分简单的问题：输入10个整型数据，把它们按输入的逆序输出。

要解决这个问题，首先必须定义10个整型变量（不妨设为a1,a2,…,a10），然后一个一个地输入，最后输出a10,a9,…,a1。其程序如下：

```
#include "stdio.h"
void main()
{int a1,a2,a3,a4,a5,a6,a7,a8,a9,a10;
sacnf(""%d",&a1);
sacnf(""%d",&a2);
sacnf(""%d",&a3);
sacnf(""%d",&a4);
sacnf(""%d",&a5);
sacnf(""%d",&a6);
sacnf(""%d",&a7);
sacnf(""%d",&a8);
sacnf(""%d",&a9);
sacnf(""%d",&a10);
printf("%d",a10);
printf("%d" ,a9);
printf("%d" ,a8);
printf("%d" ,a7);
printf("%d" ,a6);
printf("%d",a5);
printf("%d" ,a4);
printf("%d" ,a3);
printf("%d" ,a2);
printf("%d" ,a1);
}
```

不难看出上面程序存在的问题：由于定义的10个整型变量之间是相互独立的，它们之间除了类型相同之外没有任何关系，这就使得这些同类型的变量在定义时必须一个个地定义，而且对它们进行有规律的输入输出时也只能一个个地操作而无法使用前面所学的循环来解决问题。

试想，若对成千上万的整型数据进行上述操作时，编写出的程序将会是多么烦琐。看来使用简单类型数据来处理大量的同类型数据时就显得无能为力。而使用本章的数组来解决上面的问题则显得得心应手。其程序如下：

```
#include "stdio.h"
#define N 10
void main()
{int a[N],i;  /*定义含有N(值为10)个整型数据的数组a和一个整型变量i*/
for(i=0;i<N;i++)
    scanf("%d",&a[i]);  /*通过循环输入N个数*/
for(i=N-1;i>=0;i--)
    printf("%d,"a[i]);  /*通过循环按逆序输出N个数*/
}
```

简单地讲，数组是由有限个相同类型的数据按照一定的次序组成的一组变量的集合体。数组有一个统一的数组名，构成数组的每一个变量都称为数组的一个元素，数组元素在数组中的次序编号称为数组元素的下标，在数组中数组元素是通过数组名和下标来区分的。

在程序设计中，数组是一种很有用的数据结构，把数组和循环结合起来，就可以对同类型的大批量数据方便地进行操作。

数组按区分元素时所需要的下标个数分类，有一维数组、二维数组等。

5.1　一维数组

用一个下标就能够区分具体元素的数组称为一维数组。

5.1.1　一维数组的定义

一维数组的定义形式为：

数据类型　数组名[常量表达式];

例如：int a[10];

上面定义了一个整型数组，数组名为a,它有10个整型元素。

说明：

（1）数据类型是数组中每个元素的数据类型。

（2）数组名的命名规则同变量名相同。

（3）常量表达式的值一般应是一个整型数据，它表示数组的长度，即数组中所包含的元素个数。从而意味着数组的长度是固定的。

（4）C语言规定数组元素的下标从0开始引用。如上面的数组a的10个元素分别是a[0]，a[1]，…，a[9]。

（5）C编译系统会对定义过的一维数组在内存中开辟连续的存储单元，即a[0]～a[9]在内存中是连续存放的。

（6）C语言规定一维数组名代表了一维数组在内存中的首地址，即a就是&a[0]。

5.1.2　一维数组元素的引用

一维数组的引用形式为：

数组名[下标表达式]

例如：
```
int a[10],i;
      a[0]=a[1]=1;
      for(i=2;i<10;i++) a[i]=a[i-1]+a[i-2];
```

以上程序段使得 a[0]～a[9]分别取得值 1、1、2、3、5、8、13、21、34、55，即将 Faibonacci 数列的前 10 个数存放在数组 a 中。

（1）引用数组元素时不要超下标引用。如对上面定义的 a 数组不要引用 a[10]等。

（2）定义数组时其长度是个常量值，而引用数组元素时其下标可以使用常量、变量或表达式。

5.1.3 一维数组的初始化

对一维数组进行初始化就是在定义一维数组时同时给它赋以初值，其格式为：

数据类型 数组名[常量表达式]={数据 1，数据 2，……}；

说明：

（1）花括号中的值就是各对应数组元素的初始值，它们之间用逗号隔开。

例如：int a[5]={1,2,3,4,5};

则 a[0]～a[4]的值分别是 1、2、3、4、5。

（2）可以只给部分元素赋值。

例如：int a[5]={1,3,5};

则 a[0]～a[2] 的初值分别为 1、3、5，而 a[3]、a[4]的初值均为 0。

（3）在对数组元素全部赋初值时，可以不指定数组的长度，系统会根据所初值的个数确定数组的长度。

例如：int a[]={1,2,3,4,5};

相当于：int a[5]={1,2,3,4,5};

5.1.4 一维数组的应用

一维数组的数学模型是数列，所以凡是对多个数据的操作都可借助数组和循环进行操作。对多个数据的典型操作有排序、插入、平移、删除、查找等。

【例 5.1】 输入 10 个整数，分别按输入的原序和逆序输出。

程序如下：

```
#include  <stdio.h>
#define  N  10
void main()
    {int a[N],i;
     for(i=0;i<N;i++) scanf("%d",&a[i]);    /*输入 10 个数*/
     for(i=0;i<N;i++) printf("%d  ",a[i]);  /*按原序输出*/
     printf("\n");
     for(i=N-1;i>=0;i--)printf("%d  ",a[i]); /*按逆序输出 */
    }
```

本程序第 5 行和第 6 行是常用的对数组中 N 个数据输入输出的程序形式。

【例 5.2】 输入 10 个整型数据，编写程序把它们按从小到大的顺序输出。

分析：对于 N 个数的从小到大排序，若能按某种方法能将最大数调到最后，则对除已调到最后的最大数以外的 N−1 个数就可使用相同的方法把它们的最大数调到这 N−1 个数的最后，依此类推。由此可见，总共需要使用 N−1 次这种方法就能完成对 N 个数的排序。

1. 冒泡法排序

冒泡法排序中对 N 个数将最大数调到最后的方法是：从前往后将数组中的相邻两个数比较，将大数向后调动。

冒泡法排序的算法如图 5-1 所示。

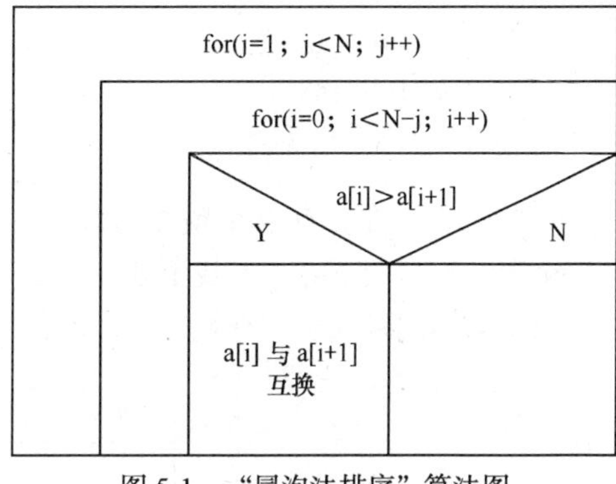

图 5-1　“冒泡法排序”算法图

程序如下：

```
#include  <stdio.h>
#define  N 10
void main()
{int i,j,t,a[N];
printf("input %d numbers:\n",N);
for(i=0;i<N;i++) scanf("%d",&a[i]);
  printf("\n");
for(j=1;j<N;j++)
   for(i=0;i<N-j;i++)
     if(a[i]>a[i+1])
{t=a[i];a[i]=a[i+1];a[i+1]=t;}
 printf("the sorted numbers:\n");
 for(i=0;i<N;i++) printf("%d  ",a[i]);
 printf("\n");
}
```

2. 选择法排序

选择法排序中对于存放在 a 数组中的 N 个数将最大数调到最后的方法是：从第一个数 a[0]开始对数组中的数逐个检查，看哪个数最大，就记下该数的下标 p，等所有数扫描一趟，再把 a[p]和 a[N−1]对调。

选择法排序的算法如图 5-2 所示。

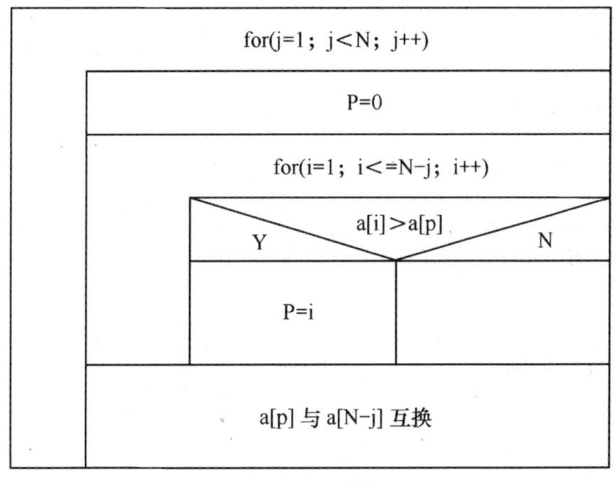

图 5-2　“选择法排序”算法图

程序如下：

```
#include <stdio.h>
#define  N  10
void main()
{int i,j,t,p,a[N];
printf("input %d numbers:\n",N);
```

```
for(i=0;i<N;i++) scanf("%d",&a[i]);
 printf("\n");
for(j=1;j<N;j++)
  {p=0;
  for(i=1;i<=N-j;i++)
     if(a[i]>a[p]) p=i;
    t=a[p];a[p]=a[N-j];a[N-j]=t;
  }
 printf("the sorted numbers:\n");
 for(i=0;i<N;i++) printf("%d  ",a[i]);
 printf("\n");
}
```

【例 5.3】 在含有 *N* 个整数的数组中从前到后查找是否存在整数 *x*，若找到则输出等于 *x* 的第一个数组元素的下标，若找不到则输出“not find”。

分析：本问题属于“查找一次”问题，程序的流程图如图 5-3 所示。

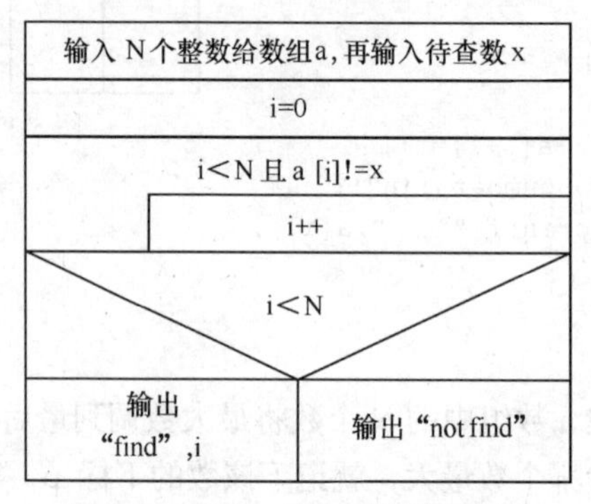

图 5-3 “查找一次”问题的流程图

程序如下：

```
#include "stdio.h"
#define N 10
void main()
{int a[N],i,x;
printf("请输入%d 个整数\n",N);
for(i=0;i<N;i++)
  scanf("%d",&a[i]);
printf("请输入待查数 x\n");
scanf("%d",&x);
i=0;
while(i<N && a[i]!=x)
  i++;
if(i<N)
  printf("find %d",i);
else
  printf("not find");
}
```

若要在数组中查找所有的和 x 相等的元素，请读者自己分析并编写程序。

【例 5.4】 将一个整数 *x* 插入到含有 *N* 个已经从小到大排列的整型数组 a 中，插入后使得数组中的数组仍然按从小到大排序。

分析：本问题属于数组的“插入”问题。需要注意的是插入一个数后数组的元素个数为 *N*+1。

该问题可由以下步骤来实现。

（1）输入 N 个从小到大的整数给 a 数组及输入待插入的整数 x。

（2）从 a 数组中先找到 x 应插入的位置 p。本问题中 p 的值就是第一个大于 x 的元素下标，其算法如图 5-4 所示。

（3）把 a[p]到 a[N−1]中的数据向后移动一位，其算法如图 5-5 所示。

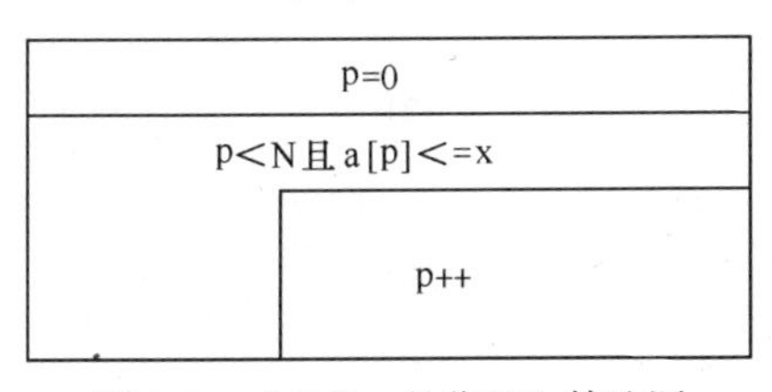

图 5-4　“查找 x 的位置”算法图

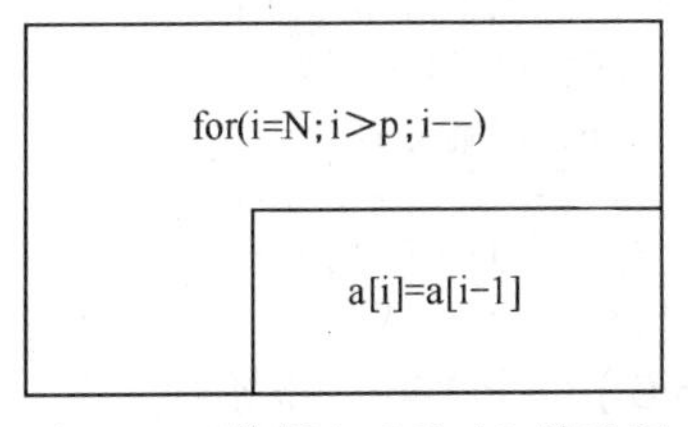

图 5-5　“数据向后移动”算法图

（4）把 x 放在 a[p]中，即 a[p]=x。

（5）输出插入后的 N+1 个数据。

程序如下：

```
#include "stdio.h"
#define N 10
void main()
{int p,i,a[N+1];
printf("请输入%d个从小到大的整数:\n",N);
for(i=0;i<N;i++)
   scanf("%d",&a[i]);
printf("请输入待插入的整数x:\n");
scanf("%d",&x);
p=0;
while(p<N&&a[p]<=x)
  p++;
for(i=N;i>p;i--)
  a[i]=a[i-1];
a[p]=x;
for(i=0;i<=N;i++)
  printf("%d  ",a[i]);

}
```

【例 5.5】 把 a 数组中的 N 个正整数删除所有的偶数。

分析：本问题属于数组的“删除”问题，最终目的是把不符合删除条件的数据（即所有奇数）重新从数组的首元素开始连续存放。由于数组在内存中的长度是固定的，其内存单元不能由设计人员释放。这就使得对数组进行删除时不能进行物理删除而只能采用逻辑删除的方法。删除数据后应记住没有被删除数据的个数作为以后访问数组时的长度值。算法如图 5-6 所示。

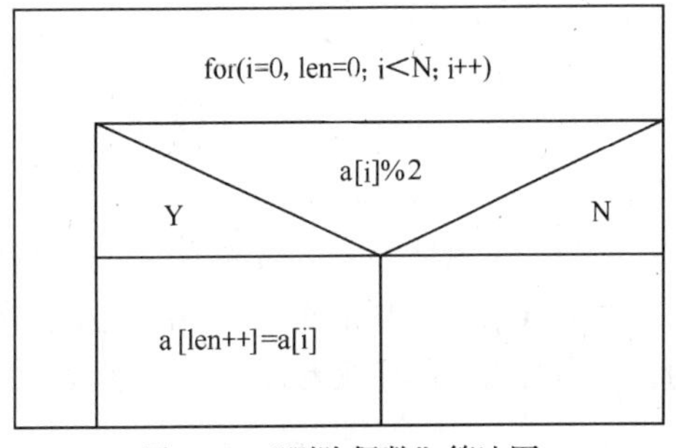

图 5-6　“删除偶数”算法图

程序如下：

```
#include "stdio.h"
#define N 10
void main()
{int a[N],i,len;
printf("请输入%d个正整数:\n",N);
for(i=0;i<N;i++)
  scanf("%d",&a[i]);
for(i=0,len=0;i<N;i++)
  if(a[i]%2==1)a[len++]=a[i];
printf("删除后:\n");
for(i=0;i<len;i++)
 printf("%d  ",a[i]);
}
```

【例 5.6】 求 100!的准确值。

分析：由于 100!超过了 C 语言 long 型数据，所以本题可以借助一维数组最终存放 100! 的值，即把 100!的每一位存放在数组的一个个元素中。

程序如下：

```
#include " stdio.h"
#define N 200
void main()
{int a[N]={0},i,j;
a[N-1]=1;                  /*先把 1 存放在数组的最后一个元素中*/
for(i=2;i<=100;i++)
   for(j=0;j<N;j++)
    a[j]=a[j]*i;
    for(j=N-1;j>0;j--)
      {a[j-1]=a[j-1]+a[j]/10;  /*a[j]/10 是第 j 位的数字向第 j-1 位的进位*/
       a[j]=a[j]%10;
      }
j=0;
while(a[j]==0)
    j++;

for(i=j;i<N;i++)
  printf("%d",a[i]);/*输出 100!*/
}
```

通过本程序可以看出，使用一维数组可以对超长型数据进行存储及操作。

5.2 二 维 数 组

区分一个具体元素时所需要的下标个数多于一个的数组称为多维数组。二维数组是具有两个下标的多维数组，是最简单的多维数组，在实际中比较常用。本节主要介绍二维数组的定义及应用，更高维数组的定义和应用与二维数组相似。

5.2.1 二维数组的定义

二维数组定义的一般格式为：

数据类型　数组名[常量表达式 1][常量表达式 2];

例如：int a[3][2];

说明：

（1）二维数组在逻辑上可以看成是由若干行和若干列组成的一张二维表，常量表达式 1 的值代表二维数组的行数，常量表达式 2 的值代表二维数组的列数。

（2）同一维数组相同，二维数组元素的行、列下标的值都是从 0 开始引用的。例如，上面定义的 a 数组是一个 3 行 2 列的整型二维数组，它有 6 个元素分别是 a[0][0]、a[0][1]、a[1][0]、a[1][1]、a[2][0]、a[2][1]。

（3）C 编译系统会对定义过的二维数组在内存中开辟连续的存储单元。二维数组在内存中是按行连续存放，如上面定义的数组在内存中存放的顺序依次是 a[0][0]、a[0][1]、a[1][0]、a[1][1]、a[2][0]、a[2][1]。

（4）二维数组的这种定义形式便于把二维数组看成一种特殊的一维数组。例如，可将上面定义的二维数组看做一个一维数组，它共有 3 个元素 a[0]、a[1]、a[2]，而这 3 个元素每个又是包含了 2 个整型数据的一维数组，如 a[0]是包含了 2 个整型数据 a[0][0]和 a[0][1]的一维数组。因此，可以把 a[0]、a[1]、a[2]看成是 3 个一维数组的数组名。

（5）C 语言规定二维数维名代表了二维数组在内存中的首行地址。

5.2.2　二维数组元素的引用

二维数组元素的引用格式为：

```
数组名[下标表达式 1][下标表达式 2]
```

下标表达式可以是常量、变量或由运算符连接起来的表达式，只要它们的值符合二维数组的定义。例如，对前面定义的二维数组 a[3][2] 的引用是错误的，它的行、列下标都越界。

5.2.3　二维数组的初始化

对二维数组初始化的一般其格式为：

```
数据类型 数组名[常量表达式 1][常量表达式 2]={{数据 1,数据 2,…},{数据 1,数据 2,…},…};
```

例如：int a[3][2]={{1,2},{3,4},{5,6}};

说明：

（1）上述一般格式是对二维数组按行（每行数据放在一对花括号中，各行数据之间及行与行之间均用逗号隔开）的顺序进行初始化。

（2）也可对数组中的部分元素初始化。例如：

int　a[3][2]={{1},{3},{5}};只对 a 数组的第 0 列元素赋初值，但系统会自动对其他元素赋初值为 0。

（3）对二维数组初始化时也可把所有元素按行的顺序放在一对花括号中。例如：

```
int a[3][2]={1,2,3,4,5,6};
```

（4）对二维数组初始化时也可省略数组第一维的长度，但第二维的长度不能省略。例如：

```
int a[][2]={{1,2},{3,4},{5,6}};
int a[][2]={{1},{3},{5}};
int a[][2]={1,2,3,4,5,6};
```

5.2.4 二维数组的应用

二维数组在逻辑上可以看成是由若干行和列组成的一张二维表，其数学模型是矩阵。所以，凡是对由若干行和列组成的数据的操作都可通过二维数组和循环来实现。本小节只举几个简单的程序例子。

【例 5.7】 学生有 4 门课程，编写程序输入 3 个学生各科成绩，并按课程输出每个学生的成绩，设成绩为整数。

程序如下：

```
#include <stdio.h>
#define  M  3
#define  N  4
void main()
{int i,j,score[M][N];
printf("input scores:\n");
for(i=0;i<M;i++)        /*按行顺序输入*/
  for(j=0;j<N;j++)
    scanf("%d",&score[i][j]);
printf("\n")
printf("output scores:\n");
for(i=0;i<N;i++)            /*按列顺序输出*/
  {for(j=0;j<M;j++)
    printf("%4d",score[j][i]);
    printf("\n");
  }
}
```

运行结果如下：

```
input scores:
  60  70  80  90
  80  75  88  67
  99  77  78  87
  output scores:
  60  80  99
  70  75  77
  80  88  78
  90  67  87
```

以上程序含有对二维数组按行和列两种顺序进行操作的方法。请注意以上程序中有关输入和输出数据中 score[i][j]、score[j][i]以及二重循环中内外循环变量的使用的意义。

【例 5.8】 编写程序完成：输入年、月、日，求这一天是该年的第几天。

分析：为确定输入的某年、某月的某日在该年中的第几天，需要一张该年每月的天数表。由于二月份的天数因平年和闰年而不同，所以可以把月份天数表设计成一个二维数组。数组的第 0 行存放平年各月的天数，第 1 行存放闰年各月的天数。计算某年、某月的某日在该年中的第几天时首先要确定这一年是平年还是闰年，然后根据对应各月的天数表，将前几个月的天数与本月的日期相加就可求得所要的结果。

程序如下：

```
#include "stdio.h"
void main()
```

```
{int dtable[2][12]=
{{31,28,31,30,31,30,31,31,30,31,30,31},{31,29,31,30,31,30,31,31,30,31,30,31}};
int y,m,d,leap,i,days=0;
printf("请输入年、月、日:\n");
sacnf("%d%d%d",&y,&m,&d);
leap=y%400==0||(y%4==0&&y%100!=0);
for(i=0;i<m-1;i++)
days+=dtable[leap][i];
days+=day;
printf("%d 年%d 月%d 日是该年的第%d 天",y,m,d,days);
}
```

【例 5.9】　建立并输出如下形式的 $n\times n$ 阶方阵

1	3	6	10
2	5	9	11
4	8	12	14
7	13	15	16

程序如下：

```
#include  <stdio.h>
#define  n  4
void  main()
{int i,j,a[n][n],t=1;
for(i=1;i<=n;i++)
  for(j=1;j<=i;j++)
    a[i-j][j-1]=t++;
for(i=1;i<=n-1;i++)
  for(j=1;j<=n-i;j++)
    a[i+j-1][n-j]=t++;
     for(i=0;i<n;i++)
       {for(j=0;j<n;j++)
          printf("%4d ",a[i][j]);
        printf("\n");
       }
     }
```

请通过本程序体会，在编写二维数组的程序中关键要找出所操作的数组元素的行、列下标与循环变量之间的关系。

5.3　使用字符数组处理字符串

所谓字符数组就是每个元素的数据类型为字符型（char）的数组。所以，对字符数组元素的操作只要注意按字符格式（%c）进行就可以了。除此之外，在 C 语言中字符数组的一个很重要的应用就是通过它来进行对字符串的操作。C 语言中没有字符串变量，但可以借助字符数组来存放一个字符串。本书前面已经讲过每个字符串均有一个结束标志'\0'（其 ASCII 码为 0）字符。若将字符串中的每一个字符连同结束标志'\0'一起按顺序存放到字符数组中，就称字符数组存放了字符串。本节主要介绍使用字符数组处理字符串。

5.3.1 为字符数组初始化一个字符串

可以使用如下几种形式对字符数组进行初始化一个字符串。

（1）`char  str[6]={ 'g', 'o', 'o', 'd'};`

该字符数组 str 长度为 6，只对其初始化了前 4 个元素的值，系统会自动对后面的两个元素赋初值为'\0'。也可认为对字符数组存放了一个字符串"good"。

（2）`char  str[6]={ "good"};`

C 语言允许使用一个字符串来初始化一个字符数组。

（3）`char  str[6]= "good";`

这种初始化方法与（2）中的意义完全相同，只不过更简单罢了。

（4）`char str[]={"good"};`或者 `char str[]="good";`

这两种初始化字符数组的意义相同，且都省略了字符数组的长度。但一定要注意，字符数组 str 的长度为 5，因为字符串"good"中含有一个字符串标志'\0'。它们与下面的初始化意义不同。

`char  str[]={'g', 'o', 'o', 'd'};` 这种形式的初始化，字符数组 str 的长度为 4，且不能认为 str 数组中存放了一个字符串，因为字符串必须有结束标志'\0'。

5.3.2 字符数组的输入输出

字符数组的输入、输出有以下几种方式。

1. 用格式符“%c”逐个字符对字符数组进行输入、输出

【例 5.10】 输入一行字符存放在字符数组中，并输出。

```
#include  <stdio.h>
void main()
{char str[81];
int i=0;
printf("input s string:\n");
scanf("%c",&str[i]);
while(str[i]!= '\n')
{i++;
scanf("%c",&str[i]);
}
str[i]= '\0';
printf("\n");
for(i=0;str[i]!= '\0';i++)
  printf("%c",str[i]);
}
```

2. 使用 getchar()函数、putchar()函数逐个字符对字符数组进行输入、输出

对例 5.10 的题目可编如下程序：

```
#include  <stdio.h>
void main()
{char str[81];
int i=0;
printf("input s string:\n ");
str[i]=getchar();
while(str[i]!= '\n')
{i++;
str[i]=getchar();
}
```

```
str[i]= '\0';
printf("\n ");
for(i=0;str[i]!= '\0';i++)
  putchar(str[i]);
}
```

3. 使用格式符“%s”对字符数组实现整个字符串的输入、输出

对例 5.10 的题目可编如下程序：

```
#include  <stdio.h>
void main()
{char str[81];
printf("input s string:\n ");
scanf("%s",str);
printf("\n ");
printf("%s\n ",str);
}
```

说明：

（1）使用 scanf()函数输入字符串时，当输入空格或回车时认为是一个字符串的结束标志。

（2）使用格式符“%s”对字符数组实现整个字符串的输入时，scanf()函数中的地址项是字符数组某元素的地址，本例中的 str 即&str[0]。

（3）在 scanf()函数中使用格式符“%s”输入字符串时，输入的串从 scanf()函数中相应字符数组元素的地址开始连续存放在字符数组中。本例中输入的字符串从 str[0]开始存放。

4. 使用 puts()函数、gets()函数对字符数组实现整个字符串的输入、输出

对例 5.10 的题目可编如下程序：

```
#include  <stdio.h>
void main()
{char str[81];
printf("input s string:\n");
gets(str);
printf("\n");
puts(str);
}
```

说明：

（1）gets()函数的一般格式为：

```
gets(字符数组某元素的地址)
```

其功能是从终端输入一个字符串到字符数组，该函数的返回值是字符数组的起始地址。

（2）使用 gets()函数输入字符串时，当输入回车时认为是一个字符串的结束标志。

（3）puts()函数的一般格式为：

```
puts(字符数某元素的地址或字符串)
```

其功能是将一个字符串输出到终端并换行。

（4）puts()函数、gets()函数定义在头文件“stdio.h”中。

5.3.3　字符串处理函数

下面介绍几个常用的字符串处理函数，它们定义在头文件“string.h”中。

1. 字符串连接函数

格式：　strcat(字符数组 1，字符数组 2)

功能：将字符数组 2 中的字符串连接到字符数组 1 中字符串的后面，本函数返回值是字符数组1的首地址。

使用该函数时字符数组1的长度应足够大。

2. **字符串复制函数**

格式：strcpy(字符数组1，字符串2)

功能：把字符串2连同'\0'一起复制给字符数组1

说明：

（1）字符数组1的长度应大于等于字符串2的长度。

（2）字符串2可以是一个串常量，也可以是一个字符数组名。

（3）可以使用strncpy(字符数组1，字符串2, *n*)函数将字符串2中的前*n*个字符复制给字符数组。

3. **字符串比较函数**

格式：strcmp(字符串1，字符串2)

功能：若字符串1等于字符串2，则函数返回值为0；若字符串1大于字符串2，则函数返回值为为一正整数；若字符串1小于字符串2，则函数返回值为一负整数。

字符串的比较规则是，从两个字符串中的第一个字符开始逐个字符进行比较，直到第一次出现不相等的字符或遇到'\0'为止。如果全部字符都相同，则两字符串相等，若出现了不相同的字符，则哪个字符大则该字符所对应的字符串就大。

4. **求字符串长度函数**

格式：strlen(字符串)

功能：函数返回值为字符串的长度。

字符串的长度是不包括串结束标志'\0'的字符个数。

5. **大小写转换函数**

（1）小写字母转换成大写字母。

格式：strupr(字符串)

功能：将字符串中的小写字母转换成大写字母，其他字符不变。

（2）大写字母转换成小写字母。

格式：strlwr(字符串)

功能：将字符串中的大写字母转换成小写字母，其他字符不变。

以上函数参数中凡出现“字符数组名”的地方也可用“字符数组某元素的地址”。凡出现“字符串”的地方也可用“字符数组名或某元素的地址或字符串常量”。

5.3.4 字符数组应用举例

【例5.11】 输入两个字符串a和b，判断b串在a串中出现的次数。

程序如下：

```
#include <stdio.h>
#include <string.h>
#define M 80
#define N 40
void main()
{char a[M],b[N];
 int i=0,j,n=0,lena,lenb;
printf("input string a&b:\n");
gets(a);
gets(b);
lena=strlen(a);
lenb=strlen(b);
while(lena>=lenb)
{for(j=0;j<lenb&&a[i+j]==b[j];j++);
if(j==lenb)
  n++;
lena--;
i++;
}
printf("%d",n);
}
```

【例 5.12】 输入一个字符串 a，删除 a 串中所有的字母 b 和 B，并输出删除后的 a 串。

程序如下：

```
#include <stdio.h>
void main()
{char a[80];
int i=0,j=0;
printf("input a string:\n");
gets(a);
while(a[i])
{ if (a[i]!='b'&&a[i]!= 'B')
    a[j++]=a[i];
i++;
}
a[j]= '\0';
puts(a);
}
```

【例 5.13】 输入一行字符串，统计字符串中的英文单词个数。规定单词由英文字母字符组成，其他字符只是用来分隔单词。

分析：本问题的关键是如何判断出现了一个完整的新单词。其算法是：每找到的第一个字母就是新单词的开始，然后再找到其后的第一个非字母，这样就找到了一个完整的单词。使用循环就可统计所有的单词个数。程序的算法如图 5-7 所示。

程序如下：

```
#include "stdio.h"
#include "ctype.h"
#define N 80
void main()
{char a[N];
int i,count;
printf("请输入一行串");
gets(a);
```

```
i=count=0;
while(a[i]!='\0')
{while(!isalpha(a[i]))
    i++;
while(isalpha(a[i]))
    i++;
count++;
}
printf("单词个数是%d",count);
}
```

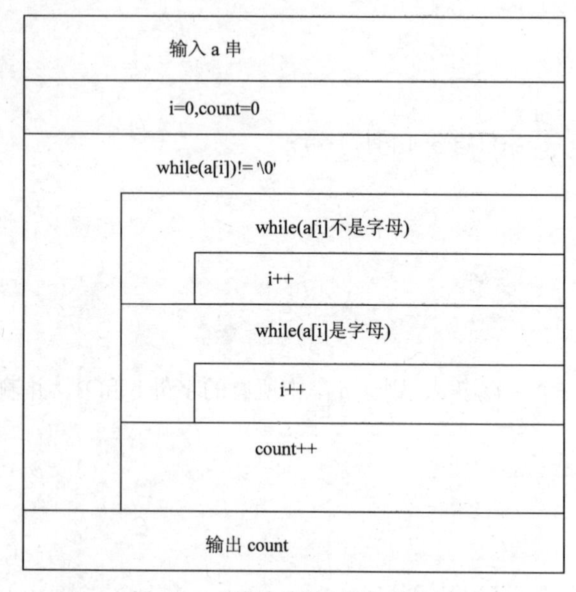

图 5-7 “统计单词个数”算法图

5.4 typedef 定义类型

C 语言不仅提供了丰富的数据类型，而且还允许由用户自己定义类型说明符，也就是说允许由用户为 C 语言中已有的数据类型取一个适合自己使用习惯的“别名”。类型定义符 typedef 即可用来完成此功能。例如，有实型量 a,b，其说明如下：

```
float a,b;
```

其中，flat 是实型变量的类型说明符。为了增加程序的可读性，可把实型类型符用 typedef 定义为：

```
typedef float real;
```

以后就可用 real 来代替 float 作实型变量的类型符了。

例如：

```
real  num;
```

就相当于：

```
float num;
```

用 typedef 定义数组及后续章节中的指针、结构等类型将带来很大的方便。

使用 typedef 为已有类型重新定义一个新名称的步骤如下。

（1）使用原类型定义一个变量。

例如：int a[100];

（2）把定义的变量名换成新类型名称，然后在定义的最前面加上关键字“typedef”。

例如：typedef int array[100];

经过上面两个步骤后就可用新类型名称代替原类型去定义原类型的变量了。

例如：array a;

相当于：int a[100];

再如：

若有定义：typedef int arr[10][50];

则：arr a;就相当于 int a[10][50];

注意

使用 typedef 定义的类型并不是用户自己创造了一个新类型，只不过是为 C 语言中已有的数据类型声明了一个别名罢了。

习 题

一、选择题

1. 有以下语句:int b;char c[10];则正确的输入语句是（ ）。

（A）scanf("%d%s",&b,&c); （B）scanf("%d%s",&b,c);

（C）scanf("%d%s",b,c); （D）scanf("%d%s",b,&c);

2. 有以下程序：

```
void main()
{
char a[7]="a0\0a0\0"; int i,j;
i=sizeof(a); j=strlen(a);
printf("%d %d\n",i,j);
}
```

程序运行后的输出结果是（ ）。

（A）2 2 （B）7 6 （C）7 2 （D）6 2

3. 以下能正确定义一维数组的选项是（ ）。

（A）int a[5]={0,1,2,3,4,5}; （B）char a[]={0,1,2,3,4,5};

（C）char a={'A','B','C'}; （D）int a[5]="0123";

4. 以下叙述中错误的是（ ）。

（A）对于 double 类型数组，不可以直接用数组名对数组进行整体输入或输出

（B）数组名代表的是数组所占存储区的首地址，其值不可改变

（C）当程序执行中，数组元素的下标超出所定义的下标范围时，系统将给出“下标越界”的出错信息

（D）可以通过赋初值的方式确定数组元素的个数

5. 已有定义:char a[]="xyz",b[]={'x','y','z'};，以下叙述中正确的是（ ）。

（A）数组 a 和 b 的长度相同 （B）a 数组长度小于 b 数组长度

（C）a 数组长度大于 b 数组长度　　（D）上述说法都不对

6. 有以下程序：

```
void main()
{
int num[4][4]={{1,2,3,4},{5,6,7,8},{9,10,11,12},{13,14,15,16}},i,j;
for(i=0;i<4;i++)
{
for(j=_______;j<4;j++)printf("%4d",num[i][j]);
printf("\n");
}
}
```

若要按以下形式输出数组右上半三角

```
1  2 3 4
6 7 8
11 12
16
```

则在程序下画线处应填入的是（　　）。

（A）i-1　　（B）i　　（C）i+1　　（D）4-i

7. 以下程序段中，不能正确给字符串赋值（编译时系统会提示错误）的是（　　）。

（A）char s[10]= "abcdefg";　　（B）char t[]="abcdefg";

（C）char s[10];s="abcdefg";　　（D）char s[10];strcpy(s, "abcdefg");

8. 已知：int c[5][6];，则对数组元素引用不正确的是（　　）。

（A）c[0+2][2*1]　　（B）c[1][3]　　（C）c[4-2][0]　　（D）c[5][2]

9. 以下不能对二维数组 c 进行正确初始化的语句是（　　）。

（A）int c[3][3]={{3},{3},{4}};

（B）int c[][3]={{3},{3},{4}};

（C）int c[3][2]={{3},{3},{4},{5}};

（D）int c[][3]={{3},{3}};

10. 已知：char a[20]= "abc",b[20]= "defghi";，则执行下列语句后的输出结果为（　　）。

printf("%d",strlen(strcpy(a,b)));

（A）11　　（B）6　　（C）5　　（D）以上答案都不正确

11. 下列关于字符串的说法中，错误的是（　　）。

（A）在 C 语言中，字符串是借助于字符型一维数组来存放的，并规定以字符'\0'作为字符串结束标志

（B）'\0'作为标志占用存储空间，计入串的实际长度

（C）在表示字符串常量的时候不需要人为在其末尾加入'\0'

（D）在 C 语言中，字符串常量隐含处理成以'\0'结尾

12. 下列各语句定义了数组，不正确的是（　　）。

（A）int a[1][3];　　（B）int x[2][2]={1,2,3,4};

（C）int x[2][]={1,2,4,6};　　（D）int m[][3]={1,2,3,4,5,6};

13. 表达式 strcmp("box"，"boss")的值是一个（　　）。

（A）正数　　（B）负数　　（C）0　　（D）不确定的数

14. 定义一个名为“s”的字符型数组，并且赋初值为字符串“123”的错误语句是（　　）。

（A）char s[]={'1', '2', '3', '\0 '};　　　（B）char s[]={"123"};

（C）char s[]={"123\n"};　　　（D）char s[4]={'1', '2', '3'};

15. 设 int a[][4]={0, 0};，则以下错误的描述是（　　）。

（A）数组 a 的每个元素都可得到初值 0

（B）二维数组 a 的第一维大小为 1

（C）数组 a 的行数为 1

（D）只有元素 a[0][0]和 a[0][1]可得到初值 0，其余元素得不到初值 0

16. 下述对 C 语言字符数组的描述中，错误的是（　　）。

（A）字符数组的下标从 0 开始

（B）字符数组中的字符串可以进行整体输入、输出

（C）可以在赋值语句中通过赋值运算符“=”对字符数组整体赋值

（D）字符数组可以存放字符串

17. 对以下说明语句的正确理解是（　　）。

```
int a[10]={6,7,8,9,10};
```

（A）将 5 个初值依次赋予 a[1]至 a[5]

（B）将 5 个初值依次赋予 a[0]至 a[4]

（C）将 5 个初值依次赋予 a[6]至 a[10]

（D）因为数组长度与初值的个数不相同，所以此语句不正确

18. 合法的数组定义是（　　）。

（A）int　a[]="string";　　　（B）int　a[5]={0,1,2,3,4,5};

（C）char　a="string";　　　（D）char　a[]={'0','1','2','3','4','5'};

19. 有以下程序：

```
void main()
{char a[]={'a','b','c','d','e','f','g','h','\0'};  int i,j;
 i=sizeof(a);  j=strlen(a);
 printf("%d,%d\n",i,j);
}
```

程序运行后的输出结果是（　　）。

（A）9，9　　（B）8，9　　（C）1，8　　（D）9，8

20. 有以下程序：

```
void main()
{  int  m[][3]={1,4,7,2,5,8,3,6,9};
   int  i,j,k=2;
   for(i=0;i<3;i++)
   {   printf("%d ",m[k][i]);  }
}
```

执行后输出结果是（　　）。

（A）2 4 6　　（B）2 5 8　　（C）3 6 9　　（D）7 8 9

21. 函数调用 strcat (strcpy (str1,str2), str3)的功能是（　　）。

（A）将字符串 str1 复制到字符串 str2 中，再连接到字符串 str3 之后

（B）将字符串 str1 连接到字符串 str2 之后，再复制到字符串 str3 之后

（C）将字符串 str2 复制到字符串 str1 中，再将字符串 str3 连接到字符串 str1 之后

（D）将字符串 str2 连接到字符串 str1 之后，再将字符串 str1 复制到字符串 str3 之中

22. 以下程序的输出结果是（　　）。

```
void main()
{ int  a[3][3]={ {1,2},{3,4},{5,6} },i,j,s=0;
  for(i=1;i<3;i++)
       for(j=0;j<=i;j++)s+=a[i][j];
  printf("%dn",s);
}
```

（A）18　　　　（B）19　　　　（C）20　　　　（D）21

23. 要使字符串数组 STR 含有"ABCD"，"EFG"和"xy"3 个字符串，下列不正确的定义语句是（　　）。

（A）char STR[ ][4]={"ABCD","EFG","XY"};

（B）char STR[ ][5]= {"ABCD","EFG","XY"};

（C）char STR[ ][6]= {"ABCD","EFG","XY"};

（D）char STR[ ][7]={{'A','B','C','D','\0'},"EFG","XY"};

24. 有以下程序：

```
void main()
{ int x[]={1,3,5,7,2,4,6,0},i,j,k;
 for(i=0;i<3;i++)
  for (j=2;j>=i;j--)
    if(x[j+1]>x[j]){  k=x[j];x[j]=x[j+1];x[j+1]=k;}
 for (i=0;i<3;i++)
    for(j=4;j<7-i;j++)
     if(x[j]>x[j+1]){ k=x[j];x[j]=x[j+1];x[j+1]=k;}
  for (i=0;i<8;i++) printf("%d",x[i]);
  printf("\n");
}
```

程序运行后的输出结果是（　　）。

（A）75310246　　（B）01234567　　（C）76310462　　（D）13570246

25. 有以下程序，程序的运行结果是（　　）。

```
void main ()
{  int  a[6]={1,2,3,4,5,6},i,j,t;
   for(i=0;i<3;i++ )
   {j=3+i;
    t=a[i];  a[i]=a[j];  a[j]=t;
   }
   for(i=0;i<6;i++) printf ("%d  ",a[i]);
}
```

（A）1 2 3 4 5 6　　（B）6 5 4 3 2 1　　（C）4 5 6 1 2 3　　（D）3 4 5 6 1 2

二、填空题

1. 下列程序段的输出结果是________。

```
void main()
{  char  b[]="Hello,you";
   b[5]=0;
   printf("%s\n",b);
}
```

2. 下列程序段的输出结果是________。

```
void main()
{  char  b[]="Hello,you";
   b[5]= '0'
   printf("%s\n",b);
}
```

3. 下面程序以每行 4 个数据的形式输出 a 数组。

```
#define N  20
void main()
 {int a[N],i;
 for(i=0;i<N;i++)scanf("%d", _______);
 for(i=0; i<N;i++)
  {if (_______) _______;
  printf("%3d",a[i]);
  }
printf("\n");
}
```

4. 下面程序将二维数组 a 的行和列元素互换后存到另一个二维数组 b 中。

```
void main()
{ int a[2][3]={{1,2,3},{4,5,6}};
 int b[3][2],i,j;
 printf("arrar a:\n");
 for(i=0;i<=1;i++)
   {for(j=0;_______;j++)
      { printf("%5d",a[i][j]);
      _______;
      }
      printf("\n");
       }
   printf("\n");

 printf("array b:\n");
 for(i=0;_______;i++)
     { for(j=0;j<=1;j++)
        printf("%5d",b[i][j]);
      printf("\n");
     }
}
```

5. 下面程序可求出矩阵 a 的两条对角线上的元素之和。

```
void mian()
  { int a[3][3]={1,3,6,7,9,11,14,15,17},sum1=0,sum2=0,i,j;
    for (i=0;i<3;i++)
        for(j=0;j<3;j++)
            if(i==j)sum1=sum1+a[i][j];
    for(i=0;i<3;i++)
        for(_______;_______;j--)
            if((i+j)==2) sum2=sum2+a[i][j];
    printf("sum1=%d,sum2=%d\n",sum1,sum2);
   }
```

6. 下面程序的功能是生成并打印某数列的前 20 项，该数列第 1 项和第 2 项分别为 0 和 1，以后每个奇数编号的项是前两项之和，偶数编号的项是前两项差的绝对值。生成的 20 个数存在一维数组 x 中，并按每行 4 项的形式输出。

```
#include "math.h"
void main ()
    {  int x[21] ,i ,j ;
       x[1]=0; x[2]=1;
       i=3;
       do
```

```
{  x[i]=_______;
x[i+1]=_______;
          i=_______;
} while (i <=20);
for(i=1;i<=20;i++)
 { printf("%5d",x[i]);
   if(i%4= =0)
    printf("\n");
   }
 }
```

7. 下面程序的功能是将二维数组 a 中每个元素向右移一列，最右一列换到最左一列，最后的数组存到另一数组 b 中，并按矩阵形式输出 a 和 b。

例如：

```
 array  a:        array  b:
4    5    6        6   4   5
 1    2    3        3   1   2
          void main()
          { int a[2][3]={4,5,6,1,2,3,},b[2][3];
            int i,j;
             for(i=0;i<2;i++)
              for(j=0;j<3;j++)
              if(j==0)_______;
                   else _______;
            printf("array  a:\n");
           for(i=0;i<2;i++)
              {for(j=0;j<3;j++)
                 printf("%5d",a[i][j]);
                printf("\n");
               }
            printf("array b:\n");
            for(i=0;i<2;i++)
              {for(j=0;j<3;j++)
                 printf("%5d",_______);
               _______;
               }
          }
```

8. 下面程序用“顺序查找法”查找数组 a 中是否存在某一关键字 x。

```
void main()
{int a[8]={25,57,48,37,12,92,86,33};
 int i,x;
 scanf("%d",&x);
 for (i=0;i<8;i++)
  if(x==a[i])
    {printf("Found ! a[%d]=%d\n", i, x);_______;}
  if(_______)
    printf("Can't found ! ");
 }
```

9. 下面程序的功能是将一个字符串 str 的内容颠倒过来，请将程序补充完整。

```
#include  "string.h"
void main()
{int  i,j;
           char  str[]="0123456789";
           for( i=0, j=_______;i<j;i++,j--)
```

```
{ k=str[i];  str[i]=str[j]; str[j]=k; }
 printf("%s\n",str);
}
```

10. 下面程序的运行结果是________。

```
#include <stdio.h>
void main()
{int i=0;
char a[]="abm",b[]="aqid",c[10];
while(a[i] &&b[i])
{if(a[i]>=b[i]) c[i]=a[i]-32;
else c[i]=b[i]-32;
++i;
}
c[i]='\0';
puts(c);
}
```

三、编写程序题

1. 编写程序把输入的字符串中的所有数字字符移到所有非数字字符之后，并保持数字字符串和非数字字符串原有的先后次序。例如，形参 s 所指的字符串为：def35adh3kjsdf7。执行结果为：defadhkjsdf3537。

2. 编写程序对输入的字符串 a 中下标为奇数的字符按 ASCII 码大小递增排序，下标为偶数的字符按 ASCII 码大小递减排序，并将排序后下标为奇数的字符取出，存入另一个字符数组中，形成一个新串 c。最后输出 a 串和 c 串。

3. 编写程序把数组中的前半部分元素中的值和后半部分元素中的值对换。若数组元素的个数为奇数，则中间的元素不动。例如，若 a 所指数组中的数据依次为 1、2、3、4、5、6、7、8、9，则调换后为 6、7、8、9、5、1、2、3、4。

4. 编写程序把数组中大于平均值的数据移至数组的前部，小于等于平均值的数据移至 x 数组的后部，并输出移动后的数据。

例如，有 10 个正数：41　17　34　0　19　24　28　8　12　14，平均值为：19.700000。

移动后的输出为：41　34　24　28　17　0　19　8　12　14

5. 编写程序，输入一个 5 行 5 列的矩阵，计算并显示输出该矩阵最外圈元素的合计值。

6. 请建立如下形式的 $N \times N$ 方阵。

1	4	5	16
2	3	6	15
9	8	7	14
10	11	12	13

7. 编写程序：输入一个 m（$2 \leqslant m \leqslant 9$），则输出如下形式方阵。

例如，若输入 2 则输出：	若输入 4 则输出：
1　2 2　4	1　2　3　4 2　4　6　8 3　6　9　12 4　8　12　16

8. 编写程序：将 s 字符串中最后一次出现的 t1 字符串替换成 t2 字符串（t1 字符串和 t2 所指字符串的长度相同）。

例如，当 s 字符串中的内容为“abcdabfabc”，t1 字符串中的内容为“ab”，t2 字符串的内容为“99”时，结果，在 s 串内容应为“abcdabf99c”。

9. 找出二维数组中的鞍点，即该位置上的元素在该行上最大，在该列上最小。若找到鞍点，则输出鞍点的值及其所在的行号和列号，否则输出“没有找到鞍点”。

10. 编写程序：输入一个 4×5 的矩阵，求出其中值最小的那个元素的值，以及其所在的行号和列号。

11. 编写程序输出如下杨辉三角形的前 8 行。

```
1
1    1
1    2    1
1    3    3    1
1    4    6    4    1
…………………………………
```

12. 编写程序建立并输出如下形式的 $n \times n$ 阶方阵。

1	2	3	4
12	13	14	5
11	16	15	6
10	9	8	7

13. 编写程序对任一字符串删除除首、尾连续的“*”号外其他的“*”号。例如，原串为“*******ab*cd***efg***123***”，删除后的串为“*******abcdefg123***”。

14. 输入一篇英文文章，统计其中的单词个数。

第6章 函数

在程序设计中往往将一个较大的程序分解成若干个代码较少、功能单一的程序模块来实现，这些写成特定功能的代码模块称为子程序。通过对这些子程序的组织和调用，来实现整个程序的功能要求，体现了结构化程序设计“自顶向下，逐步求精”的设计思想。在C语言中，将这些功能独立的子程序模块称为函数。

C语言程序中的函数分为两种类型，一种是由系统提供的标准库函数，简称标准函数，这种函数不需要用户定义即可使用，如前面程序中出现的scanf()函数、printf()函数等。这些编写程序时常用的函数已经由C语言编译系统预先编写好了，以函数库的形式提供给用户使用，用户需要使用该函数功能时，只需通过给定的函数名和对应参数形式调用该函数即可。

另一种是用户自定义的函数，简称用户自定义函数。尽管标准函数能为程序设计提供很大方便，提高了程序的质量和开发效率，但其数量有限，不能完全满足用户特殊的功能需求。因此，C语言允许用户自己设计函数，用户可按照C语言的语法规则自行定义函数。本章的主要内容就是介绍用户自定义函数的有关知识。

6.1 函数的概念

函数是一段完成特定任务的程序，使用它时只需要用函数调用的方法为其提供必要的参数，然后由其自动执行这段程序，运行完毕后，能保存计算结果并返回程序原来的调用语句位置继续执行。

程序中反复使用或者具有独立功能的程序段应写成函数形式。

【例6.1】 输入3个整数，计算它们的和并输出运算结果。

```
#include<stdio.h>
int add(int x,int y,int z)
{
int s;
s=x+y+z;
return s;
}

void  main()
{
int i;
int a,b,c,sum;
```

```
for(i=1;i<=2;i++)
{
printf("input a,b,c:\n");
scanf("%d,%d,%d",&a,&b,&c);
sum=add(a,b,c);
printf("a+b+c=%d\n",sum);
}
}
```

程序运行结果为：

```
input a,b,c:1,2,3
a+b+c=6
input a,b,c:4,5,6
a+b+c=15
```

在上面的程序中，主函数 main 使用循环语句两次调用 add 函数进行求和运算，实现求和功能的代码不必重复写两遍。可以看出，引入函数后，减少了重复编写程序的工作量，使程序便于调试和阅读。

关于函数，有以下几点需要说明。

（1）一个 C 语言程序必须有一个且只能有一个名为 main 的函数，即主函数。无论 main 函数位于程序的什么位置，运行时总是从主函数 main()开始执行。

（2）C 语言程序中可以由一个或多个函数组成，上面程序即是由 main 函数和 add 函数两个函数组成。函数之间相互独立，由主函数调用其他函数，其他函数之间也可互相调用。

（3）除 main 函数之外，其他函数都是通过调用来执行的。任何函数都不能调用 main 函数。

（4）用户自定义函数必须"先定义，后使用"。

6.2 函数的定义和返回值

6.2.1 函数的定义形式

在 C 语言中，函数定义的一般形式为：

```
函数返回值类型  函数名(形式参数表)              //函数头
{                                              //函数体
    说明部分;
    语句部分;
}
```

【例 6.2】 编写一个实现两个双精度数求和的函数。

```
double  add(double x, double y)
{
double s;
s=x+y;
return s;
}
```

关于函数定义，说明如下。

（1）函数名是唯一标识一个函数的名字，它的命名规则与变量一样。在一个程序中，不同函数名字不能相同。

（2）函数返回值类型也称函数返回类型或者函数类型。当函数有返回值时，在函数名的前面应加上返回值的类型说明，必要时还应说明其存储类型。如例6.1中的add函数，其返回值类型为int类型。在定义函数时如果省略函数类型，则默认为int类型，但是不建议省略。

（3）形式参数简称形参，用于在调用函数和被调函数之间进行数据传递。形式参数表列出了函数所需的参数以及对应类型，形式参数表可以是空的，也可以是由多个形参组成。形式参数表的具体形式为：

```
(类型名　形式参数1，类型名　形式参数2，…，类型名　形式参数n)
```

在形参表中，每个形参变量前面均应进行数据类型说明，即使多个形参类型相同，也要逐个进行类型说明。例如：

```
double  add(double x, double y){…}              //正确
double  add(double x,y){…}                      //错误
```

一般来说，函数运算需要多少原始数据，函数的形参表中就有多少个形参，每个形参存放一个数据。形参和函数体内定义的变量都只能在函数体内直接引用。

（4）函数体是函数功能的代码实现部分，从左大括号开始、到右大括号结束，它由说明部分和语句部分构成。说明部分用于对函数内所使用的变量的类型进行说明，以及对所调用的函数的类型进行说明；语句部分由C语言的基本语句组成，它是函数功能的核心部分。

注意，函数不可以嵌套定义，也就是说不可以在某个函数体内定义另一个函数。

（5）在C语言中，允许定义空函数。其形式为：

```
函数名(){ }                              //这是一个空函数
```

当程序调用空函数时，实际上没有进行任何操作。但是，在程序设计中会经常用到空函数，常常将准备扩充功能的地方先写上一个空函数，该函数什么也不做，先预留上代码的位置，建立好程序的框架；当程序需要扩充功能时，再用一个编好的函数取代它。

利用空函数，使程序的结构一开始就比较完整清晰、可读性好。

6.2.2　函数的返回值

函数的值通过return语句返回，return语句的形式如下：

```
return(表达式);
```

或

```
return  表达式;
```

return 语句主要有两个功能：一是改变程序流程，终止执行被调函数，返回调用点；二是返回函数计算值。

return 语句的表达式就是所求的函数值。其中表达式的类型必须与函数头中函数返回值类型一致，若不一致，则以函数定义中的函数类型为准，由系统自动进行转换。

当程序执行到return语句时，程序的流程就返回到调用该函数的位置（通常称为退出调用函数），并带回函数值。在同一个函数中，可以根据需要，在多处出现return语句，在函数体的不同部位退出函数。但是，无论函数中有几个return语句，只能有一个return最终被执行。

return语句中也可以不含表达式，这时必须定义函数为void类型，它的作用只是使流程返回到调用函数，并没有确定的函数值。

如果函数体中没有return语句，这时也必须定义函数为void类型，程序的流程就一直执行到函数体结束并返回调用函数，没有确定的函数值带回。

为了使程序有良好的可读性并减少出错，凡不要求返回值的函数都应定义为 void 类型。

6.3 函数的调用

6.3.1 函数的调用格式和执行过程

函数调用的一般形式为：

函数名（实际参数表）;

关于函数调用，说明如下。

（1）实际参数简称实参，实参表中的实参类型、个数以及顺序必须与函数定义中的形参一一对应。当有多个实参时，各实参之间用逗号隔开。

（2）实参表中的实参可以是常量、变量或者表达式。

（3）不同版本的 C 语言中，对实参表求值的顺序有所不同，Turbo C 是按照自右向左的顺序求值。

函数调用的过程可以概括为以下 3 步。

（1）主调函数传递实参，使被调函数的形参获得初始值。

（2）被调函数执行到 return 语句时，系统将根据函数返回值类型创建一个临时变量，然后将 return 后表达式的值赋予该临时变量。

（3）主调函数如果需要这个返回值，就从这个临时变量取值，然后临时变量被系统销毁。

函数调用的过程实质上包含了 3 次赋值：实参给形参初始化，return 语句把表达式的值赋予系统临时变量，主调函数从临时变量取值。

6.3.2 函数的调用方式

在 C 语言中，按照调用函数出现在程序中的位置，可以分为以下 3 种调用方式。

1. 函数调用语句

以函数调用语句的形式调用。当函数调用不要求返回值时，可以将该函数调用作为一个独立的语句使用。

例如，已经定义了一个可以输出一行星号的函数 printstar()，则如下调用语句：

```
printstar( );
```

实现该函数功能，即在标准输出设备上输出一行星号。

2. 函数表达式

函数调用作为一个运算对象直接出现在一个表达式中。当所调用的函数用于求出某个值时，函数的调用可作为表达式出现在允许表达式出现的任何地方。例如，前面定义的 add 函数，可以用以下语句调用该函数求出 5.0 和 10.0 之和，然后赋值给 sum：

```
sum=add(5.0,10.0);
```

add 函数调用作为赋值语句中赋值运算符右侧的表达式。

3. 作为其他函数的实参

将一个函数调用的返回值作为另一个函数调用的实参，例如：

```
printf("a+b=%f\n",add(5.0 , 10.0));
```

add 函数调用出现在 printf 函数的实参部分，即把 add 函数的返回值又作为 printf 函数的实参使用。

6.4　函数的声明

6.4.1　被调函数的声明格式

在 C 语言程序中，要调用另一个函数，需要满足以下 3 个条件。

（1）调用函数需遵循“先定义，后使用”的原则，即被调函数必须是已经存在的系统库函数或用户自定义函数。

（2）若是库函数，则应使用#include 命令将有关库函数所需信息包含到程序中。例如：

```
#include  <stdio.h>          /*包含标准输入、输出库函数*/
```

其中，stdio.h 是一个头文件，包含了输入、输出库函数所需的一些宏定义信息。

（3）若是用户自定义函数，且函数的定义在调用之后，则必须在函数调用之前对被调函数进行声明（说明），这与使用变量之前要先进行变量说明是一样的。这种对被调函数的声明称为函数原型。

函数声明的一般形式为：

函数类型　被调函数名(类型，类型…)；

或

函数类型　被调函数名(类型 形参 1，类型 形参 2…)；

其中，第 1 种形式是基本的，如 double add(double,double)。函数声明中的函数类型名以及各形参类型必须与被调函数定义中保持一致。

第 2 种形式，实际上就是函数定义中的函数头加上分号构成一个声明语句。各形参名完全是虚设的，可以与被调函数定义中的形参名一致，也可以不一致。实际上，形参名可以省略，这就是第一种形式。

函数声明可以是一条独立的声明语句，例如：

```
double add(double,double);
```

也可以与普通变量一起出现在同一个类型定义语句中，例如：

```
double m,n, add(double,double);
```

函数声明需要注意以下几点。

（1）当被调函数的定义位于调用函数之前时，在 Turbo C 中可以不必进行函数声明。若在 Visual C++等环境下运行，则需要进行声明。

（2）如果被调函数的返回值是整型或字符型时，Turbo C 中可以不对被调函数进行声明，而直接调用。这时系统将自动对被调函数返回值按整型处理。

（3）如在所有函数定义之前，在函数外预先说明了各个函数的类型，则在以后的各主调函数中，可以不对被调函数进行声明。

例如：

```
char str(int a);
float f(float b);
main()
```

```
{
 …
}
char str(int a)
{
 …
}
float f(float b)
{
 …
}
```

其中，第 1 行和第 2 行对 str 函数和 f 函数预先作了说明。因此，在以后各函数中无须对 str 函数和 f 函数再作说明就可直接调用。

6.4.2 函数定义和函数声明的区别

函数定义和函数声明在形式上有相似之处，但是却是两个完全不同的概念。

函数定义是指对函数功能的确立，包括指定函数名、函数存储类型、函数返回值类型、形式参数及其类型、函数体等，它是一个完整的、独立的程序功能单元。而函数声明则是对已经定义的函数的返回值和形式参数进行类型说明，它不包括函数体等。

在主调函数中对被调函数进行声明，主要目的是使编译系统知道被调函数返回值的类型，以便在编译时进行有效的类型检查，并在主调函数中按此种类型对返回值作相应的处理。

6.5 函数之间的数据传递

当一个函数调用另一个被调函数时，总是要将一些数据传送给被调函数的，而被调函数执行结束后，一般也需要将执行结果或者一些相关信息返回到调用函数，这就涉及调用函数之间的数据传递问题。

在 C 语言程序中，调用函数和被调函数之间的数据，可以通过以下 3 种方式传递。

（1）在实际参数和形式参数之间传递数据。

（2）通过使用 return 语句把函数值返回调用函数。

（3）通过全局变量在函数之间传递数据。

以上 3 种方式，return 语句的使用方法已经在 6.2 节进行了说明，全局变量的有关知识将在 6.7 节进行介绍，本节主要讨论实参和形参之间数据传递的问题。

在调用函数和被调函数之间，实参和形参之间的传递有以下两种方式。

1. 值传递方式

所谓值传递，是指调用函数的实参地址和被调函数的形参地址相互独立，在调用一个函数时，直接将实参值传送给形参的临时变量单元中。在被调函数执行过程中，当需要存取形参值时，直接存取形参地址中的数据，而不影响实参地址中的值。调用结束后，形参存储单元被释放，实参仍保持原值不变。

在值传递方式中，被调函数对形参的操作不影响调用函数中实参的值，因此，只能实现数据的单向传递，即在函数调用中将实参值传递给形参。C 语言中，当形参是简单变量时，均采用值传递方式。

在这种情况中，如果需要从被调函数中返回数据，只能通过 return 语句返回一个函数值。

【例 6.3】　参数的值传递举例。

```
#include<stdio.h>
void swap(int x,int y)
{
    int temp;
    temp=x;x=y;y=temp;
    return;
}

void  main()
{
    int x,y;
    printf("Input x,y:");
    scanf("%d,%d",&x,&y);
    swap(x,y);
    printf("x=%d,y=%d\n",x,y);
}
```

程序中共有两个函数，主函数为整型变量 x、y 赋值，然后调用被调函数 swap(x,y)。函数 swap（x,y）的功能是实现变量 x 和 y 值的交换。但实际运行结果为：

```
Input x, y: 3,5
x=3, y=5
```

从结果可知，程序并没有实现数值交换的目的。这是因为在主函数中调用函数 swap()时，只是将实参 x 和 y 的值分别传递给了 swap()函数中的形参 x 和 y，但由于主函数中的实参 x 和 y 与函数 swap()中的形参 x 和 y 在计算机中的存储地址是不同的，因此，在函数 swap()中虽然交换了形参 x 和 y 的值，但是实参 x 和 y 的值实际并没改变，即它们没有进行交换。

2. 地址传递方式

在值传递方式下，不能将形参的值返回给实参，但在实际应用中往往需要双向传递，这就需要使用地址传递方式。

所谓地址传递，是指函数调用中，并不是将调用函数的实参值直接传送给被调函数中的形参，而是将存放实参的地址传送给形参。被调函数在执行中，当需要存取形参值时，实际上通过形参找到实参所在的地址后，直接存取实参地址中的数据。因此，如果在被调函数中改变了形参的值，实际上也就改变了调用函数中实参的值，因为形参和实参的地址是相同的。

当实参是数组或者指针型变量（实参变量地址）时，实参传递给形参的就是地址。

若实参是数组名，则调用函数将实参数组的起始地址传递给被调函数中形参的临时变量单元，而不是传递实参数组元素的值。此时，相应的形参可以是形参数组名，也可以是形参指针变量。在这种传递方式下，被调函数在执行时，形参通过实参传递来的实参数组的起始地址，直接去存取相应的数组元素，对于形参值的变化实际上是对调用函数中实参数组元素的改变。

若实参是指针变量或者地址表达式，则调用函数将实参指针变量所指向单元的地址或实参地址传递给被调函数形参的临时变量存储单元。此时，相应的形参必须是指针型变量。被调用函数执行时，也是直接访问相应的单元，形参的变化直接改变调用函数实参的值（关于指针的概念详见第 7 章）。

因此，当实参是数组名、指针变量或者地址表达式时，被调函数中对形参的操作实际上就是对实参的操作，实参与形参之间的传递是双向传递。

（1）数组名作为函数参数的表示方式

当数组作为函数参数时，也需要在形参表中进行类型说明，其形参的表示方式如下：

函数类型　函数名（类型　数组名[长度]）

例如：

```
void sort（int arr[10]）
{…}
```

其中，形参 arr 被说明为一个具有 10 个元素的一维数组。

在实际应用中，为了提高函数的通用性，在对形参数组说明时一般不指定数组的长度，而仅给出类型、数组名和一对方括号，以便允许函数根据需要来处理不同长度的数组。

同时，为了使函数能获得当前处理数组的实际长度，往往增加一个参数来表示数组的长度。

例如：

```
void sort(int arr[],int n)
{…}
```

用形参 n 表示 arr 数组的实际长度，在函数调用时，其值由实参指定。

【例 6.4】　数组 a 中存放了一个学生 5 门课程的成绩，求该学生的平均成绩。

```
#include <stdio.h>
float avg(float a[],int n)
{
    int i;
    float average,s=0;
    for(i=0;i<n;i++)
    {
      s = s+a[i];
    }
    average = s/n;
    return average;
}
void main()
{
    float score[5], average;
    int i;
    printf("Input 5 scores:");
    for(i=0;i<5;i++)
    {
      scanf("%f",&score[i]);
    }
    average = avg(score,5);
    printf("Average score is:  %5.2f", average);
}
```

程序运行结果为：

```
Input 5 scores: 85 70 80 75 90
Average score is: 80.00
```

本程序定义了一个计算平均值的实型函数 avg()，包含数组 a 和长度变量 n 两个形参。在函数 avg 中，把各元素值相加求出平均值，返回给主函数。主函数 main 中首先完成数组 score 的输入，然后以数组名 score 和整型常量 5 作为实参调用 avg 函数，函数计算后将函数值返回赋予变量 average，最后输出 average 值。从运行情况可以看出，程序实现了所要求的功能。

（2）数组名作为函数参数的传递方式

数组名是数组的首地址，因此以数组名作函数参数时所进行的传送只是地址的传送，也就是说把实参数组的首地址赋予形参数组名。形参数组名取得该首地址之后，形参数组和实参数组实际上都占用同样的存储区域，对形参数组中某一数组元素的存取，也就是存取相应实参数组中的对应元素。

图 6-1 中，设 a 为实参数组，类型为整型，a 占有以 2000 为首地址的一块内存区，b 为形参数组名。当发生函数调用时，进行地址传送，把实参数组 a 的首地址传送给形参数组名 b，于是 b 也取得该地址 2000，a、b 两数组共同占有以 2000 为首地址的一段连续内存单元。

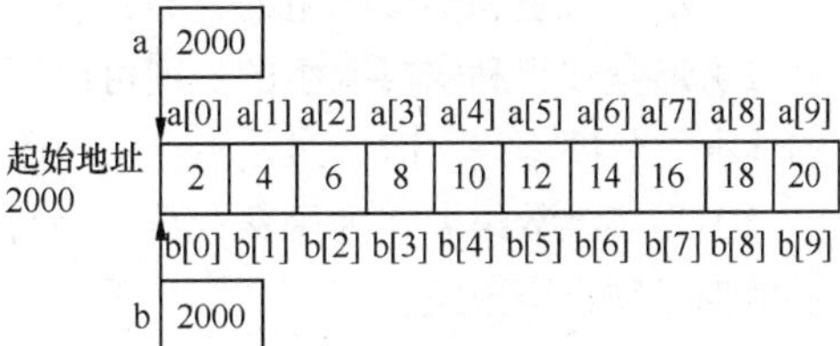

图 6-1　实参数组与形参数组的对应关系

从图 6-1 中还可以看出，a 和 b 下标相同的元素实际上也占相同的两个内存单元（整型数组每个元素占两个字节）。例如，a[0]和 b[0]都占用 2000 和 2001 单元，当然 a[0]等于 b[0]，类推则有 a[i]等于 b[i]。

【例 6.5】　编写一个函数，在数组的 *n* 个元素中查找指定值，并返回该数值所在元素的下标值。

```
#include<stdio.h>
int find(int arr[],int n,int x);    //查找数组元素函数声明
void main()
{
    int a[10],i,n,x;
    printf("Input array elements:\n");
    for(i=0;i<10;i++)
    {
        scanf("%d",&a[i]);
    }
    printf("Input x be searched: ");
    scanf("%d",&x);
    i=find(a,10,x);
    if(i>=0)
        printf("value=%d,index=%d",x,i);
    else
        printf("Not find!");
}
int find(int arr[],int n,int x)
{
    int i;
    for(i=0;i<n;i++)
        if(x==arr[i])
            break;
    if(i<n)
        return i;
    else
        return -1;
}
```

程序运行结果为：

```
Input array elements:
6 3 7 9 2 10 35 24 17 4 1 15
Input x be searched: 24
value=24,index=7
```

在该程序中，调用函数以数组名 a 作为实参，参数传递时，实参数组的起始地址（首地址）传递给形参数组 arr，两个数组占用同一段内存单元，从而实现函数之间的数据传递。

数组名作为函数参数，需要注意以下几点。

（1）形参数组和实参数组的类型必须一致，否则将引起错误。

（2）形参数组和实参数组的长度可以不相同，因为在调用时，只传送首地址而不检查形参数组的长度。长度不一致时，虽然不会出现语法错误，但是要注意下标越界问题。

（3）当多维数组名作为函数参数时，与数组定义规则相同，除第一维可以不指定长度外，其余各维都必须指定数组长度。

6.6 函数的嵌套调用和递归调用

6.6.1 函数的嵌套调用

C 语言中函数的定义是相互独立的，但是函数的调用是可以嵌套的。一个函数既可以被其他函数调用，同时，它也可以调用别的函数，这就是函数的嵌套调用。

函数的嵌套调用可用图 6-2 表示，这是一个两层嵌套调用的示意图。

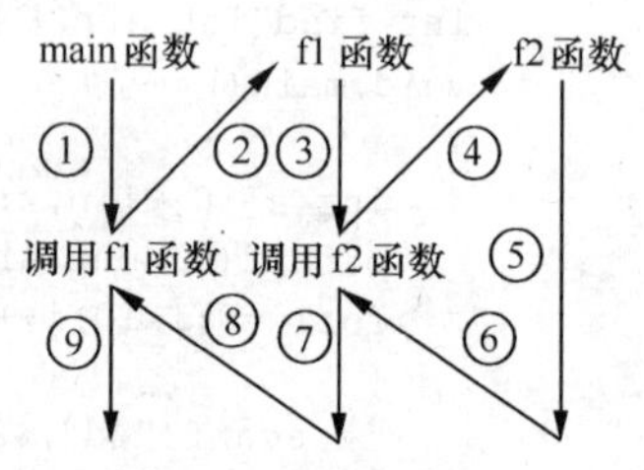

图 6-2 函数嵌套调用

其执行过程如下：

（1）程序从主函数 main()开始执行；

（2）在主函数中调用 f1 函数，程序转到 f1 函数；

（3）程序执行 f1 函数中的语句；

（4）在 f1 中调用 f2 函数，程序转到 f2 函数；

（5）程序执行 f2 函数的执行语句；

（6）f2 函数执行完成后，程序返回到 f1 函数中调用 f2 语句的下一条语句；

（7）执行 f1 函数中余下的执行语句；

（8）f1 函数执行完成后，程序返回主函数中调用 f1 语句的下一条语句；

（9）执行主函数中余下的执行程序，直到程序结束。

在 C 语言中，允许函数嵌套调用，但是函数不能嵌套定义。

【例 6.6】 计算 $s=1^2!+2^2!+3^2!+4^2!$。

本题可编写两个函数，一个是用来计算平方值的函数 f1，另一个是用来计算阶乘值的函数 f2。主函数先调 f1 计算出平方值，再在 f1 中以平方值为实参，调用 f2 计算其阶乘值，然后返回 f1，再返回主函数，在循环程序中计算累加和。

```
#include <stdio.h>
long f1(int p)
{
   int k;
   long r;
   long f2(int);
```

```
    k = p*p;
    r = f2(k);
    return r;
}
long f2(int q)
{
    long c = 1;
    int i;
    for(i=1;i<=q;i++)
    {
        c = c*i;
    }
    return c;
}
void main()
{
    int i;
    long s = 0;
    for (i=1;i<=4;i++)
    {
        s = s+f1(i);
    }
    printf("\ns=%ld\n",s);
}
```

在程序中，函数 f1 和 f2 均为长整型，都在主函数之前定义，故不必再在主函数中对 f1 和 f2 加以说明。在主程序中，执行循环程序依次把 i 值作为实参调用函数 f1 求 i^2 的值。在 f1 中又发生对函数 f2 的调用，这时是把 i^2 的值作为实参去调用 f2，在 f2 中完成求 $i^2!$的计算。f2 执行完毕把 c 值（即 $i^2!$）返回给 f1，再由 f1 返回主函数实现累加。至此，由函数的嵌套调用实现了题目的要求。由于数值很大，所以函数和一些变量的类型都说明为长整型，否则会因为数据的溢出而造成计算错误。

6.6.2 函数的递归调用

任何一个可以用计算机求解的问题所需的计算时间都与其规模有关，问题的规模越小，解题所需的时间往往越少，从而也较容易处理。例如，对于 n 个元素的排序问题，当 $n=1$ 时，不需要任何计算。当 $n=2$ 时，只要作一次比较即可排好序。当 $n=3$ 时只要作两次比较就可以了……而当 n 较大时，问题就不那容易处理了。要想直接解决一个较大的问题有时是相当困难的。分治法的设计思想是，将一个难以直接解决的大问题，分割成一些规模较小的相同问题，以便各个击破，分而治之。如果原问题可分割成 k 个子问题，$1<k\leqslant n$，且这些子问题都可解，并可利用这些子问题的解求出原问题的解，那么这种分治法就是可行的。由分治法产生的子问题往往是原问题的较小模式，这就为使用递归技术提供了方便。在这种情况下，反复应用分治手段，可以使子问题与原问题类型一致而其规模却不断缩小，最终使问题缩小到很容易求出解。这就是递归算法的解题思想。

在程序设计中,我们把在调用一个函数的过程中又出现直接或者间接调用该函数自身称为递归调用，这种函数称为递归函数。C 语言允许函数的递归调用。在递归调用中，主调函数又是被调函数。执行递归函数将反复调用其自身，每调用一次就进入新的一层。

例如，有函数 f 定义如下：

```
int f(int x)
{
    int y;
    z = f(y);
    return z;
}
```

这个函数是一个递归函数。但是运行该函数将无休止地调用其自身，这当然是不正确的。为了防止递归调用无终止地进行，必须在函数内有终止递归调用的手段。常用的办法是加条件判断，满足某种条件后就不再作递归调用，然后逐层返回。下面举例说明递归调用的执行过程。

【例 6.7】 用递归法计算 $n!$。

用递归法计算 $n!$可用下述公式表示：

$$n!=\begin{cases}1\cdots\cdots\cdots\cdots(n=0)\\ n(n-1)\cdots(n>0)\end{cases}$$

按公式可编程如下：

```
#include <stdio.h>
long fac(int n)
{
  long f;
  if(n<0)
    { printf("n<0,input error");}
  else
    {
    if(n==0||n==1)
        {return 1;}
    else
        {return fac(n-1) *n;}
    }
}
void main()
{
    int n;
    long y;
    printf("\ninput a inteager number:\n");
    scanf("%d",&n);
    y = fac(n);
    printf("%d!=%ld",n,y);
}
```

程序中给出的函数 fac 是一个递归函数。主函数调用 fac 后即进入函数 fac 执行，如果 n<0，n==0 或 n=1 时都将结束函数的执行，否则就递归调用 fac 函数自身。由于每次递归调用的实参为 n−1，即把 n−1 的值赋予形参 n，最后当 n−1 的值为 1 时再作递归调用，形参 n 的值也为 1，将使递归终止，然后可逐层返回。

下面我们用一个数字举例说明该过程。设执行本程序时输入为 5，即求 5!。在主函数中的调用语句即为 y=fac(5)，进入 fac 函数后，由于 n=5，不等于 0 或 1，故应执行 f=fac(n−1)*n，即 f=fac(5−1)*5。该语句对 fac 作递归调用即 fac(4)。在执行 fac(4)时此时 n=4，同样 n 不等于 0 或 1，故应执行 f=fac(n−1)*n，即 f=fac(4−1)*4，该语句对 fac 作递归调用即 fac(3)……进行 4 次递归调用后，fac 函数形参取得的值变为 1，故不再继续递归调用而开始逐层返回主调函数。fac(1)的函数返回值为 1，fac(2)的返回值为 1*2=2，fac(3)的返回值为 2*3=6，fac(4)的返回值为 6*4=24，最后返回值 fac(5)为 24*5=120。

当然，例 6.7 也可以不用递归的方法来完成，如可以用递推法，即从 1 开始乘以 2，再乘以 3…直到 n。

【例 6.8】 求解年龄问题。

有 5 个人坐在一起，问第 1 个人多少岁，他说比第 2 个人大 2 岁。问第 2 个人多少岁，他说比第 3 个人大 2 岁。问第 3 个人多少岁，他说比第 4 个人大 2 岁。问第 4 个人多少岁，他说比第 5 个人大 2 岁。最后问第 5 个人，他说是 12 岁。请问第 1 个人多少岁？

分析：这是一个递归问题。每一个人的年龄都比其后那个人的年龄大 2，即

age(1) = age(2) + 2;

age(2) = age(3) + 2;

age(3) = age(4) + 2;

age(4) = age(5) + 2;

age(5) = 12;

可以用公式表示如下：

$$\mathrm{age}(n)=\begin{cases}12\cdots\cdots\cdots\cdots\cdots\cdots(n=5)\\ \mathrm{age}(n+1)+2\cdots(n<5)\end{cases}$$

程序代码如下：

```
#include<stdio.h>
int age(int n)
{
    int  a;
    if(n==5)
    {
       aa = 12;
    }
else
{
       a = age(n+1) + 2;
    }
    return (a);
}
void main()
{
    int age(int n);                    /*函数声明.*/
    printf("第一个人的年龄为: %d 岁\n",age(1));
}
```

程序运行结果为：

第一个人的年龄为：20 岁

6.7　变量的存储类别及其作用域

函数是程序的基本单位，一个程序往往是由多个函数共同构成的，由此也产生了两个问题：第一，不同函数中的变量如果同名，是否会发生冲突？这实际上是变量的有效范围问题；第二，系统内存资源有限，要合理有效地使用，一个函数中的变量空间在内存中会存在多长时间？这实际上是变量的存续时间问题。这两个问题分别引出了变量作用域和变量生命周期的概念。

变量的作用域，是指一个变量能够起作用或者被引用的程序范围，即一个变量定义好之后，在何处能够使用该变量。变量的作用域是由变量的存储类型和定义位置共同决定的。从作用域（即空间）角度划分，变量可分为全局变量和局部变量。

变量的生命周期，是指变量空间从创建到销毁的这段时间。一个变量如果不在生命期内，则无作用域可言。从生命期（即时间）角度划分，可分为静态存储方式和动态存储方式。

静态存储方式：是指在程序运行期间分配固定的存储空间的方式。

动态存储方式：是指在程序运行期间根据需要进行动态的分配存储空间的方式。

1. 用户程序的存储分配

在内存中，用户可以使用的存储空间可以分为程序区、静态存储区和动态存储区 3 个部分，如图 6-3 所示。

程序区
静态存储区
动态存储区

图 6-3　用户内存区的存储分配

程序区用来存储程序。

静态存储区是在程序开始执行时就分配的固定存储单元，如全局变量，全部存放在静态存储区，在程序开始执行时给全局变量分配存储区，程序运行完毕就释放。在程序执行过程中它们占据固定的存储单元，而不动态地进行分配和释放。

动态存储区是在函数调用过程中，进行动态分配的存储单元。动态存储区存放以下数据：

（1）函数形式参数；

（2）函数内定义的自动变量；

（3）函数调用时的现场保护和返回地址。

对以上这些数据，在函数开始调用时分配动态存储空间，函数执行结束时释放这些空间。所以，在程序中两次调用同一函数时，每次分配各局部变量的存储空间不一定相同。

2. 变量的存储类别

在此之前对于变量和函数的说明，只说明了变量和函数的数据类型。实际上，在 C 语言中，变量和函数有以下两个基本属性：

（1）数据类型：分为整型（int）、实型（float）、字符型（char）、双精度型（double）等。

（2）存储类别：数据的存储类别分为 4 种，即自动（auto）、静态（static）、寄存器（register）和外部（extern）。数据的存储类别决定了该数据的存储区域。

一个变量定义的完整形式为：

存储类别　数据类型　变量名;

例如：

```
static int a;
```

变量按照作用域和生命周期不同，可以分为自动局部变量、静态局部变量、外部变量、寄存器变量等。

6.7.1　自动局部变量

在函数体内部定义的变量以及函数的形参统称为局部变量。局部变量只在该函数范围内有效，因此，不同函数中的局部变量可以重名，互不影响。

局部变量又可分为自动局部变量（auto）和静态局部变量（static）两种。形参只能是自动局部变量。

自动局部变量在变量定义最前面加关键字 auto 修饰，但是 auto 可以省略。C 语言规定，如果不做存储类别说明，则默认为自动类型变量。例如：

```
int  a,b;
```

相当于

```
auto  int  a,b;
```

所以，本书前面定义的变量实际上都是自动类型变量。自动类型的变量被分配到动态存储区中。

一个函数的自动局部变量的空间，从执行该定义语句时创建（如果是形参，是在被实参初始化时创建），同时开始它的作用域。当函数执行结束时，其自动变量空间被撤销，声明周期结束，作用域也自然消失。

例如：

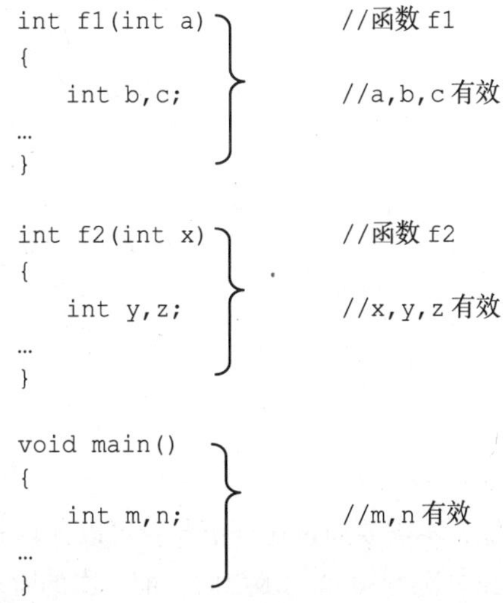

```
int f1(int a)           //函数 f1
{
   int b,c;             //a,b,c 有效
…
}

int f2(int x)           //函数 f2
{
   int y,z;             //x,y,z 有效
…
}

void main()
{
   int m,n;             //m,n 有效
…
}
```

在函数 f1 内定义了 3 个自动局部变量，a 为形参，b、c 为普通变量。在 f1 的范围内 a、b、c 有效，或者说变量 a、b、c 的作用域限于 f1 内。同理，变量 x、y、z 的作用域限于 f2 内。变量 m、n 的作用域限于 main 函数内。

关于自动局部变量的作用域还要说明以下几点。

（1）主函数中定义的变量也只能在主函数中使用，不能在其他函数中使用。同时，主函数中也不能使用其他函数中定义的变量。因为主函数也是一个函数，它与其他函数是平行关系。

（2）形参变量是属于被调函数的自动局部变量。

（3）允许在不同的函数中使用相同的变量名，它们代表不同的对象，分配不同的单元，互不干扰，也不会发生混淆。如在例 6.7 中，形参和实参的变量名都为 n，是完全允许的。

（4）在复合语句中也可定义自动局部变量，其作用域只在复合语句范围内。

6.7.2　静态局部变量

一个函数如果被反复调用，其自动局部变量在每次调用时都要重新分配空间，因此，自动局部变量是无法记忆数据的。如果需要在一次函数调用结束后，将函数中的变量数据保留下来，该变量的存储空间就不能被撤销，这样才能在下一次函数调用时继续使用，这时，就需要将局部变量定义为新的存储类别——静态局部变量。

静态局部变量是在变量定义最前面加关键字 static 修饰，它和自动局部变量有共同的作用域，都只在本函数内部有效，但是生命期不同。静态局部变量在函数调用结束后,其值不消失并保留原值，即其占用的存储单元不释放，在下一次调用时仍为上次调用结束时的数值。

静态局部变量在内存的静态存储区分配空间。

【例 6.9】 定义函数 fac 求 n!，调用该函数计算并输出 1! ～5!。

```
#include<stdio.h>
int fac(int n)
{
    static int f=1;             //定义静态局部变量 f，初值为 1
    f=f*n;                      //利用 f 的记忆功能，这里的 f 实际上就是(n-1)!
    return f;
}

void  main()
{
    int i,t;
    for(i=1;i<=5;i++)
    {
        t=fac(i);
        printf("%d!=%d\n",i,t);
    }
}
```

程序运行结果如下：

```
1!=1
2!=2
3!=6
4!=24
5!=120
```

本程序充分利用了静态局部变量的“记忆”功能，不需要通过循环语句就可以计算 n!。在函数 fac()中，变量 f 被定义为静态局部变量，因此，在每次调用 fac()函数时，前一次的阶乘已经存储在静态局部变量 f 中了，要计算当前的 n!，只需要在 f 值的基础上乘以 n 即可。

如果将例 6.10 程序中的“static”去掉，将 f 定义为自动局部变量，其他语句不变，即程序改为如下：

【例 6.10】

```
#include<stdio.h>
int fac(int n)
{
    int f=1;
    f=f*n;
    return f;
}

void  main()
{
    int i,t;
    for(i=1;i<=5;i++)
    {
        t=fac(i);
        printf("%d!=%d\n",i,t);
    }
}
```

则程序运行结果变为：

```
1!=1
```

```
2!=2
3!=3
4!=4
5!=5
```

这是因为此时的变量 f 属于自动类型，每次调用函数 fac()时，变量 f 均被重新赋初值为 1。

对于静态存储变量，需要说明如下。

（1）形参不能定义为静态类型。

（2）对静态局部变量赋初值是在编译时进行的，在调用时不再赋初值；而对自动局部变量赋初值是在函数调用时进行的，所以每次调用将重新赋初值，如例 6.10 所示。

（3）定义静态局部变量时，若不赋初值，则在编译时将自动赋初值为 0；但在定义自动变量时，若不赋初值，则其初值为随机值。

6.7.3　全局变量

局部变量因为作用域的限制，它只能在一个函数内部有效。在实际应用中，一些数据需要被多个函数共享，这就需要引入新的存储类别——全局变量。

在所有函数外部定义的变量称为全局变量。

全局变量的作用域是其定义点以下的所有函数。全局变量如果在文件开头定义，则在整个文件范围内的所有函数都可以使用该变量。如果不在文件开头定义全局变量，则仅限于在定义点到文件结束范围内的函数使用该变量。

如果在全局变量有效范围之外要使用全局变量，则应事先使用 extern 加以说明。用 extern 说明的变量也称为外部变量。但在一个函数之前定义的全局变量，在该函数内使用时，不需要说明。

例如：

```
int a,b;      /*全局变量*/         ┐
void f1()     /*函数 f1*/          │
{                                  │
   …                               │
}                                  │
float x,y;    /*全局变量*/  ┐      │
int fz()      /*函数 fz*/   │      ├ 全局变量 a、b
{                           │      │ 的作用范围
   …                        ├ 全局变量 │
}                           │ x、y 作用 │
main()        /*主函数*/    │ 范围   │
{ …}                        ┘      ┘
```

从上例可以看出，a、b、x、y 都是在函数外部定义的外部变量，都是全局变量。但 x、y 定义在函数 f1 之后，而在 f1 内又无对 x、y 的说明，所以它们在 f1 内无效。a、b 定义在源程序最前面，因此在函数 f1、函数 f2 及主函数 main 内不加说明也可使用。

【例 6.11】　编写函数，实现两个变量值的交换。

```
#include<stdio.h>
void main()
{
    extern int x,y;           //使用 extern 说明 x、y 为外部变量
    scanf("x=%d,y=%d",&x,&y);
    swap();
    printf("x=%d,y=%d",x,y);
```

```
}

int x,y;                          //定义全局变量 x,y
swap()
{
    int temp;
    temp=x;x=y;y=temp;
    return;
}
```

程序运行结果为：

```
x=3,y=6
x=6,y=3
```

在上述程序中，虽然全局变量 x 和 y 的定义在主函数的后面，但是由于在主函数中用 extern 说明了 x 和 y 为外部变量，因此，在主函数中可以访问后面定义的全局变量。

在本程序中，主函数从键盘为 x、y 赋值，由于 x、y 是全局变量，所以在函数 swap 中也可以对 x、y 进行存取操作。由此可知，全局变量可以实现函数之间的数据传递。

但需要指出，除非十分必要，一般不提倡使用全局变量，原因如下。

（1）由于全局变量属于程序，所以在程序结束前，始终占用存储空间，不利于有效利用资源。

（2）在函数使用全局变量后，降低了程序的清晰性，程序可读性差。

（3）在函数使用全局变量后，使得函数之间相互依赖，从而增加了与其他函数的耦合性，降低了函数的内聚性，违背了程序设计“高内聚，低耦合”的基本原则。

6.7.4 寄存器变量

所谓寄存器变量，即为该变量分配的存储单元并不在内存储器中，而是 CPU 中的某个寄存器。

一般情况下，程序和数据均位于内存储器中，在程序运行时，将需要运算的数据送入运算器的寄存器中，计算后再将结果送回内存储器。如果程序中的一些数据使用简单而又频繁，那么可以将这些数据直接放在寄存器中，则存取数据的速度与指令执行速度同步，程序的性能将得到提高。但由于通常计算机中寄存器的数目很少（如早期的 PC 中一共只有 16 个通用寄存器），使用又频繁，所以只有那些使用最多的变量才应该说明为寄存器变量。

寄存器变量的定义形式为：

```
register 数据类型 变量名;
```

例如：

```
register int i;
```

寄存器变量与自动局部变量性质相同，作用域相同，生命周期也是一次函数调用时间，并且也可以作为形参。因此，可以看做是自动局部变量的特殊形式。

实际上，由于现在的编译器都具有自动优化程序的功能，知道什么时候将哪个变量放入寄存器中速度最快。所以，在现代编程中，register 是一个完全不需要用户关心的关键字，只需要知道它的概念就可以了。

6.8 内部函数与外部函数

C 语言程序系统是由若干个函数组成的，这些函数既可在同一个文件中，也可以分担在多个不同的文件中，根据函数能否被其他源文件调用，可将函数分为内部函数和外部函数。

6.8.1　内部函数

只能被本文件中其他函数调用的函数，称为内部函数，又称静态函数。

内部函数的定义形式如下：

static　函数类型　函数名（形参表）

例如：

```
static int fac(int n)
{ … }
```

定义的函数 fac()是一个内部函数，它只能被与它同一个文件中的函数调用，而不能被其他文件中的函数调用。

6.8.2　外部函数

能够被其他文件中函数调用的函数，称为外部函数。

外部函数的定义形式如下：

[extern]　函数类型　函数名（形参表）

如果定义为外部函数，不仅可以被定义它的文件中的函数调用，而且也可以被其他文件中的函数调用，即其作用范围是整个程序的所有文件。

关于外部函数，需要说明如下。

（1）在定义函数时，如果省略 extern 关键字，则默认为外部函数。例如：

```
int fac(int n)
{ … }
```

定义的函数 fac()就是一个外部函数，它不仅能被本文件中的函数调用，也可以被其他文件中的函数调用。

（2）在需要调用外部函数的文件中，应该用 extern 对所调用的外部函数进行说明。

【例 6.12】　外部函数应用举例。

```
/*file1.c*/
#include <stdio.h>
void main()
{
  extern void put_string(char s[]);
  char s[100]= "The C Programming Language";
  put_string(s);
}

/*file2.c*/
#include <string.h>
void put_string(char s[])
{
   puts(s);
}
```

上述程序由 2 个文件组成，在源文件 file1.c 中使用了 file2.c 文件中定义的函数 put_string()，所以在主函数中要使用语句“extern void put_string(char s[]);”进行声明。

6.9 程序举例

【例 6.13】 编写一个函数，其功能是判断给定的正整数是否是素数，若是素数则返回函数值 1，否则返回 0。

分析：根据素数的定义，一个正整数除了 1 和它本身以外，不能被其他任何整数所整除。定义一个标志变量 flag，如果是素数将 flag 值置为 1，否则置为 0。函数执行结束后，将 flag 作为函数值返回调用函数。

假设正整数为 n，当 n 值为 1 显然不是素数，当 n 大于 1 时，设一个变量 i 作为除数，n 作为被除数，利用求余运算求 $n\%i$ 看结果是否为 0。根据概念，这里的除数肯定需要从 2 依次增加变化到 $n-1$，如果运算结果 $n\%i$ 都不为 0，则正整数 n 就是素数，只要其中某一次满足 $n\%i$ 值为 0，则 n 就不是素数。

对于 i 的变化，是不是一定要从 2 到 $n-1$ 呢？不是。根据数学知识，i 最大取值到 $\sqrt{n}$ 就可以了。因为这时 n 的两个因子相等，对于超过 $\sqrt{n}$ 的大因子不必判断，与之对应的小因子的值一定小于 $\sqrt{n}$ 。

函数代码如下：

```
#include <math.h>
int  isprime(int n)                    //判断素数函数定义
{
int i,k,flag=1;                        //置 flag 初值为 1
k=(int)sqrt(n);
for(i=2;(i<=k)&&flag;i++)
   {
      if(n%i==0)                       //如果 n 能被某除数整除
         flag=0;                       //则不是素数
   }
return (flag);
}
```

在这个函数中，因为调用求平方根函数 sqrt()，所以要包含库函数头文件<math.h>。定义了判断素数的函数 isprime( )之后，在需要进行素数判断的时候，就可以直接调用该函数功能进行判断。

【例 6.14】 调用 isprime 函数，以每行 5 个素数的格式输出 3～100 的所有素数。

分析：本程序利用 for 循环产生 3～100 的整数，初值为 3，因不考虑所有的偶数，所以循环控制变量 i 的步长为 2，相对步长为 1 循环次数减少一半，提高了程序执行效率。

在循环体中，直接调用 isprime 函数进行判断，使主函数变得更加清晰可读。如果函数值为 1，则输出对应整数，否则不输出。

每行输出 5 个素数的控制方法：设一个计数变量 count，每输出一个素数 count 加 1，如果 count%5==0，则使用 printf("\n")语句换行。

程序代码如下：

```
#include <stdio.h>
#include <math.h>
isprime(int n)                         //判断素数函数定义
{
  …
```

```
}
main()
{
int i,count=0;
for(i=3;i<=100;i=i+2)
    if(isprime(i)==1)        //调用判断素数函数，若函数返回值为1，则为素数
    {
        printf("%5d",i);     //输出该素数
        count++;
        if(count%5==0)
            printf("\n");
    }
}
```

程序运行结果如下：

```
  3    5    7   11   13
 17   19   23   29   31
 37   41   43   47   53
 59   61   67   71   73
 79   83   89   97
```

习　　题

一、选择题

1. 在C程序中，若对函数类型未加说明，则函数的隐含类型为（　　）。

   （A）int　　（B）double　　（C）void　　（D）char

2. 在C语言中，变量的隐含存储类别是（　　）。

   （A）auto　　（B）static　　（C）extern　　（D）无存储类别

3. 当调用函数时，实参是一个数组名，则向函数传送的是（　　）。

   （A）数组的长度　　（B）数组的首地址

   （C）数组每一个元素的地址　　（D）数组每个元素中的值

4. 以下叙述中正确的是（　　）。

   （A）构成C程序的基本单位是函数

   （B）可以在一个函数中定义另一个函数

   （C）main()函数必须放在其他函数之前

   （D）C语言中可以没有主函数

5. C语言规定，函数返回值的类型是由（　　）。

   （A）return语句中的表达式类型所决定

   （B）调用该函数时的主调函数类型所决定

   （C）调用该函数时系统临时决定

   （D）在定义该函数时所指定的函数类型所决定

6. 下列说法错误的是（　　）。

   （A）函数调用时，函数名必须与所调用的函数名字完全相同

   （B）实参的个数必须与形式参数的个数一致

   （C）实参可以是表达式，在类型上与形参可以不匹配

（D）C语言规定，函数必须先定义，后调用（函数的返回值类型为int或char时除外）

7. 函数的值通过return语句返回，下面关于return语句的形式描述错误的是（　　）。

（A）return 表达式;

（B）return (表达式);

（C）一个return语句可以返回多个函数值

（D）一个return语句只能返回一个函数值

8. 下列说法中错误的是（　　）。

（A）静态局部变量的初值是在编译时赋予的，在程序执行期间不再赋予初值

（B）若全局变量和某一函数中的局部变量同名，则在该函数中，此全局变量被屏蔽

（C）静态全局变量可以被其他的编译单位所引用

（D）所有自动类局部变量的存储单元都是在进入这些局部变量所在的函数体（或复合语句）时生成，退出其所在的函数体（或复合语句）时消失

9. 下列程序运行后的输出结果是（　　）。

```
#include <stdio.h>
#define N 20
fun(int a[],int n,int m)
{
int i,j;
for(i=m;i>=n;i--)a[i+1]=a[i];
}
void main()
{
int i,a[N]={1,2,3,4,5,6,7,8,9,10};
fun(a,2,9);
for(i=0;i<5;i++)printf("%d",a[i]);
}
```

（A）10234　　（B）12344　　（C）12334　　（D）12234

10. 以下程序运行后的输出结果是（　　）。

```
#include <stdio.h>
#define P 3
void F(int x){return(P*x*x);}
main()
{
printf("%d\n",F(3+5));
}
```

（A）192　　（B）29　　（C）25　　（D）编译出错

11. 下列程序的输出结果是（　　）。

```
fun(int a, int b, int c)
{
 c =a*b;
}
void main( )
{
int c;
fun(2,3,c);
printf("%d\n",c);
}
```

（A）0　　（B）1　　（C）6　　（D）无法确定

12. 以下程序的输出结果是（　　）。

```
#include <stdio.h>
long fib(int n)
{
if(n>2)
{
   return(fib(n-1)+fib(n-2));
}
else
{
return(2);
}
}
void main()
{
printf("%d\n",fib(3));
}
```

（A）2　　（B）4　　（C）6　　（D）8

13. 以下程序运行后的输出结果是（　　）。

```
#include <stdio.h>
fun(int x,int y,int z)
{
z=x*y;
}
void  main()
{
int  a=4,b=2,c=6;
  fun(a,b,c);
  printf("%d",c);
}
```

（A）16　　（B）6　　（C）8　　（D）12

二、编程题

1. 写一个函数，求 3 个数中的最大数。

2. 写一个 int mymod（int a,int b）函数，用于求 a 被 b 除之后的余数。

3. 写一个函数，计算并返回给定正整数 m 和 n 的最大公约数。

4. 写一个函数，输入一行字符，将此字符串中最长的单词输出。

5. 写一个函数，使给定的一个 n 行 n 列的二维整型数组转置。

6. 定义一个递归函数，求 Fibonacci 数列的前 20 项。该数列的前两项值为 1，从第 3 项开始，满足：$F_n=F_{n-1}+F_{n-2}$。

第7章 指针

指针数据类型是C语言中一种重要的数据类型，是C语言的精华。使用指针可以动态分配存储单元，通过指针作为函数的形参可以在被调函数中改变主调函数中局部变量的值，使用指针还可以表示复杂的数据结构。由于指针能直接处理内存地址，这对系统软件的设计也是很重要的。

7.1 概　　述

存储器用来存放程序和数据，程序中定义的变量一般是存放在内存中的，变量所占内存的总空间称为变量的存储单元。操作系统为了对内存进行有效地管理，把内存按照字节进行了编号，这个编号称为对应字节的地址。指针类型数据的值就指的是地址值，所以指针类型也可称为地址类型。

不同类型的变量在内存中所占字节数不尽相同，在C语言中，变量的地址是指变量在内存中存储单元首字节的地址。例如，假设长整型变量a在内存中占用了编号为1001、1002、1003、1004连续的4个字节，那么a的地址（可以用&a表示）就是1001。

变量的地址也叫做变量的指针。

同整型变量就是可以存放整型数据的变量、实型变量就是可以存放实型数据的变量一样，指针变量就是可以存放指针值（地址值）的变量。

假设指针变量p中存放了整型变量a的地址，则称指针变量p指向了整型变量a，也可以称指针变量p指向了整型变量a的存储单元，简称p指向a或p指向a的存储单元。习惯上把p称为a的指针，而把a的数据类型（整型）称为指针p的基类型。根据基类型又可把指针分为不同的类型，如整型指针、实型指针、字符指针类型等。

同一个变量的地址可以存放在不同的指针变量中，所以一个变量可以由多个指针同时指向。但一个指针变量在同一时刻只能最多指向一个变量。

7.2 指针变量的定义及指针的操作

7.2.1 指针变量的定义

定义指针变量的一般形式为：

基类型 *指针变量名;

例如:

```
int  *p1,*p2,i,j;  /*定义 p1 和 p2 是基类型为 int 的指针变量,定义 i 和 j 是 int 型变量*/
float *q;          /*定义 q 是基类型为 float 的指针变量*/
```

7.2.2 指针的操作

当定义了指针变量后，就可以根据需要对其进行相关操作。

1. 对指针变量赋地址值

例如，有如下定义:

```
int  *p1,*p2,i,j;
float *q, k;

p1=&i; /*表示使 p1 指向 i*/
p2=&j;/* 表示使 p2 指向 j*/
p1=p2; /*表示使 p1 和 p2 同时指向 j,此时 p1 就不指向 i 了*/
q=&k; /*表示使 q 指向 k*/
```

（1）若要把某变量的地址值赋予指针变量，前提是该变量的数据类型必须是指针变量的基类型。因为基类型不同的指针变量的数据类型属于不同类型。

（2）可以给指针变量赋一个空地址值 NULL（NULL 在 stdio.h 中定义为 0），表示指针变量不指向任何变量，但它却是有值的。

例如：p1=NULL;或 p1=0;

2. 对指针可以进行加、减一个整数 *n* 的运算

对指针进行加、减一个整数 *n* 的运算往往和数组结合使用，其意义是:

若指针变量 p 指向变量 a（即 p=&a），则 p+1 是 a 存储单元后和 a 存储单元字节数相同的存储单元的地址，简称 p+1 指向 a 存储单元的下一个存储单元。而 p−1 是 a 存储单元前和 a 字节数相同的存储单元的地址，简称 p−1 指向 a 存储单元的前一个存储单元。

例如，若有定义:

```
float a[10],*p;
```

如果 p 指向 a[0]元素（即 p=&a[0]），则 p+1 指向 a[1]元素，p+2 指向 a[2]元素……p+9 指向 a[9]元素。

如果 p 指向 a[9]元素，则 p−1 指向 a[8]元素，p−2 指向 a[7]元素……p−9 指向 a[0]元素。

需要特别注意的是，若 p 指向 a[5]，假设&a[5]是 1004，则 p+1 的值是 1008，p−1 的值是 1000，想想看这是为什么？由此可见指针类型和整型是截然不同的数据类型。

3. 基类型相同的指针进行相减运算

对基类型相同的指针进行相减后的值是一个整数，该整数的绝对值代表这两个指针所指向的存储单元之间相差的单元个数。而该整数正负符号取决于它们所指向的存储单元的地址编号的大小。

例如，若有定义:

```
int a[10],*p, *q;
```

若 p 指向 a[1]，q 指向 a[9]，则 p−q 的值为−8，q−p 的值为 8。

4. 基类型相同的指针进行关系运算

例如，若有定义：

```
int a[10],*p, *q;
```

若 p 指向 a[0]，q 指向 a[9]，则 p>q 的值为“假”值 0，p!=q 的值为“真”值 1。

5. 通过指针引用它所指向的变量或存储单元

当指针指向了某变量，就可以通过该指针来引用它所指向的变量，也就是可以通过该指针来引用它所指向的变量的存储单元。

引用格式为：

*指针

例如，若有定义和语句：

```
int *p1,*p2,i,j;
p1=&i;
p2=&j;
```

则：

执行语句*p1=6;后 i 的值就是 6；

执行语句*p2=10;后 j 的值就是 10。

想想看若再接着执行以下语句后，i,j 的值是什么呢？

```
p2=p1;
*p1=100;
*p2=200;
```

6. 指针变量作为函数的参数

指针变量作为函数的参数是指针变量一个很重要的应用。在 C 语言中局部变量只能在定义它的函数中使用，但是若使用指针变量作为函数的形参，就可以通过函数调用实现在被调函数中对主调函数中定义的局部变量进行操作。

【例 7.1】 在主函中输入 a 和 b 两个数，通过调用 swap 函数交换这两个数。

```
#include "stdio.h"
void swap(int *p1,int *p2)
{int  t;
t=*p1;
*p1=*p2;
*p2=t;
}
void main()
{int a,b;
printf("%d,%d",&a,&b);
swap(&a,&b);
printf("\na=%d,b=%d",a,b);
}
```

运行情况如下：

```
10,20↓
a=20,b=10
```

程序分析：swap 是用户定义的函数，它的两个形式参数 p1、p2 都是基类型为 int 型的指针变量。p1 和 p2 的值取决于 swap 函数被调用时对应的实参值。可以看出，一旦 swap 函数被调用，其功能是交换指针变量 p1 和 p2 所指向的变量（*p1 和*p2）的值。程序运行时，先执行 main 函数，首先对定义的两个整型变量 a、b 通过 scanf 函数输入数据（如输入 10 和 20），接着在调用 swap 函数时用&a 和&b 作为实参，这样 swap 函数中的形参变量 p1、p2 就分别得到了 main 函数中 a、 b 变量的地址值，p1、p2 也就分别指向了 main 函数中定义的局部变量 a 和 b，而 swap 函数的功能是交换指针 p1 和 p2 所指向的变量（存储单元）的值，这样 main 函数中定义的局部变量 a 和 b 在 swap 函数调用结束后就交换了值。

请注意：通过指针变量作为函数的形参，可以在被调函数中实现对主调函数中定义的局部变量进行操作，这与局部变量的作用域是它所在的函数并不矛盾。本例中是通过传送 a、b 的地址给指针变量 p1、p2，*p1 的存储单元就是 a 的存储单元，*p2 的存储单元就是 b 的存储单元，通过 swap 函数中*p1 和*p2 的交换，间接达到了交换 main 函数中 a、b 变量值的目的。但是，在 swap 函数中仍然不能直接使用 main 函数中定义的 a 和 b 这两个局部变量名字。

7. 指针变量带下标引用数组元素

C 语言中规定，指针变量可以带下标引用数组元素，其引用规则是：

若指针变量 p 指向了数组 a 的某元素 a[i]，则 p[0]就是 a[i],p[1]就是 a[i+1]，依此类推。

【例 7.2】 以下两个程序的功能都是对一维数组先输入数据，然后进行输出。

程序一：

```
#include "stdio.h"
void main()
{int a[10],i,*p;
p=&a[0];
for(i=0;i<10;i++)
  scanf("%d",p+i);
printf("\n");
for(i=0;i<10;i++)
    printf("%d  ",p[i]);  /*此处p[i]也可用*(p+i)代替*/
}
```

程序二：

```
#include "stdio.h"
void main()
{int a[10],i,*p;
for(p=&a[0];p<&a[0]+10;p++)
  scanf("%d",p);
printf("\n");
for(p=&a[0];p<&a[0]+10;p++)
  printf("%d ",p[0]);  /*注意输出项是p[0]，也可用*p 代替*/
}
```

根据指针变量带下标引用数组元素的规则和使用指针变量引用它所指向的变量的方法，不难得出这样的结论：

引用 p[0]和引用*p 是等价的，引用 p[1]和引用*(p+1)是等价的，依此类推，p[k]和*(p+k)是等价的。

以上是 7 种对指针的常见操作形式，在使用指针时，搞清楚以下两个方面很重要。

一是要搞清楚指针的基类型，掌握了指针的基类型，便可以正确理解对指针的操作，这一点在本章后续内容的学习过程中就能深刻体会到。

二是要知道指针变量的值是可以变化的，所以要时刻判断指针变量的当前值。

7.3　指针与一维数组

如前所述，指针变量指向变量就是指针变量中存放了变量的存储单元的地址。一个数组是由若干个元素构成的，由于数组的各个元素在内存中是连续存放的，也就是说整个数组在内存中有一个起始起址，而每一个元素又都有各自存储单元的地址。指针变量既然可以指向变量，当然指针变量也就可以指向数组的各个元素（只需要把数组的某元素的地址存放到一个指针变量中）。本节主要讨论用指针对一维数组进行操作的方法。

7.3.1 指向一维数组元素的指针

只要知道了一维数组元素的数据类型，就可定义一个指向一维数组元素的指针变量。

例如：

```
int a[10];
int *p;
```

以上定义 a 为含有 10 个整型元素的一维数组，定义 p 为一个指向整型变量的指针变量。当把 a 数组的某元素的地址赋值给 p 时，p 就是指向了 a 数组的该元素的指针变量。

例如，以下程序段：

```
for(p=a;p<a+10;p++)
  *p=100;
```

就是通过循环使 p 指针变量分别指向 a 数组中的各个元素，并让各元素的值均赋值为 100。

7.3.2 通过指针引用一维数组数组元素

由于一维数组元素在内存中是连续存放的，所以就可以通过指向一维数组元素的一个指针变量对一维数组进行操作。

没有学习指针以前，在程序设计中，对数组元素的引用是通过数组名和下标来实现的，例如要想引用数组 a 中下标从 0 开始的第 i 个元素，引用形式为 a[i]。现在就可以用指向一维数组元素的指针变量来引用数组元素 a[i]，一般可以使用以下几种形式：

假定已有定义：int a[N],i,*p;

（1）若 p=&a[0]; /*也可用 p=a 表示*/

那么，p+i 就是 a[i]元素的地址，*(p+i）和 p[i]都是对 a[i]元素的引用形式。

（2）若 p=&a[i];　/*也可用 p=a+i 表示*/

那么*p 和 p[0]都是对 a[i]元素的引用形式。

例 7.2 中两个程序其实就是通过指向数组元素的指针变量对数组进行操作的。

7.3.3 数组名作为函数的参数

在“函数”一章中已经介绍过数组名作为函数的参数，知道了若数组名作为函数形参，在该函数被调用时，系统不为形参数组单独开辟存储空间，而是让形参数组和对应的实参数组共同占用同一段存储单元，在被调函数中对形参数组的操作其实是对对应实参数组的操作。事实上，在 C 语言中数组名代表数组的首地址，若数组名作为函数形参，当函数调用时，实参数组名向形参数组名一定是传递了实参数组的首地址，也就意味着形参要能接收这个地址值，所以形参数组名一定相当于一个指针变量。

C 的编译系统正是把形参数组名处理为一个指针变量，也就是说数组名作为函数的形参等价于一个相应的指针变量作为函数的形参。同时，C 语言中又规定指针变量可以带下标引用数组元素，那么就不难理解“对形参数组的操作本质上就是对对应实参数组的操作”，也不难理解“数组名作为函数形参时，定义形参数组时不需要定义其长度。”

在函数调用时，对实参的要求是要有和形参类型匹配的数据值，而对形参的要求是要有存放实参数据值的存储单元。所以，当形参是数组名时，对应的实参也不一定必须是个数组名，只要是一个类型上匹配的某数组的元素地址就可以。但一定要注意，对应实参是数组名（是实参数组首元素地址）和对应实参是一般数组元素的地址，对于形参数组而言，其起始地址是不同的。

【例 7.3】　下面程序是通过调用 readdata 函数对主函数中定义的 a 数组进行数据输入，通过两次调用 outputdata 函数分别对 a 数组的全部和部分值进行输出。

```
#include "stdio.h"
#define N 10
void  readdata(int a[],int m)   /* 可用int *a代替 int a[] */
 {int i;
for(i=0;i<m;i++)
  scanf("%d ",&a[i]);
}

void outputdata(int *a,int m)   /* 可用int a[]代替int * a  */
{int i;
for(i=0;i<m;i++)
  printf("%d ",a[i]);
printf("\n");
}

void main()
{int a[N];
readdata(a,N);
outputdata(a,N);
outputdata(a+3,5);
}
```

程序运行如下：

```
9 8 7 6 5 4 3 2 1 0↓
9 8 7 6 5 4 3 2 1 0
6 5 4 3 2
```

7.3.4　字符串与指针

在 C 语言中，对字符串的操作一般是借助字符数组来实现的，而相应的字符串处理函数的形参往往是字符数组名，由于数组名是数组的起始地址，当然就可以通过指针来对字符串进行操作。

1. 字符串的指针表示形式

C 语言允许对字符串常量直接以字符数组的处理方式进行处理。可以在不定义字符数组的情况下，直接利用一个字符指针，用字符指针指向字符串中的字符。

【例 7.4】　利用字符指针输出特定字符串。

```
void main()
{char * string="I love this game!";
 printf("%s\n",string);
}
```

程序运行结果为：I love this game!

程序中定义的变量“string”为指针类型，它指向字符型数据。程序的声明语句“char * string="I love this game!"”相当于两条声明语句“char * string;”和“string="I love this game! ";”。

程序在运行时，计算机系统先输出了指针变量“string”所指向的一个字符型数据，然后立刻自动加 1，使指针变量“string”指向下一个字符，反复执行此操作直到遇到字符串常量的结束标志'\0'为止。

【例 7.5】 利用字符指针输出指定字符串中的若干尾部字符。

```
void main()
{char str[]="ABCDEFGHIJKLMNOPQRSTUVWXYZ";
 int i;
 printf("PLEASE INPUT A NUMBER!");
 scanf("%d",&i);
printf("%s\n",str+i);
}
```

程序运行时如果输入整数 23，则程序会输出大写字母 XYZ。也就是说，程序输出了大写字符表中第 23 个字母“W”之后的 3 个字母。

2. 字符指针作为函数参数

将一个字符串从一个函数传递到另一个函数时，可以采用“传地址”的方法，可以用字符数组名或者指向字符串的指针变量作为参数。通过这两种方法都可以在被调函数中改变字符串的内容，并且在主调函数中获得被改变了的字符串。

（1）字符数组作为参数。

【例 7.6】 利用字符数组作为函数的参数复制字符串。

```
#include "stdio.h"
void copy_str(char from[],char to[])
{int i=0;
 while (from[i]!='\0')
   {to[i]=from[i];
    i++;
   }
 to[i]='\0';
}
void main()
{char a[]="0123456789";
 char b[]="ABCDEFGHIJ";
 printf("str_a=%s\nstr_b=%s\n",a,b);
 copy_str(a,b);
 printf("str_a=%s\nstr_b=%s\n",a,b);
}
```

程序运行结果如下：

```
str_a=0123456789
str_b=ABCDEFGHIJ
str_a=0123456789
str_b=0123456789
```

当主函数运行时，先在字符数组 a 和 b 中分别存入字符串“0123456789”和字符串“ABCDEFGHIJ”；利用被调函数 copy_str 将参数“from”（字符数组）全部复制到“to”数组中。

在 main 函数中可以不定义字符数组，而是利用字符型指针变量。主函数可以改写为：

```
void main()
{char a[]="0123456789";
 char b[]="ABCDEFGHIJ";
 printf("str_a=%s\nstr_b=%s\n",a,b);
 copy_str(a,b);
 printf("str_a=%s\nstr_b=%s\n",a,b);
}
```

改写后的程序与原程序运行结果完全相同。

（2）字符指针变量作为形参。

上例程序修改如下：

```
void copy_str(char *from,char *to)
{while (*from!='\0')
   {*to=*from;
    from++;
    to++;
   }
  *to='\0';
}
void  main()
{char a[]="0123456789";
 char b[]="ABCDEFGHIJ";
 printf("str_a=%s\nstr_b=%s\n",a,b);
 copy_str(a,b);
 printf("str_a=%s\nstr_b=%s\n",a,b);
}
```

程序中的形参“from”和“to”都是字符指针变量。程序的运行结果和前面的两个程序是完全相同的。

由此可见，在将一个字符串从一个函数传递到另一个函数时，不论被调函数的参数是字符数组名还是字符指针变量，都可以将地址在主调函数和被调函数之间传递，程序书写的灵活性很大。

在 5.3 节我们学习了几个常用的字符串处理函数 strcat、strcpy、strlen、strcmp、strupr、strlwr，它们均在头文件“string.h”中定义，若不允许使用 include “stdio.h”命令，就需要用户自己编写相应的函数。下面就分别编写函数 link、copy、len、compare、upr、lwr 用来代替以上函数。

```
char * link(char *a,char *b)
{
char *t;
t=a;
while(*a!='\0')
   a++;
while(*b!='\0')
 {*a=*b;a++;b++;}
*a='\0';
return t;
 }

char * copy(char *a,char *b)
{char *t;
t=a;
while(*b!='\0')
   {*a=*b;a++;b++;}
*a='\0';
return t;
}

int len(char *a)
{int i=0;
while(a[i]!='\0')
i++;
```

```
return i;
}

int compare(char *a,char *b)
{while(*a!='\0' && *b!='\0' && *a==*b)
    {a++;b++;}
return *a-*b;
}

char * upr(char *a)
{
char *t;
t=a;
while(*a!='\0')
{if(*a>='a'&&*a<='z')
   *a=*a-32;
a++;
}
return t;
}

char * lwr(char *a)
{
char *t;
t=a;
while(*a!='\0')
{if(*a>='A'&&*a<='Z')
   *a=*a+32;
a++;
}
return t;
}
```

以上函数 link、copy、upr、lwr 的返回值是址址类型，相关内容可参考后面的 7.5 节。

7.4 指针与二维数组

使用指针变量既可以对一维数组进行操作，也可以对多维数组进行操作。由于多维数组自身的复杂性，多维数组的指针比一维数组的指针要复杂一些。本节主要介绍二维数组的指针。

7.4.1 二维数组的地址

现定义一个 3 行 4 列的二维数组如下：

```
int a[3][4];
```

二维数组的这种定义形式便于把二维数组看成一种特殊的一维数组。例如，可将上面定义的二维数组看做一个特殊的一维数组，它共有 3 个元素 a[0]、a[1]、a[2]，也就是二维数组 a 的第 0 行、第 1 行、第 2 行。而这 3 个元素每个又是包含了 4 个整型数据的一维数组。如 a[0]是包含了

4 个整型数据 a[0][0]、a[0][1]、a[0][2]、a[0][3]的一维数组，既然 a[0]是一个一维数组，就可以认为 a[0]是第 0 行上的由 4 个元素组成的一维数组的数组名。由于一维数组名代表了一维数组首元素的地址，所以 a[0]就代表第 0 行上的由 4 个元素组成的一维数组的首元素 a[0][0]的地址。

由以上分析不难得出这样的结论：

在二维数组 a 中，a[i]代表了第 i 行第 0 列元素的地址。那么 a[i]+j 当然就代表了第 i 行第 j 列元素的地址。

既然可以把前面定义的二维数组 a 看成是含有 3 个特殊元素 a[0]、a[1]、a[2]的一维数组，由于一维数组名代表了一维数组首元素的地址，所以数组名 a 就是 a[0]元素的地址；又因 a[0]是二维数组的第 0 行，所以数组名 a 就是二维数组第 0 行（即首行）的地址。由此不难得出这样的结论：

在二维数组 a 中，数组名 a 代表其首行地址，a+i 代表第 i 行的地址。

由前所述可知，在二维数组中有两种性质的地址，一种是二维数组元素的地址，另一种是行地址。

在 7.2.2 小节中已经介绍过 a[i]和*（a+i）是等价的，对于二维数组，a[i]是第 i 行第 0 列元素的地址，a+i 是第 i 行的行地址，由此可得：

行地址经过*运算就得到了本行第 0 列元素的地址，若再加上 j，就得到本行第 j 列元素的地址。

总结：在二维数组 a 中：

（1）**a[i]就是 a[i][0]的地址，a[i]+j 就是 a[i][j]的地址，*(a[i]+j)就是 a[i][j]。**

（2）**a+i 是第 i 行地址，*(a+i)是第 i 行第 0 列元素的地址，*(a+i）+j 是第 i 行第 j 列元素的地址，*(*(a+i)+j)就是 a[i][j]。**

7.4.2　指向二维数组元素的指针

和一维数组一样，只要知道了二维数组元素的数据类型，就可定义一个指向二维数组元素的指针变量。

例如：

```
#define  M  3
#define  N  4
int a[M][N];
int *p, i,j;
```

以上定义 a 为 M 行 N 列的整型二维数组，定义 p 为一个指向整型变量的指变量。当把 a 数组的某元素的地址赋值给 p 时，p 就是指向了二维数组 a 的该元素的指针变量。

由于二维数组元素在内存中是按行连续存放的，所以就可以通过指向二维数组元素的一个指针变量对二维数组进行操作。下面介绍通过指向二维数组元素的指针变量 p 对上面定义的二维数组 a 的第 i 行第 j 列元素 a[i][j]的引用方法。

（1）若 p=&a[0][0]　/*也可用 p=a[0]表示*/

那么，p+i*N+j 就是 a[i][j]元素的地址，*(p+i*N+j）和 p[i*N+j]都是对 a[i][j]元素的引用形式。

（2）若 p=&a[i][0]；　/*也可用 p=a[i]或 p=*(a+i)表示*/

那么 p+j 就是 a[i][j]元素的地址，*(p+ j)和 p[j]都是对 a[i][j]元素的引用形式。

（3）若 p=&a[i][j]；　/*也可用 p=a[i]+j 或 p=*(a+i)+j 表示*/

那么*p 和 p[0]都是对 a[i][j]元素的引用形式。

【例 7.7】 以下 3 个程序的功能都是先对二维数组进行输入，然后输出。

程序一：

```
#include "stdio.h"
#define  M  3
#define  N  4
void main()
{int a[M][N],i,j,*p;
for(p=a[0];p<a[0]+M*N;p++)
    scanf("%d",p);
p=a[0];
for(i=0;i<M;i++)
  {for(j=0;j<N;j++)
     printf("%d ",*(p+i*N+j));  /*输出项也可用p[i*N+j]替换*/
    printf("\n");
    }
}
```

程序二：

```
#include "stdio.h"
#define M 3
#define N 4
void  main()
{int a[M][N],i,j,*p;
for(p=a[0];p<a[0]+M*N;p++)
    scanf("%d",p);
for(i=0;i<M;i++)
  {p=a[i];
   for(j=0;j<N;j++)
     printf("%d ",*(p+j)); /*输出项也可用p[j]替换*/
    printf("\n");
    }
}
```

程序三：

```
#include "stdio.h"
#define M 3
#define N 4
void  main()
{int a[M][N],*p;
for(p=a[0];p<a[0]+M*N;p++)
    scanf("%d",p);
for(p=a[0];p<a[0]+M*N;p++)
   {printf("%d ",*p);  /*输出项也可用p[0]替换*/
    if((p+1-a[0])%N==0)
      printf("\n");
    }
}
```

7.4.3 指向一个含有 *N* 个元素的一维数组的指针

如前所述，在二维数组 a 中 a+i 是第 i 行的地址，若二维数组 a 每行有 *N* 个元素，a+i 就是由这 *N* 个元素组成的一个一维数组的地址，若要把这个一维数组的地址存放在一个指针变量 p 中，就必须定义 p 为和 a+i 同样类型（行指针类型）的指针变量。

定义一个指向含有 *N* 个元素的一维数组的指针变量的格式是：

一维数组元素的类型 （*指针变量名）[一维数组的长度]；

例如：int (*p)[4]; 就是定义了一个指针变量 p，它可以指向一个含有 4 个整型元素的一维数组。

由于在二维数组中有一行行的一维数组，所以指向一维数组的指针变量一般用于对二维数组进行操作。下面介绍通过指向一维数组的指针变量对二维数组元素的引用方法。

设已有如下定义：

```
#define  M  3
#define  N  4
int a[M][N],(*p)[N],i,j;
```

若要使用指针 p 引用二维数组 a 的第 i 行第 j 列元素 a[i][j],可用以下方法：

（1）若 p=a;

那么，*(*(p+i)+j)和 p[i][j]都是对 a[i][j]元素的引用形式。

（2）若 p=a+i;

*(*p+j)和 p[0][j]都是对 a[i][j]元素的引用形式。

以下两个程序段的功能都是输出二维数组。

程序段一：

```
p=a;
for(i=0;i<M;i++)
   { for(j=0;j<N;j++)
     printf("%d ",*(*(p+i)+j));  /*输出项也可用p[i][j]替换*/
    printf("\n");
   }
```

程序段二：

```
for(i=0;i<M;i++)
   { p=a+i;
   for(j=0;j<N;j++)
     printf("%d ",*(*p+j));  /*输出项也可用p[0][j]替换*/
    printf("\n");
   }
```

请分析以下程序的功能。程序中使用了指向二维数组元素的指针 p 和指向二维数组中某行的指针 q。

```
#include "stdio.h"
#define M 3
#define N 4
void main()
{int a[M][N], *p,(*q)[N];
for(p=a[0];p<a[0]+M*N;p++)
    scanf("%d",p);
for(q=a;q<a+M;q++)
  {
   for(p=*q;p<*q+N;p++)
     printf("%d ",*p);
    printf("\n");
   }
 }
```

7.4.4 二维数组名作为函数参数

在 7.3.3 小节中已经说明，数组名作为函数的形参，就等价一个指针变量。由于一维数组名代

表一维数组首元素的地址，所以一维数组名作为函数的形参其实就等价于一个指向一维数组元素的指针变量作为函数的形参。由于二维数组名代表二维数组的首行地址，所以二维数组名作为函数的形参其实就等价于一个指向一维数组的指针变量（行指针变量）作为函数的形参。

【例 7.8】 下面程序是通过调用 readdata 函数对主函数中定义的 a 二维数组进行数据输入，通过两次调用 outputdata 函数分别对 a 数组的全部数据和部分行上的数据进行输出。

```
#include "stdio.h"
#define  M  4
#define  N  3
void  readdata(int a[][N],int  m, int n )   /* 可用 int (*a)[N]代替 int a[][N]  */
{int i,j;
for(i=0;i<m;i++)
  for(j=0;j<n;j++)
    scanf("%d ",&a[i][j]);
}

void outputdata(int  (*a)[N],int m,int n)  /* 可用 int a[][N] 代替 int (*a)[N] */
{int i;
for(i=0;i<m;i++)
  {for(j=0;j<n;j++)
   printf("%d ",a[i][j]);
    printf("\n");
  }

void main()
{int a[M][N],i;
readdata(a,N);
outputdata(a,M,N);
printf("\n");
outputdata(a+2,N);
}
```

程序运行结果如下：

```
1 2 3 4 5 6 7 8 9 10 11 12↓
1 2 3
4 5 6
7 8 9
10 11 12

7 8 9
10 11 12
```

7.5　返回地址值的函数

C 语言允许一个函数的返回值的数据类型为指针类型，也就是说，函数可以返回一个地址值。返回指针值的函数又可简称为指针函数。

返回指针值的函数（简称指针函数）的定义格式为：

指针的基类型　*函数名（形参表列）
　{函数体}

【例 7.9】 使用指针函数求两个数的最大值。

程序如下：

```
#include " stdio.h "
int * max(int *p1,int *p2)
{if (*p1>*p2)
    return p1;
    else
    return p2;
}

void main()
{int a,b,*p;
scanf("%d %d ",&a,&b);
p=max(&a,&b);
printf("max=%d ",*p);
}
```

在 main 函数中通过对指针函数 max 的调用，传送&a,&b 分别给 max 函数中的形参 p1 和 p2 指针变量，在 max 函数中通过比较*p1(就是 a)和*p2(就是 b)，返回较大数据的地址。

7.6　函数的指针及指向函数的指针变量

7.6.1　函数指针概述

每一个函数在编译时会被分配一段内存单元，这一段内存单元的起始地址就称为函数的入口地址，也称为函数的指针。C 语言规定函数名代表函数的入口地址。

可以定义一个指针变量用来存放一个函数的入口地址，那么该指针变量就是指向函数的指针。

定义一个指向函数指针变量的格式为：

函数返回值类型　(*指针变量)(函数形参类型表列)；

例如：float　(*p)(int ,int);

上面定义了一个函数指针变量 p，用它可以指向一个含有两个整型形参的实型函数。

7.6.2　使用函数指针变量调用函数

函数调用可以通过函数名调用，也可以通过指向函数的指针变量调用。调用格式如下：

(*函数指针变量)(实参表)

下面通过一个程序来进行说明：

```
#include "stdio.h"
int  max(int a,int b)
{return a>b?a:b;}

int  min(int a,int b)
{return a>b?b:a;}

void main()
{int a=10,b=20,(*p)(int,int),c;
int max(),min();
p=max;
c=(*p)(a,b);
```

```
printf("c=%d\n",c);
p=min;
c=(*p)(a,b);
printf("c=%d\n",c);
}
```

该程序的输出结果为：

```
20
10
```

max 和 min 是两个自定义整型函数，主函数中定义了函数指针变量 p，p 在程序中先后分别指向 max、min 函数，通过语句 c=(*p)(a,b)也就先后调用了 max 和 min 函数。

7.7 指针数组与指向指针的指针

7.7.1 指针数组

指针数组就是数组的每一个元素都是基类型相同的指针值。

一维指针数组的定义格式为：

指针数组元素的基类型 *数组名[长度]；

例如：int *a[10];

表示 a 是一个指针数组，它含有 10 个元素，每一个元素都可以存放一个基类型是整型的指针值。

在程序设计时，使用指针数组可以对一般数组进行灵活地操作。

【例 7.10】 下面程序是对数组中的数据先按从小到大的顺序输出，再按原输入顺序输出。

程序如下：

```
#include "stdio.h"
#define N 10
void main()
{int a[N],*b[N],i,j,*t;
for(i=0;i<N;i++)
  b[i]=&a[i];
for(i=0;i<N;i++)
  scanf("%d",b[i]);
for(i=1;i<N;i++)
  for(j=0;j<N-i;j++)
   if(*b[j]>*b[j+1])
    {t=b[j];b[j]=b[j+1];b[j+1]=t;}
for(i=0;i<N;i++)
    printf("%d ",*b[i]);
printf("\n");
for(i=0;i<N;i++)
    printf("%d ",a[i]);
}
```

程序运行如下：

```
10  9  8  7  6  5  4  3  2  1↓
1  2  3  4  5  6  7  8  9  10
10  9  8  7  6  5  4  3  2  1
```

在程序中首先使指针数组 b 中的元素指向和其下标相同的 a 数组中的对应元素，接下来使用冒泡法排序，通过对 b 数组中元素所指向的单元间数据的大小比较（即对 a 数组中元素进行大小比较），在比较条件成立时，交换 b 数组中相应元素（注意：交换的是地址值），当排序程序段执行结束时，b 数组中元素的值依次是 a 数组中元素值从小到大的各元素的地址。但 a 数组中的元素值并未变化。程序的最后先通过指针数组 b 对整型数组 a 数组中的数据按从小到大的顺序输出，再对 a 数组按原输入顺序输出。

请分析若把 t 定义为 int 型，把语句 if(*b[j]>*b[j+1])　{t=b[j];b[j]=b[j+1];b[j+1]=t;} 改为 if(*b[j]>*b[j+1])　{t=*b[j];*b[j]=*b[j+1];*b[j+1]=t;}，程序的输出结果又会怎样呢？

7.7.2　指向指针的指针

由于一维数组名代表其首元素的地址，那么一维指针数组名理所当然就指向其首元素，而一维指针数组的首元素又是一个指针，所以一维指针数组名就是一个指向指针的指针。同理，一维指针数组各元素的地址也都是指向指针的指针。若要把这类指针值存放在一个变量中，就要定义指向指针的指针。指向指针的指针又称为二级指针。

指向指针的指针的定义格式为：

数据类型　**指针变量;

例如定义：int　**p;

表示 p 是一个指针变量，它的基类型是整型指针类型，即用 p 可以存放一个整型指针单元的地址。

在程序设计时，一般使用指向指针的指针以及指针数组可以对一般数组进行灵活操作。在前面章节中已经多次讨论过数组名作为函数参数就相当一个指针变量，相同的道理，一维指针数组名作为函数的形参就等价一个指向指针的指针变量作为函参的形参。

对于例 7.10 还可以用如下程序实现相同的功能。

```
#include "stdio.h"
#define N 10
void  sort(int *a[],int m)  /*  可用 int **a 替换 int *a[]  */
{int i,j,*t;
for(i=1;i<m;i++)
  for(j=0;j<m-i;j++)
   if(*b[j]>*b[j+1])     /* 可用**(b+j)和**(b+j+1)分别 替换*b[j]和*b[j+1]  */
    {t=b[j];
    b[j]=b[j+1];
    b[j+1]=t;
    }       /*  可用*(b+j)和*(b+j+1)分别 替换 b[j]和 b[j+1]   */
}
void main()
{int a[N],*b[N],i;
for(i=0;i<N;i++)
  b[i]=&a[i];
for(i=0;i<N;i++)
  scanf("%d",b[i]);
sort(b,N);
for(i=0;i<N;i++)
  printf("%d ",*b[i]);
printf("\n");
for(i=0;i<N;i++)
  printf("%d ",a[i]);
}
```

7.7.3 指针数组作为主函数的形参

main 函数参数的一般形式为：

```
void main (int argc, char *argv[ ] )
```

在运行 C 程序时，可以使用命令行参数，向程序（main 函数）传递参数。

命令行参数的一般形式为：

运行文件名　参数 1　参数 2　……　参数 *n*

命令行执行后，argc 得到的值是 n+1 ,argv[0]存放由文件名组成的字符串的首地址，argv[1]到argv[n]依次存放由参数 1 到参数 n 组成的字符串的首地址。

【例 7.11】　使用带参数的主函数对命令行上输入的若干整数进行求和。

程序如下：

```
#include "stdio.h"
#include "stdlib.h"
void  main(int argc,char *argv[])
{int sum=0,i;
for(i=1;i<argc;i++)
   sum+=atoi(argv[i]);  /* 函数 atoi 的功能是把字符串转换为整型数据 */
for(i=1;i<argc-1;i++)
  printf("%d+",atoi(argv[i]));
printf("%d=%d\n",atoi(argv[argc-1]),sum);
}
```

假设上面的程序编译后在当前目录生成的可执行文件名为 FILE.exe。

当命令行为：FILE　10　20　30　40　50↓

程序运行结果如下：

```
10+20+30+40+50=150
```

7.8 各种指针小结

本章学习了如下形式的 4 大类指针的定义。

1. 类型 *指针变量名;

例如：int *p; /*p 是一个指向整型变量的指针变量*/

2. 类型 (*指针变量名)[常量];

例如：int (*p)[10]; /*p 是一个指向含有 10 个整型元素的一维数组的指针变量*/

3. 类型 (*指针变量名)(形参类型表列);

例如：int　(*p)(int ,int); /*p 是一个指向含有 2 个整型形参且返回值为整型值的函数的指针变量*/

4. 类型指针变量名;**

例如：int **p; /*p 是一个指向整型指针变量的指针变量*/

事实上，以上 4 种情况的例子中的 p 均为指针变量，只是它们的基类型不同，我们可以通过typedef 定义以上的 4 种指针的基类型，从而可以看出这 4 种类型有一个统一的定义形式，即

指针类型　指针变量名;

（1）若有定义：typedef int * pointer;

则：int　*p;

可用 pointer　p;代替。

（2）若有定义：typedef　int　(*pointer)[N];

则：int (*p)[N];

可用 pointer　p;代替。

（3）若有定义：typedef　int　(*pointer)(int,int);

则：int (*p)(int,int);

可用 pointer　p;代替。

（4）若有定义：typedef　int　**pointer;

则：int **p ;

可用 pointer　p;代替。

只要掌握指针变量的基类型，就可很好地学习、理解及灵活使用指针。

请分析以下指针变量 p 和 q 的含义：

```
typedef  int (*pointer)[10];
pointer q;
pointer *p;
```

习　题

一、选择题

1. 已知：int i=0，j=1,*p=&i,*q=&j;，以下错误的语句是（　　）。

（A）i=*&j;　　（B）p=&*&i;　　（C）j=*p;　　（D）i=*&q;

2. 已知：int a[10],*p=a;，则下面说法不正确的是（　　）。

（A）p 指向数组元素 a[0]

（B）数组名 a 表示数组中第一个元素的地址

（C）int a[10],*p=&a[0];与上述语句等价

（D）以上均不对

3. 若有定义：int a[6]={1,2,3,4,5,6},*p=&a[2];，则 p[1]的值是（　　）。

（A）2　　（B）3　　（C）4　　（D）5

4. 若有定义：int i=1,*p,**q;，则执行语句:p=&i;q=&p; *p=6;**q=i+*p;后 i 的值是（　　）。

（A）1　　（B）6　　（C）7　　（D）12

5. 已有定义：int a[3][4]={1,2,3,4,5,6,7,8,9,10,11,12},(*p)[4];，则语句 p=a+1;后 p[1][1]的值是（　　）。

（A）2　　（B）6　　（C）9　　（D）10

6. 设有定义: int a[5]={1,2,3,4,5},*b[5],**p,i;，则执行下列语句后 p[0][1]的值是（　　）。

```
for(i=0;i<5;i++) b[i]=a+i;
p=b+1;
```

（A）2　　（B）3　　（C）4　　（D）5

7. 设有说明 int (*ptr)[M];，其中的标识符 ptr 是（　　）。

（A）M 个指向整型变量的指针

（B）指向 M 个整型变量的函数指针

（C）一个指向 M 个整型元素的一维数组的指针

（D）具有 M 个指针元素的一维指针数组，每个元素都只能指向整型变量

8. 设有定义：char *b[5]={ "abcde", "12345", "hijkl", "69890", "wxyz"};，则*（b[2]+2）的值是（　　）。

（A）i　　（B）e　　（C）W　　（D）j

9. 下面能正确进行字符串赋值操作的是（　　）。

（A）char s[5]={"ABCDE"};　　（B）char s[5]={ 'A','B','C','D','E'};

（C）char *s; s="ABCDE";　　（D）char *s; scanf("%s",s);

10. 有以下程序：

```
void main()
{
int a[3][3],*p,i;
p=&a[0][0];
for(i=0;i<9;i++)p[i]=i;
for(i=0;i<3;i++)printf("%d",a[1][i]);
}
```

程序运行后的输出结果是（　　）。

（A）0 1 2　　（B）1 2 3　　（C）2 3 4　　（D）3 4 5

11. 现有如下定义语句：

```
int*p,s[20],i;
p=s;
```

下列表示数组元素 s[i]的表达式不正确的是（　　）。

（A）*(s+i)　　（B）*(p+i)　　（C）*(s=s+i)　　（D）*(p=p+i)

12. 若有语句 int *point,a=4;和 point=&a;，下面均代表地址的一组选项是（　　）。

（A）a,point,*&a　　（B）&*a,&a,*point

（C）*&point,*point,&a　　（D）&a,&*point,point

13. 阅读下面程序，执行后的结果为（　　）。

```
#include "stdio.h"
void fun(int *a,int *b)
{
int k;
k=5;
   *a=k;
   *b=*a+k;
}
void main()
{
int *a,*b,x=10,y=15;
   a=&x;
   b=&y;
   fun(a,b);
   printf("%d,%d\n",*a,*b);
}
```

（A）10,15　　（B）5,15　　（C）5,10　　（D）15,10

14. 阅读下面程序，在程序执行后的结果为（　　）。

```
#include "stdio.h"
```

```
int *fun(int *a,int *b)
{
int m;
   m=*a;
   m+=*b-3;
   return(&m);
}
   void main()
{
int x=21,y=35,*a=&x,*b=&y;
   int *k;
   k=fun(a,b);
   printf("%d\n",*k);
}
```

（A）53　（B）21　（C）35　（D）14

15. 以下程序的运行结果是（　　）。

```
sub(int x,int y,int *z)
{*z=y-x;}
void main()
{
int a,b,c;
  sub(10,5,&a);
  sub(7,a,&b);
  sub(a,b,&c);
  printf("%4d,%4d,%4d\n",a,b,c);
}
```

（A）5,2,3　（B）−5, −12, −7　（C）−5, −12, −17　（D）5, −2, −7

16. 下面程序的运行结果是（　　）。

```
#include  <stdio.h>
#include <string.h>
void main()
{char *p1="abc",str[50]= "xyz";
   strcpy(str+2,p1);
   printf("%s\n",str);
}
```

（A）xyzabcABC　（B）zabcABC　（C）xyabc　（D）yzabcABC

17. 不合法的 main 函数命令行参数表示形式是（　　）。

（A）main(int a,char *c[])　（B）main(int arc,char **arv)

（C）main(int argc,char *argv)　（D）main(int argv,char *argc[])

18. 下面程序段的运行结果是（　　）。

```
char str[]="ABC",*p=str;
printf("%d\n",*(p+3));
```

（A）67　（B）0

（C）字符'C'的地址　（D）字符'C'

19. 函数 fun 的返回值是（　　）。

```
int fun(char *a,char *b)
{ int  num=0,n=0;
while(*(a+num)!='\0')num++;
while(b[n]){*(a+num)=b[n];num++;n++;}
return num;
```

```
}
```

（A）字符串 a 的长度　（B）字符串 b 的长度

（C）字符串 a 和 b 的长度之差　（D）字符串 a 和 b 的长度之和

20. 下面判断正确的是（　　）。

（A）char *a="china";等价于 char *a;*a="china";

（B）char str[5]={"china"};等价于 char str[]={"china"};

（C）char *s="china";等价于 char *s;s="china";

（D）char c[4]="abc",d[4]="abc";等价于 char c[4]=d[4]="abc";

21. 若有以下程序：

```
#include  <stdio.h>
int a[]={2,4,6,8};
void main()
{
int i;
    int *p=a;
    for(i=0;i<4;i++)a[i]=*p;
    printf("%d\n",a[2]);
}
```

程序运行结果是（　　）。

（A）6　（B）8　（C）4　（D）2

22. 以下程序有错，错误原因是（　　）。

```
void main()
{ int *p,i;
char *q,ch;
    p=&i;
    q=&ch;
    *p=40;
    *p=*q;
    ...
    }
```

（A）p 和 q 的类型不一致，不能执行*p=*q;语句

（B）*p 中存放的是地址值，因此不能执行*p=40;语句

（C）q 没有指向具体的存储单元，所以*q 没有实际意义

（D）q 虽然指向了具体的存储单元，但该单元中没有确定的值，所以执行*p=*q;没有意义，可能会影响后面语句的执行结果

23. 有以下函数：

```
char* fun(char *p)
{return p;}
```

该函数的返回值是（　　）。

（A）无确切的值　（B）形参 p 中存放的地址值

（C）一个临时存储单元的地址　（D）形参 p 自身的地址值

24. 若二维数组 a 有 m 列，则计算任一元素 a[i][j]在数组中位置的公式为（　　）（设 a[0][0]的位置为 0）。

（A）i*m+j　（B）j*m+i　（C）i*m+j-1　（D）i*m+j+1

二、填空题

1. 以下程序的功能是：通过指针操作，找出 3 个整数中的最小值并输出。

```
#include "stdlib.h"
void main()
{int *a,*b,*c,num,x,y,z;
 a=&x;b=&y;c=&z;
 printf("输入 3 个整数: ");
 scanf("%d%d%d",a,b,c);
 printf("%d,%d,%d\n",*a,*b,*c);
 num=*a;
 if(*a>*b)_______;
 if(num>*c)_______;
 printf("输出最小整数:%d\n",num);
}
```

2. 若有定义：int a[3][5],i,j;(且 0<=i<3,0<=j<5),则 a 数组中任一元素可用 5 种形式引用。它们是：

（1）a[i][j]

（2）*(a[i]+j)

（3）*(*________);

（4）(*(a+i))[j]

（5）*(________+5*i+j)

3. 以下程序的运行结果是________。

```
#include "stdio.h"
fib(int n,int *s)
{int f1,f2;
 if(n==1||n==2) *s=1;
 else { fib(n-1,&f1);
fib(n-2,&f2);
*s=f1+f2;
}
}
void main()
 {int x;
  fib(7,&x);
  printf("\nx=%d\n",x);
 }
```

4. 以下程序找出二维数组 a 中每行的最大值，并按一一对应的顺序放入一维数组 s 中，即第 0 行中的最大值，放入 s[0]中；第 1 行中的最大值，放入 s[1]中……然后输出每行的行号和最大值。

```
#include "stdio.h"
#define M    6
void main()
{int   a[M][M],  s[M],i,j,k;
for(i=0;i<M;i++)
for(j=0;j<M;i++)  scanf("%d",*(a+i)+j);
for(i=0;i<M;i++)
 {*(s+i)=*(_______);
for(j=1;j<M;j++)
if(*(s+i)_______*(*(a+i)+j))
  *(s+i)=*(*(a+i)+j);
}
 for(i=0;i<M;i++)
  {printf( "Row=%2d   Max=%5d" ,_______,*(s+i));
printf( "\n" );
}
```

```
}
```

5. 设有 5 个学生，每个学生考 4 门课，以下 fun 函数能检查这些学生有无考试不及格的课程。若某一学生有一门或一门以上课程不及格，就输出该学生的序号（序号从 0 开始）和其全部课程成绩。

```
#include "stdio.h"
void fun(int(*p)[4])
{  int j,k,flag;
   for(j=0;j<5;j++)
   {flag=0;
     for(k=0;k<4;k++)
       if(_______)flag=1;
     if(flag==1)
       {printf("No.%d is fail, scores are:\n",j);
        for(k=0;k<4;k++)
        printf("%5d", _______);
        printf("\n");
        }
     }
  }
void main()
{ int score[5][4]={{42,87,67,95},{68,78,56,73},{45,92,98,69},{78,56,90,77},
{44,79,86,55}};
fun(score);
}
```

6. 有以下程序：

```
#include "stdio.h"
void swap1(int c0[], int c1[])
    { int t ;
      t=c0[0]; c0[0]=c1[0]; c1[0]=t;
    }
    void swap2(int *c0, int *c1)
{
int t;
    t=*c0; *c0=*c1; *c1=t;
    }
    void main()
{
int a[2]={3,5}, b[2]={3,5};
    swap1(a, a+1); swap2(&b[0], &b[1]);
    printf("%d %d %d %d\n",a[0],a[1],b[0],b[1]);
    }
```

程序运行后的结果是________。

7. 以下 fun 函数的功能是比较两个字符串的大小，函数返回较大串的首地址。

```
  _______fun(char *s1,char *s2)
 {char *a1,*a2;
 a1=s1;a2=s2;
while(*s1 && *s2 &&_______)
  {s1++;s2++;}
if(*s1>=*s2) return_______;
  else return_______;
}
```

8. 以下 fun 函数的功能是把 s2 串连接到 s1 串之后。

```
void fun(char *s1,char *s2)
{while(*s1)_______;
while(*s2)
_______;
_______;
}
```

9. 以下程序是输出二维数组的第 2 行到第 4 行。

```
 #include "stdio.h"
void  writearray( int  (*p)[_______],int m,int n)
{int  i, j;
for(i=m;i<=n;i++)
  {for(j=0;j<_______;j++)
    printf("%d ",*(*(_______)+_______));
printf("\n");
}
}
void main()
{int  a[6][5],i,j;
for(i=0;i<6;i++)
  for(j=0;j<5;j++)
   scanf("%d",a[i]+j);
writearray(_______,2,4);
}
```

10. 以下程序是通过命令行向主函数传递参数，并输出除文件名以外的各参数。

```
#include "stdio.h"
void main(_______,_______)
{int  i;
for(i=1;i<=a-1;i++)
puts(b[i]);
}
```

三、编程题（要求使用指针进行编写程序）

1. 从键盘上输入一个字符串和一个字符 ch，将字符串中的所有的字符 ch 删除后，然后输出该字符串。要求用函数完成删除功能。

2. 编写程序，对串 s1 查找子串 s2 在 s1 中出现的次数，串和子串在主函数中输入，要求使用函数调用。

3. 编写程序，对二维数组输出从某行开始的若干连续的行，并求出这些行上元素的平均值。要求二维数组在主函数中输入，然后通过函数调用实现程序功能。

4. 编写函数 arraycopy(int (*a)[N],int *b,int m)，实现把二维数组的 M 行 N 列数据复制到一维数组 b 中。

5. 有 n 个人按顺序从 1 到 n 编号围成一圈。从第一个人开始报数，报到 3 的人退出圈外，下一个人又从 1 开始报数，报到 3 的人退出圈外。如此反复下去，直到圈内留下一个人。请按退出顺序输出退出圈子的人的编号。

四、上机练习题

1. 给定程序中，函数 fun 的功能是：在形参 ss 所指字符串数组中，删除所有串长超过 k 的字符串，函数返回所剩字符串的个数。ss 所指字符串数组中共有 N 个字符串，且串长小于 M。

请在程序的下画线处填入正确的内容并把下画线删除，使程序得出正确的结果。

不得增行或删行，也不得更改程序的结构。

```
#include  <stdio.h>
#include  <string.h>
#define   N   5
#define   M   10
int fun(char  (*ss)[M], int  k)
{ int  i,j=0,len;
    for(i=0; i< _______ ; i++)
    {  len=strlen(ss[i]);
     if(len<= _______)
        strcpy(ss[j++],_______);
     }
  return  j;
}
void main()
{ char  x[N][M]={"Beijing","Shanghai","Tianjing","Nanjing","Wuhan"};
     int  i,f;
     printf("\nThe original string\n\n");
     for(i=0;i<N;i++)puts(x[i]);  printf("\n");
     f=fun(x,7);
     printf("The string witch length is less than or equal to 7 :\n");
     for(i=0; i<f; i++)  puts(x[i]);printf("\n");
}
```

2. 请编写函数 fun，函数的功能是：删去一维数组中所有相同的数，使之只剩一个。数组中的数已按由小到大的顺序排列，函数返回删除后数组中数据的个数。

例如，一维数组中的数据是 2 2 2 3 4 4 5 6 6 6 6 7 7 8 9 9 10 10 10，删除后数组中的内容应该是 2 3 4 5 6 7 8 9 10。

请勿改动主函数 main 和其他函数中的任何内容，仅在函数 fun 的花括号中填入编写的若干语句。

```
#include <stdio.h>
#define   N   80
int  fun(int  a[], int  n)
{



}
void main()
{  int  a[N]={2,2,2,3,4,4,5,6,6,6,6,7,7,8,9,9,10,10,10,10},i,n=20;
   printf("The original data :\n");
   for(i=0; i<n; i++)printf("%3d",a[i]);
   n=fun(a,n);
   printf("\n\nThe data after deleted :\n");
   for(i=0;i<n;i++)printf("%3d",a[i]); printf("\n\n");
}
```

3. 请编写函数 fun，它的功能是：求出 1～1000 中能被 7 或 11 整除、但不能同时被 7 和 11 整除的所有整数并将它们放在 a 所指的数组中，通过 n 返回这些数的个数。

请勿改动主函数 main 和其他函数中的任何内容，仅在函数 fun 的花括号中填入编写的若干语句。

```
#include <stdio.h>
void  fun (int *a, int *n)
{

}

void main( )
{  int aa[1000], n, k ;
    fun ( aa, &n ) ;
    for ( k = 0 ; k < n ; k++ )
    { if((k + 1) % 10 == 0) printf("\n") ;
    printf("%5d", aa[k]) ;
    }
}
```

4. *N* 个从小到大整数数列已放在一维数组中，给定程序中，函数 fun 的功能是：利用折半查找算法查找整数 *m* 在数组中的位置。若找到，返回其下标值；反之，返回-1。折半查找的基本算法是：每次查找前先确定数组中待查的范围：low 和 high（low<high），然后把 *m* 与中间位置（mid）中元素的值进行比较。如果 *m* 的值大于中间位置元素中的值，则下一次的查找范围放在中间位置之后的元素中；反之，下一次的查找范围落在中间位置之前的元素中。直到 low>high，查找结束。

请改正程序中的错误，使它能得出正确结果。

不要改动 main 函数，不得增行或删行，也不得更改程序的结构。

```
#include <stdio.h>
#define N 10
void fun(int a[],int m)
{  int low=0,high=N-1,mid;
    while(low<=high)
   {  mid=(low+high)/2;
      if(m<a[mid])
        high=mid-1;
      else if(m>=a[mid])
      low=mid+1;
      else return(mid);
    }
    return(-1);
}

void main()
{   int i,a[N]={-3,4,7,9,13,45,67,89,100,180},k,m;
    printf("a 数组中的数据如下：");
    for(i=0;i<N;i++)  printf("%d ",a[i]);
    printf("Enter m:");scanf("%d",&m);
    k=fun(a,m);
    if(k>=0) printf("m=%d,index=%d\n",m,k);
    else printf("Not be found!\n");
```

```
}
```

5. 假定输入的字符串中只包含字母和*号。请编写函数 fun，它的功能是：除了字符串前导和尾部的*号之外，将串中其他*号全部删除。形参 h 已指向字符串中第一个字母，形参 p 已指向字符串中最后一个字母。在编写函数时，不得使用 C 语言提供的字符串函数。

例如，字符串中的内容为：****A*BC*DEF*G********，删除后，字符串中的内容应当是：****ABCDEFG********。

请勿改动主函数 main 和其他函数中的任何内容，仅在函数 fun 的花括号中填入编写的若干语句。

```
#include <stdio.h>
void fun(char *a,char *h,char *p)
{

}
void main()
{   char s[81],*t,*f;
    printf("Enter a string:\n");gets(s);
    t=f=s;
    while(*t) t++;
    t--;
    while (*t=='*') t--;
    while (*f=='*') f++;
    fun(s,f,t);
    printf("The string after deleted:\n");puts(s);
}
```

第8章 结构体和共用体

在实际问题中，一组数据往往具有不同的数据类型。例如，在学生登记表中，姓名应为字符型；学号可为整型或字符型；年龄应为整型；性别应为字符型；成绩可为整型或实型。显然不能用一个数组来存放这一组数据。因为数组中各元素的类型和长度都必须一致，以便于编译系统处理。为了解决这个问题，C语言中给出了另一种构造数据类型——结构体，它相当于其他高级语言中的记录。

8.1 结构体

8.1.1 结构体的定义

结构体是一种构造类型，它可以包含多个成员，每一个成员的类型可以不同，可以是基本数据类型或者又一个构造类型。如果一组数据是用来描述一个对象特征的，那么就可以为这组数据创建结构体类型。

结构体既然是一种"构造"而成的数据类型，那么在说明和使用之前必须先定义它，也就是构造它，如同在说明和调用函数之前要先定义函数一样。

定义一个结构体的一般形式如下：

```
struct 结构体类型名
{
结构体成员列表
};
```

其中，struct是关键字，结构体类型名是用户指定的结构体名称。成员列表由若干个成员组成，每个成员都是该结构的一个组成部分。对每个成员也必须作类型说明，其形式为：

```
类型说明符 成员名称;
```

成员名称即成员的"标识符"，其命名原则应符合标识符的书写规定。

定义结构和定义变量一样，语句结尾也要加分号。

例如，一个学生的有关信息为：

学　　号	姓　　名	性　　别	成　　绩
20110601	张明	男	85

要在 C 语言中处理该学生信息，可以进行如下结构体类型定义：

```
struct stud
 {
    int num;                 //学号
    char name[20];           //姓名
    char sex;                //性别
    float score;             //成绩
 };
```

在这个结构体定义中，stud 为用户定义的结构名，该结构由 4 个成员组成。

由以上定义可知，结构体就是一种复杂的数据类型，并且由成员数目固定、类型不同的若干有序变量（成员）组成的集合。

8.1.2　结构体类型变量的定义

以上是结构体类型的定义，结构体类型定义之后，就可以进行结构体变量的定义，定义方法有以下 3 种。我们以刚刚定义的 stud 为例来加以说明。

（1）先定义结构体类型，再定义结构体变量

```
struct stud
    {
      int num;
      char name[20];
      char sex;
      float score;
    };
struct stu student1,student2;
```

为了方便使用，也可以用 typedef 声明一个新的类型名来代表一个已有的结构体类型名。例如，如果在已有的结构体类型定义之后，使用

```
typedef struct stud STUDENT;
```

则“STUDENT”与“struct stud”就完全等效，可以直接用 STUDENT 定义一个结构体类型变量。

例如：

```
STUDENT student1,student2;
```

typedef 是 C 语言的一个保留字，也可以为其他数据类型声明新的类型名。

例如，在程序中使用以下语句：

```
typedef  int  INTEGER;
```

则在后续程序中，既可以使用 int 进行整型变量的定义，也可以使用 INTEGER 进行整型变量的定义。

（2）定义结构类型的同时定义结构体变量

结构体类型名不省略，将结构体变量名写在结构类型定义结束的右括号之后、分号之前。定义格式如下：

```
struct 结构体类型名
{
```

```
成员列表
}变量名表;
```

例如：

```
struct stud
{
    int num;
    char name[20];
    char sex;
    float score;
} student1,student2;
```

（3）直接定义结构体变量（不定义结构体类型）

在定义结构体变量的时候，省略结构体类型名，直接定义结构体变量，将结构体变量名写在结构体类型定义结束的右大括号之后、分号之前。定义格式如下：

```
struct
{
成员列表
} 变量名表;
```

例如：

```
struct
{
    int num;
    char name[20];
      char sex;
    float score;
} student1,student2;
```

以上 3 种方法都定义了结构体类型的变量 student1 和 students2，第 3 种方法与第 2 种方法的区别在于第 3 种方法中省去了结构名，而直接给出结构变量。

3 种方法中说明的变量 student1、student2，都具有图 8-1 所示的结构。

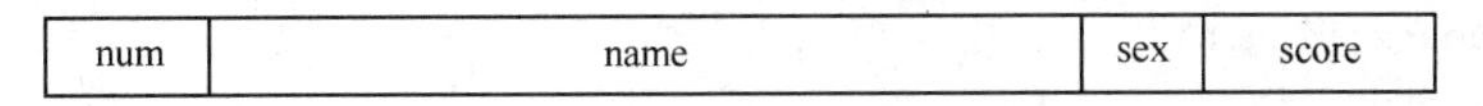

图 8-1　stud 结构体类型

说明了 student1, student2 变量为 stud 类型后，即可向这两个变量中的各个成员赋值。

在上述 stud 结构定义中，所有的成员都是基本数据类型或数组类型。成员也可以是一个结构体，即构成了嵌套的结构体。例如，图 8-2 给出了另一个数据结构。

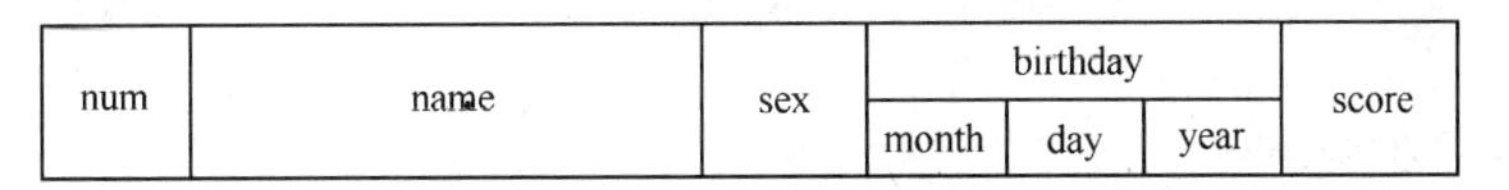

图 8-2　stud 结构体类型

图 8-2 所示的结构体类型定义如下：

```
struct date
{
    int month;
    int day;
    int year;
 };
struct{
    int num;
```

```
    char name[20];
    char sex;
    struct date birthday;
    float score;
   }student1,student2;
```

首先定义一个结构 date，由 month（月）、day（日）、year（年）3 个成员组成。在定义并说明变量 student1 和 student2 时，其中的成员 birthday 被说明为 date 结构类型。成员名可与程序中其他变量同名，互不干扰。

8.1.3 结构体变量成员的引用

在结构体变量定义了之后，我们就可以对所定义的变量进行各种相应的操作，和其他变量的使用方法不同，往往不把结构体变量作为一个整体来使用。通常对结构变量的使用，包括赋值、输入、输出、运算等都是通过对结构体变量的成员的引用来实现的。

表示结构体变量成员的一般形式为：

```
结构体变量名.成员名
```

其中，"." 为结构体成员运算符，它的优先级最高。

例如：

```
student1.num          即第一个学生的学号
student2.sex          即第二个学生的性别
```

如果成员本身又是一个结构，则必须逐级找到最低级的成员才能使用。

例如：

```
student1.birthday.month    即第一个人出生的月份成员
```

结构体成员变量可以在程序中单独使用，与普通变量完全相同。

【例 8.1】 结构体变量成员引用举例。

```
#include<stdio.h>
#include<string.h>
struct stud{
int num;
char name[20];
char sex;
float score;
}
main()
{
struct stud student1;
student1.num=1001;
strcpy(student.name,"jack");
     student1.sex='m';
     student1.score=92.5;
     printf("struct member num is:%d\n",student1.num);
     printf("struct member name is:%s\n",student1.name);
     printf("struct member sex is:%c\n",student1.sex);
     printf("struct member score is:%f\n",student1.score);
}
```

结构体类型的变量 a 在内存中占据了 27 个字节的存储空间，如图 8-3 所示。

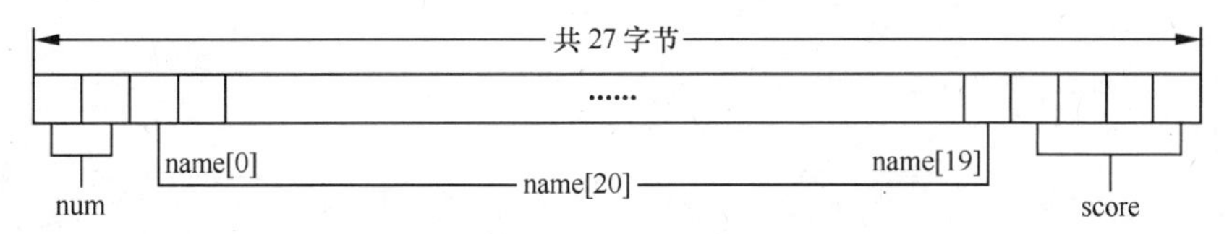

图 8-3　结构体变量的内存空间分配图

8.1.4　结构体变量的赋值与初始化

对于结构体变量可以先定义再对它赋值，也可以在定义变量的时候就赋值即初始化。这时将初值用一对大括号括起来，依次列出各个成员的值，所列出的值可以少于成员个数，默认用 0 填充。

【例 8.2】　结构体变量的初始化举例。

```
struct stud{
int num;
char name[20];
char sex;
float score;
}
struct stud student1={1001, "tom" ,'f' ,91};
```

8.2　结构体数组

在 C 语言中，数组的每个成员即数组元素的数据类型必须相同，而结构体变量的每个成员的数据类型一般不相同。在实际应用中，如一个学生的基本数据（学号、姓名、性别、年龄、成绩、地址等）可以用一个结构体变量来描述，则多个学生的基本数据就可以用结构数组来描述。

8.2.1　结构体数组的定义

结构体数组的定义方法和结构体变量的说明方法类似，只需说明它为数组类型即可。结构体数组的每一个元素都是具有相同结构体类型的下标结构体变量。

```
struct stud
{
    int num;
    char name[20];
    char sex;
    float score;
}
struct stud student[10];
```

定义了长度为 10 的结构体数组 student，每个数组元素都具有 struct stud 的结构体形式。

8.2.2　结构体数组的初始化

C 语言规定，可以对结构体数组进行初始化赋值操作。结构体数组初始化的一般形式是在定义数组的后面加上：

```
={初值列表};
```

【例 8.3】　结构体数组举例。

```
#include<stdio.h>
struct stud
{
```

```
int num;
char *name;
char sex;
float score;
}student[3]={
         {101,"wanglei", 'F',95},
         {102,"zhaoli", 'M',76},
         {103,"Yangzi", 'F',92.5}
};
main()
{
int i;
printf("The student list:\n");
for(i=0;i<3;i++)
      {
 printf("num :%d " ,student[i].num);
 printf("name:%10s " ,student[i].name);
 printf("sex:%c " ,student[i].sex);
 printf("score:%f\n" ,student[i].score);
}
}
```

8.3 结构体与指针

8.3.1 结构体类型指针变量的定义与引用

当一个指针变量用来指向一个结构体变量时，称之为结构体指针变量。结构体指针变量中的值指向结构体变量的首地址。通过结构体指针也可以访问该结构体变量，它与前面介绍的各种指针在特性和使用方法上完全相同。

结构指针变量说明的一般形式为：

```
struct 结构名 *结构指针变量名
```

例如，在前面的例题中定义了 stu 这个结构，如要说明一个指向 stu 的指针变量 pstu，可写为：

```
struct  stud  *pstu;
```

当然也可在定义 stud 结构时同时说明 pstu。与前面讨论的各类指针变量相同，结构指针变量也必须要先赋值后才能使用。

赋值是把结构体变量的首地址赋予该指针变量，不能把结构名赋予该指针变量。如果 student1 是被说明为 stud 类型的结构体变量，则

```
pstu=&student1
```

是正确的，而

```
pstu=&stud
```

是错误的。

结构名和结构体变量是两个不同的概念，不能混淆。结构名只能表示一个结构形式，编译系统并不对它分配内存空间。只有当某变量被说明为这种类型的结构时，才对该变量分配存储空间。因此，上面&stud 这种写法是错误的，不可能去取一个结构名的首地址。

有了结构体指针变量，就能更方便地访问结构体变量的各个成员，以下 3 种方式等价：

① 结构变量.成员名

② (*结构体指针变量).成员名

③ 结构体指针变量->成员名

例如：

```
(*pstu).num
```

或者

```
pstu—>num
```

其中，“—>”也是一种运算符，它表示的意义是，访问指针所指向的结构体变量的成员项。

(*pstu)两侧的括号不可少，因为成员运算符“.”的优先级高于“*”。如去掉括号写作*pstu.num，则等效于*(pstu.num)，这样，意义就完全不对了。

下面通过例子来说明结构体指针变量的具体说明和使用方法。

【例 8.4】 结构体指针变量举例。

```
#include<stdio.h>
struct stud{
int num;
char name[20];
char sex;
float score;
};
main()
{
struct stud *pstud,student1={1001, "Wanglei" , 'F' ,92.5};
pstud=&student1;
printf("struct member number is:%d\n" , student1.num);
printf("struct member name is:%s\n" , (*pstud).name);
printf("struct member sex is:%c\n" , pstud->sex);
printf("struct member score is:%f\n" , pstud->score);
}
```

本例程序定义了一个结构体 stud，定义了 stud 类型的结构体变量 student1 并作了初始化赋值，还定义了一个指向 stud 类型结构的指针变量 pstu。在 main 函数中，pstu 被赋予 student1 的地址，因此 pstu 指向 student1。然后在 printf 语句内用 3 种形式输出 student1 的各个成员值。

从运行结果可以看出，3 种用于表示结构成员的形式是完全等效的。

8.3.2 指向结构体数组的指针

指针变量可以指向一个结构体数组，这时结构指针变量的值是整个结构数组的首地址。结构指针变量也可指向结构数组的一个元素，这时结构指针变量的值是该结构数组元素的首地址。

【例 8.5】 用指针变量输出结构体数组。

```
#include<stdio.h>
struct stud
{
  int number;
  char *name;
  char sex;
  float score;
};
main()
{
  int i;
```

```
    struct stud *pstud,student[3]={
            {101,"Wanglei",'F',95},
            {102,"Zhaoli",'M',76},
            {103,"Yangzi",'F',92.5}
  };
    pstud=student;
    for(i=0;i<3;i++)
    {
     printf("number:%d",pstud[i].number);
     printf("name:%10s",pstud[i].name);
     printf("sex:%c",(*(pstud+i)).sex);
     printf("score:%f\n", (pstud+i)->score);
   }
  }
```

在程序中，定义了 stud 结构类型的结构体数组 student 并作了初始化赋值。在 main 函数内定义 pstud 为指向 stud 类型的指针。在循环语句 for 的表达式 1 中，pstud 被赋予 student 数组的首地址，然后循环 5 次，输出 student 数组中各成员值。

应该注意的是，一个结构指针变量虽然可以用来访问结构变量或结构数组元素的成员，但是，不能使它指向一个成员。也就是说不允许取一个成员的地址来赋予它。因此，下面的赋值是错误的。

```
pstud=&student[1].sex;          //错误
```

而只能是

```
pstud=student;(赋予数组首地址)
```

或者是

```
pstud=&student[0];(赋予 0 号元素首地址)
```

8.3.3 结构体指针变量作为函数参数

C 语言允许结构体变量和结构体指针变量作为函数的形参。以结构体变量作为形参时，由于要将结构体变量的每个成员逐个通过形参传递，使程序会有比较大的时间开销和空间复杂度。最好的办法就是使用指针，即用指针变量作为函数参数进行传送。这时由实参传向形参的只是地址，从而减少了时间和空间的开销。

【例 8.6】 计算一组学生的平均成绩和不及格人数，用结构指针变量作为函数参数编程。

```
struct stu
{
    int num;
    char *name;
    char sex;
    float score;}boy[5]={
        {101,"Li ping",'M',45},
        {102,"Zhang ping",'M',62.5},
        {103,"He fang",'F',92.5},
        {104,"Cheng ling",'F',87},
        {105,"Wang ming",'M',58},
      };
main()
{
    struct stu *ps;
    void ave(struct stu *ps);
    ps=boy;
```

```
    ave(ps);
}
void ave(struct stu *ps)
{
    int c=0,i;
    float ave,s=0;
    for(i=0;i<5;i++,ps++)
      {
        s+=ps->score;
        if(ps->score<60) c+=1;
      }
    printf("s=%f\n",s);
    ave=s/5;
    printf("average=%f\ncount=%d\n",ave,c);
}
```

本程序中定义了函数 ave，其形参为结构指针变量 ps。boy 被定义为外部结构数组，因此在整个源程序中有效。在 main 函数中定义说明了结构指针变量 ps，并把 boy 的首地址赋予它，使 ps 指向 boy 数组。然后以 ps 作实参调用函数 ave。在函数 ave 中完成计算平均成绩和统计不及格人数的工作并输出结果。

由于本程序全部采用指针变量作运算和处理，故速度更快，程序效率更高。

8.4　结构体与链表

1. 链表的一般结构

C 语言支持计算机内存空间的动态管理与分配。链表存储结构是一种动态数据结构，其特点是它包含的数据对象的个数及其相互关系可以按照需要改变，存储空间是程序根据需要在程序运行过程中向系统申请获得，这种动态的内存空间管理与结构体类型和指针类型是密不可分的，C 语言称之为链表。

链表由结点元素组成。为了适应链表的存储结构，计算机存储空间被划分为一个个小块，每个小块占若干字节，通常称这些小块为存储结点。链表不要求逻辑上相邻的元素在物理位置上相邻，弥补了顺序存储结构的不足。

为了存储链表中的每个元素，一方面要存储数据元素的值，另一方面要存储各个数据元素之间的链接关系。所以，链表要求每个结点元素的结构至少要有两个成员，一个用来存放数据，一般称为链表的数据域；另一个用于存放指针，称为指针域。

在链表中，用一个专门的指针 HEAD（通常称为头指针）指向链表中第一个元素的结点，而将链表中最后一个结点的指针域设为空（通常用 NULL 表示），表示链表的终结，各数据元素之间的前后关系由各结点的指针域来指示。链表的逻辑结构如图 8-4 所示。

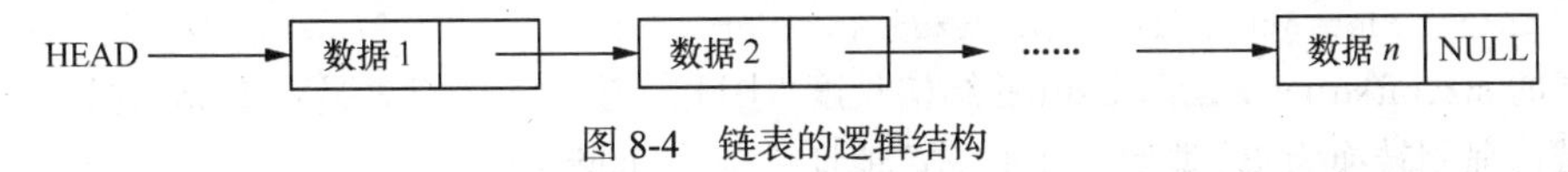

图 8-4　链表的逻辑结构

2. 结点结构类型的定义

在 C 语言中，定义链表结点结构的一般形式为：

```
struct  结点结构名
{数据成员列表;
```

```
struct 结点结构名  *指针变量名;
};
```

例如，下面定义的结点类型中，每个结点都分为两个域，一个是数据域，存放各种实际的数据，如学号 num、姓名 name、性别 sex 等；另一个域为指针域，它是一个指向 stud 类型结构的指针变量，存放下一结点的首地址。链表中的每一个结点都是同一种结构类型。

```
struct  node
{int  num;                //数据域
 char  name[30];          //数据域
 char  sex;               //数据域
 struct  node  *next;     //指针域
};
```

3. 动态存储分配

C 语言提供了一些内存管理函数，这些内存管理函数可以按需要动态地分配内存空间，也可以把不再使用的空间回收待用，为有效地利用内存资源提供了手段。

常用的内存管理函数有以下 3 个。

（1）分配内存空间函数 malloc()

调用形式：

```
(类型说明符*)malloc(size)
```

功能：在内存的动态存储区中分配一块长度为“size”字节的连续区域。函数的返回值为该区域的首地址。

(类型说明符*)表示把返回值强制转换为该类型指针。

“size”是一个无符号数。

例如：

```
pc=(char *)malloc(100);
```

表示分配 100 个字节的内存空间，并强制转换为字符数组类型，函数的返回值为指向该字符数组的指针，把该指针赋予指针变量 pc。

（2）分配内存空间函数 calloc()。

calloc 也用于分配内存空间。

调用形式：

```
(类型说明符*)calloc(n,size)
```

功能：在内存动态存储区中分配 n 块长度为“size”字节的连续区域。函数的返回值为该区域的首地址。

(类型说明符*)用于强制类型转换。

calloc 函数与 malloc 函数的区别仅在于一次可以分配 n 块区域。

例如：

```
ps=(struct stu*)calloc(2,sizeof(struct stu));
```

其中的 sizeof(struct stu)是求 stu 的结构长度。因此，该语句的意思是：按 stu 的长度分配 2 块连续区域，强制转换为 stu 类型，并把其首地址赋予指针变量 ps。

（3）释放内存空间函数 free()

调用形式：

```
free(ptr)
```

功能：释放 ptr 所指向的一块内存空间，ptr 是一个任意类型的指针变量，它指向被释放区域的首地址。被释放区应是由 malloc 或 calloc 函数所分配的区域。

【例 8.7】　分配一块区域，输入一个学生数据。

```
main()
{
    struct stud
    {
      int num;
      char name[30];
      char sex;
      float score;
    } *ps;
    ps=(struct stu*)malloc(sizeof(struct stud));
    ps->num=1001;
    ps->name="Wang Fei";
    ps->sex='M';
    ps->score=80;
    printf("Number=%d\nName=%s\n",ps->num,ps->name);
    printf("Sex=%c\nScore=%f\n",ps->sex,ps->score);
    free(ps);
}
```

本例中，定义了结构 stud，定义了 stud 类型指针变量 ps。然后分配一块 stud 大内存区，并把首地址赋予 ps，使 ps 指向该区域。再以 ps 为指向结构的指针变量对各成员赋值，并用 printf 输出各成员值。最后用 free 函数释放 ps 指向的内存空间。整个程序包含了申请内存空间、使用内存空间、释放内存空间 3 个步骤，实现存储空间的动态分配。

4. 链表的基本操作

C 语言对链表的基本操作主要有建立链表、遍历、插入、删除等几种。

（1）建立一个简单的链表

【例 8.8】　建立链表结点举例

```
#include<stdio.h>
struct stud
    { int number;
      int score;
      struct stud *next;
};
main()
{
struct stud *Head,*pstud,a,b,c;
Head=&a;
a.number=1001;
a.score=85;
a.next=&b;
b.number=1002;
b.score=90;
b.next=&c;
c.number=1003;
c.score=80;
c.next=NULL;
pstud=Head;
printf("The number of the Link:\n");
printf("number        score\n");
while(pstud != NULL)
    {
      printf("%-16d", pstud->number);
```

```
        printf("%d\n",pstud->score);
        pstud=pstud->next;
    }
    }
```

这样就建立了一个链表，Head 为链表的头结点。通过指针变量 pstud 可以访问链表中的各个结点，把它们顺序输出。

下面我们来建立一个动态的链表，还是采用上例中的学生结构体，链表的数据由用户从键盘输入，当学号输入 0 时代表输入结束。

【例 8.9】 建立一个简单单向链表举例。

```
#include<stdio.h>
#include<stdlib.h>
struct stud
   { int number;
     int score;
     struct stud *next;
};
main()
{
     //建立链表
int n=0;
struct stud *Head=NULL,*p,*r,*s;
     p=r=(struct stud *)malloc( sizeof( struct stud ) );
     printf("Please input the number:  ");
scanf("%d",&(p->number));
     printf("\nPlease input the score:  ");
scanf("%d",&(p->score));
     while(p->number != 0)
     {
      n++;
      if(n==1)
         Head=p;
      else
         r->next=p;
      r=p;
      p=(struct stud *)malloc( sizeof( struct stud ) );
printf("\nPlease input the number:  ");
scanf("%d",&(p->number));
      printf("\nPlease input the score:  ");
   scanf("%d",&(p->score));

}
     r->next=NULL;

     //输出链表各个结点的值
     s=Head;
     printf("\nnumber      score:\n");
     while(s != NULL)
     {
      printf("%-16d", s->number);
      printf("%d\n",s->score);
      s=s->next;
}
}
```

（2）插入链表结点

链表的插入是指在原链表中的指定元素之前插入一个新元素。为了要在链表中插入一个新元素，首先要给该元素分配一个新结点 p，以便用于存储该元素的值。新结点 p 可以用 malloc()函数创建；然后将存放新元素值的结点链接到链表中指定的位置。

要在链表中包含元素 s 的结点之前插入一个新元素 a，其插入过程如下。

① 用 malloc( )函数申请取得新结点 p，并置该结点的数据域为 a。

② 在链表中寻找包含元素 s 的前一个结点，设该结点的存储地址为 q。

③ 最后将结点 p 插入到结点 q 之后。

【例 8.10】　插入链表结点举例。

```
#include<stdio.h>
#include<stdlib.h>
struct stud
   { int num;
     int score;
     struct stud *next;
};
main()
{
struct stud *Head,*pstud,*p,a,b,c;
//建立一个链表
Head=&a;
a.num=1001;
a.score=85;
a.next=&b;
b.num=1002;
b.score=90;
b.next=&c;
c.num=1003;
c.score=80;
    c.next=NULL;

    //建立一个新结点
    p=(struct stud *)malloc( sizeof(struct stud) );
    p->next=NULL;
    printf("input the number: ");
    scanf("%d",&(p->num));
    printf("input the score: ");
    scanf("%d",&(p->score));

    //先找到原链表的最后一个结点
    pstud=Head;
    while(pstud->next != NULL)
    pstud=pstud->next;

    //将新的结点加入链表
    pstud->next=p;

    //输出新的链表
    pstud=Head;
printf("The number of the Link:\n");
    printf("number       score\n");
while(pstud != NULL)
    {
       printf("%-16d", pstud->number);
```

```
        printf("%d\n",pstud->score);
        pstud=pstud->next;
    }
    }
```

（3）从链表中删除一个结点

链表结点的删除是指链表中删除包含指定元素的结点。

为了使链表中删除包含指定元素的结点，首先要在链表中找到这个结点，然后将要删除结点放回可以利用的栈中。

要在链表中删除包含元素 s 的结点，其删除过程如下。

① 在链表中寻找包含元素 s 的一个结点，设该结点地址为 q，则包含元素 s 的结点地址 p=q->next。

② 将结点 q 后的结点 p 从链表中删除，即让结点 q 的指针指向包含元素 s 的结点 p 的指针所指向的结点，即令 q->next=p->next。

③ 将包含元素 s 的结点 p 释放，链表的结点删除完毕。

【例 8.11】 删除结点举例。

```
#include<stdio.h>
#include<stdlib.h>
struct stud
    { int number;
      int score;
      struct stud *next;
};
main()
{
    //建立链表
int n=0,i;
struct stud *Head=NULL,*p,*q,*s;
    p=q=(struct stud *)malloc( sizeof( struct stud ) );
    printf("Please input the number:  ");
scanf("%d",&(p->number));
    printf("\nPlease input the score:  ");
scanf("%d",&(p->score));
    while(p->number != 0)
    {
        n++;
        if(n==1)
            Head=p;
        else
            q->next=p;
        q=p;
        p=(struct stud *)malloc( sizeof( struct stud ) );
printf("\nPlease input the number:  ");
scanf("%d",&(p->number));
if(p->number == 0)
{
q->next=NULL;
break;
}
        printf("\nPlease input the score:  ");
        scanf("%d",&(p->score));

}
```

```
    q->next=NULL;
    //输出新建链表各个结点的值
    s=Head;
    printf("The Link: ");
    printf("\nnumber      score:\n");
    while(s != NULL)
    {
        printf("%-16d", s->number);
        printf("%d\n",s->score);
        s=s->next;
}

//删除指定的结点
printf("Please input the number to delete:\n");
scanf("%d",&i);
s=Head;
while((s->next != NULL) && (s->number != i))
{
p=s;
s=s->next;
}
if(s==Head)
    {
Head=s->next;
free(s);
}
else
    {
p->next=s->next;
    free(s);
    }
//输出新的链表
printf("The New Link: ");
s=Head;
    printf("\nnumber      score:\n");
while(s != NULL)
    {
        printf("%-16d", s->number);
        printf("%d\n",s->score);
        s=s->next;
}
}
```

8.5　共　用　体

8.5.1　共用体的定义形式

在程序设计中，如果一组数据分别属于不同的类型，而每次处理仅访问其中一种类型的数据，有时为了节约存储资源，可以将这组数据存放到同一段内存单元中。例如，可以把整型、字符型和实型变量放在同一地址标识的内存单元中。这种使几个不同类型变量共用同一段内存的结构，称为共用体类型。

为了定义共用体类型变量，首先要定义共用体类型，说明该共用体类型中包括哪些成员，它们各属于什么类型，然后再定义该类型的变量。

共用体类型的定义形式为：

```
union 共用体名
{成员列表} 变量列表;
```

例如：

```
union data
     {int i;
char ch;
float f;
double d;
} x,y,z;
```

也可以将类型声明与变量定义分开：

```
union data
     {int i;
char ch;
float f;
double d;
} ;
union data x,y,z;
```

还可以直接定义共用体变量：

```
union
{int i;
char ch;
float f;
double d;
}  x,y,z;
```

8.5.2　共用体变量的引用方式

可以看到，“结构体”和“共用体”是十分相似的两种类型，其区别主要在于：结构体变量所占用的空间是各个成员所占空间的总和，每个成员占用“自己”的内存空间；共用体变量所占用的内存空间是其成员中所需内存空间最大的成员的空间。

例如：

```
union
{int i;
char ch;
float f;
double d;
}  x,y,z;
```

共用体变量 x，y，z 各占 8 个字节（double 型所占空间）。

共用体变量的使用方法和结构体变量相同，C 语言要求“先定义，后使用”，并且不能直接引用共用体变量，只能引用共用体变量中的成员。其应用方法为：

```
共用体变量名.成员名
```

例如，x.i=6;

我们来看看共用体变量在内存中的情况。

```
union data
     {
```

```
char ch;
int i;
float f;
} x;
```

上述定义了一个公用体变量 x，它在内存中所占的空间如图 8-5 所示。

x 的成员中浮点型的变量 f 所需的内存空间是最大的所以 x 所占的内存空间就是 4 个字节，成员变量 x.ch、x.i 和 x.f 一起共用这块空间，x.ch 用到了第一个字节,x.i 用到了前两个字节。也正因为如此，共用体的成员只有最后一次赋值的成员才有效。

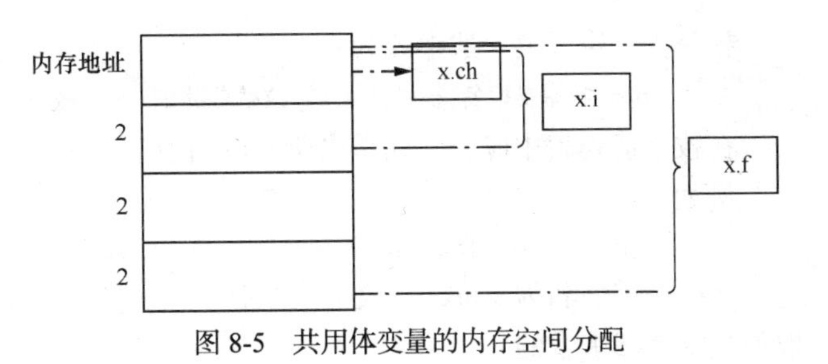

图 8-5　共用体变量的内存空间分配

【例 8.12】　共用体应用举例。

```
union data
{
char ch;
int i;
float f;
};
main()
{
union data x;
x.ch='a';
x.i=35;
printf("%d\n",x.i);
}
```

运行后显示：35

若我们把最后一句换成：printf("%c",x.ch);，则显示的不是字母 a，因为成员变量 ch 的值已经被最后一次赋值的 i 覆盖了。

8.5.3　共用体类型的特点

在使用共用体时应注意以下一些共用体的特点。

（1）同一段内存虽然可以存放几种不同类型的成员，但是一次只能存放一种。

（2）由于若干成员共用同一段内存区域，共用体变量中起作用的总是最后一次存入的数据。

（3）共用体变量的地址和共用体变量成员的地址是相同的。

（4）共用体变量不能作为函数的参数，也不能使函数返回一个共用体变量。

8.6　枚 举 类 型

在实际问题中，有些变量的取值被限定在一个有限的范围内。例如，一个星期内只有七天，一年只有十二个月，一个班每周有六门课程等。如果把这些量说明为整型、字符型或其他类型显然是不合适的。为此，C 语言提供了一种称为“枚举”的类型。在“枚举”类型的定义中列举出所有可能的取值，被说明为该“枚举”类型的变量取值不能超过定义的范围。需要说明的是，枚举类型是一种基本数据类型，而不是一种构造类型，因为它不能再分解为任何基本类型。

8.6.1 枚举类型的定义和枚举变量的说明

枚举类型定义的一般形式为：

```
enum 枚举类型名{枚举常量1, 枚举常量2, …, 枚举常量n};
```

在枚举值列表中应一一列举出所有可用值。这些值也称为枚举元素。

例如：

```
enum season {spring,summer,autumn,winter}
```

该枚举类型名为season，枚举值共有4个，即一年中的四季。凡被说明为season类型变量的取值只能是四季中的一个季节。

枚举变量的说明：

如同结构体和共用体一样，枚举变量也可用不同的方式说明，即先定义后说明，同时定义说明或直接说明。

设有变量a、b、c，被说明为上述的weekday，可采用下列3种方式之一：

```
enum weekday{ sun,mou,tue,wed,thu,fri,sat };
enum weekday a,b,c;
```

或者为：

```
enum weekday{ sun,mou,tue,wed,thu,fri,sat }a,b,c;
```

或者为：

```
enum { sun,mou,tue,wed,thu,fri,sat }a,b,c;
```

8.6.2 枚举类型变量的赋值和使用

枚举类型在使用中有以下规定：

（1）枚举值是常量，不是变量。不能在程序中用赋值语句再对它赋值。

例如，对枚举weekday的元素再做以下赋值：

```
sun=5;
mon=2;
sun=mon;
```

都是错误的。

（2）枚举元素本身由系统定义了一个表示序号的数值，从0开始顺序定义为0，1，2…。如在weekday中，sun值为0，mon值为1，…，sat值为6。例如：

```
main(){
    enum weekday
    { sun,mon,tue,wed,thu,fri,sat } a,b,c;
    a=sun;
    b=mon;
    c=tue;
    printf("%d,%d,%d",a,b,c);
}
```

（3）只能把枚举值赋予枚举变量，不能把元素的数值直接赋予枚举变量。例如：

```
a=sum;
b=mon;
```

是正确的，而

```
a=0;
b=1;
```

是错误的。如一定要把数值赋予枚举变量，则必须用强制类型转换。

例如：

```
a=(enum weekday)2;
```

其意义是将顺序号为 2 的枚举元素赋予枚举变量 a，相当于：

```
a=tue;
```

（4）枚举元素不是字符常量也不是字符串常量，使用时不要加单引号、双引号。

【例 8.13】 运用枚举类型，根据键盘输入的星期序号，输出其对应的英文名称。

```
main(){
   int n;
enum week{sun,mon,tue,wed,thu,fri,sat} weekday;
   printf("input n:");
scanf("%d",&n);
if((n>=0)&&(n<=6))
{weekday=(enum week)n;
switch(weekday)
   {
   case sun:printf("Sunday\n");break;
   case mon:printf("Monday\n");break;
   case tue:printf("Tuesday\n");break;
   case wed:printf("Wednesday\n");break;
   case thu:printf("Thursday\n");break;
   case fri:printf("Friday\n");break;
   case sat:printf("Saturday\n");break;
}
}
else printf("Error!");
}
```

习　　题

一、选择题

1. 以下关于 typedef 的叙述，错误的是（　　）。

（A）用 typedef 可以增加新类型

（B）typedef 只是将已存在的类型用一个新的名字来代表

（C）用 typedef 可以为各种类型说明一个新名,但不能用来为变量说明一个新名

（D）用 typedef 为类型说明一个新名，通常可以增加程序的可读性

2. `typedef  struct  S`

```
{int g; char h;}T;
```

以下叙述中正确的是（　　）。

（A）可用 S 定义结构体变量

（B）可用 T 定义结构体变量

（C）S 是 struct 类型的变量

（D）T 是 struct S 类型的变量

3. 以下结构体类型说明和变量定义中正确的是（　　）。

（A）typedef struct
{int n; char c;}REC;
REC t1, t2;

（B）struct REC;
{int n; char c;};
REC t1, t2;

（C）typedef struct REC ;
{int n=0; char c='A';}t1, t2;

（D）struct
{int n; char c;}REC t1, t2;

4. 设有如下说明：

```
typedef struct
{ int n; char c; double x;}STD;
```

则以下选项中，能正确定义结构体数组并赋初值的语句是（　　）。

（A）STD tt[2]={{1, 'A',62},{2, 'B',75}};

（B）STD tt[2]={1, "A",62},2, "B",75};

（C）struct tt[2]={{1, 'A'},{2, 'B'}};

（D）struct tt[2]={{1,"A",62.5},{2, "B",75.0}};

5. 下面结构体的定义语句中，错误的是（　　）。

（A）struct ord {int x;int y;int z;}; struct ord a;

（B）struct ord {int x;int y;int z;} struct ord a;

（C）struct ord {int x;int y;int z;} n;

（D）struct {int x;int y;int z;} a;

6. 有以下说明和定义语句：

```
struct student
{ int age; char num[8];};
struct student stu[3]={{20,"200401"},{21,"200402"},{10\9,"200403"}};
struct student *p=stu;
```

以下选项中引用结构体变量成员的表达式中错误的是（　　）。

（A）(p++)->num　　（B）p->num　　（C）(*p).num　　（D）stu[3].age

7. 有以下程序：

```
#include <stdio.h>
struct ord
{ int x,y;} dt[2]={1,2,3,4};
main()
{ struct ord *p=dt;
printf ("%d,",++p->x);
  printf("%d\n",++p->y);
}
```

程序的运行结果是（　　）。

（A）1,2　　（B）2,3　　（C）3,4　　（D）4,1

8. 有以下程序：

```
struct STU
{ char name[10]; int num; float TotalScore; };
void f(struct STU *p)
{ struct STU s[2]={{"SunDan",20044,550},{"Penghua",20045,537}}, *q=s;
++p ; ++q; *p=*q;
}
main()
```

```
{ struct STU s[3]={{"YangSan",20041,703},{"LiSiGuo",20042,580}};
f(s);
printf("%s %d %3.0f\n", s[1].name, s[1].num, s[1].TotalScore);
}
```

程序运行后的输出结果是（　　）。

（A）SunDan 20044 550　　（B）Penghua 20045 537
（C）LiSiGuo 20042 580　　（D）SunDan 20041 703

9. 若有以下程序段：

```
q=s; s=s->next; p=s;
while(p->next) p=p->next;
p->next=q; q->next=NULL;
```

该程序段实现的功能是（　　）。

（A）首结点成为尾结点　　（B）尾结点成为首结点
（C）删除首结点　　（D）删除尾结点

10. 有以下结构体说明和变量定义，如图 8-6 所示，指针 p、q、r 分别指向一个链表中的 3 个连续结点。

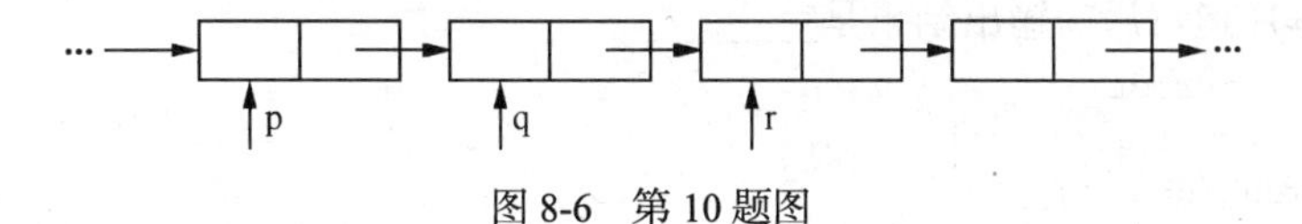

图 8-6　第 10 题图

```
struct node
{ int data;
struct node *next;
} *p, *q, *r;
```

现要将 q 和 r 所指结点的先后位置交换，同时要保持链表的连续，以下错误的程序段是(　　)。

（A）r->next=q; q->next=r->next; p->next=r;
（B）q->next=r->next; p->next=r; r->next=q;
（C）p->next=r; q->next=r->next; r->next=q;
（D）q->next=r->next; r->next=q; p->next=r;

11. 若有以下定义和语句：

```
union data
{ int i; char c; float f;}x;
  int y;
```

则以下语句正确的是（　　）。

（A）x=10.5;　　（B）x.c=101;　　（C）y=x;　　（D）printf(“%d\n” ,x);

12. 若有以下说明和定义：

```
union dt
{ int a; char b; double c;
}data;
```

以下叙述中错误的是（　　）。

（A）data 的每个成员起始地址都相同
（B）变量 data 所占内存字节数与成员 c 所占字节数相等
（C）程序段：data.a=5;printf("%f ",data.c);输出结果为 5.000000
（D）data 可以作为函数的实参

二、填空题

1. 以下程序把 3 个 NODETYPE 型的变量链接成一个简单的链表，并在 while 循环中输出链表结点数据域中的数据。

```
#include <stdio.h>
struct node
{int data; struct node *next;};
typedef struct node NODETYPE;
main()
{ NODETYPE a,b,c,*h,*p;
  a.data=10;b.data=20;c.data=30;h=&a;
  a.next=&b;b.next=&c;c.next='\0';
  p=h;
  while(p){printf("&d", p->data);_______; }
}
```

2. 设有定义：

```
struct  person
{  int  ID;char  name[12];}  p;
```

请将 scanf("%d",________);语句补充完整，使其能够为结构体变量 p 的成员 ID 正确读入数据。

3. 有以下程序运行后的输出结果是________。

```
typedef  struct
{  int  num;double  s;}  REC;
void  fun1(REC  x)
{  x.num=23;x.s=88.5;  }
main()
{  REC  a={16,90.0};
    fun1(a);
    printf("%d\n",a.num);
}
```

4. 有以下程序：

```
main()
{union
  {char ch [2];
    int d;
    }s;
  s.d=0x4321;
  printf( "%x,%x\n", s.ch[0], s.ch[1]);
}
```

在 16 位编译系统上，程序执行后的输出结果是________。

三、编程题

1. 定义一个结构体数组，用以保存 10 个学生的以下信息：学号、姓名、性别、籍贯和 3 门课程成绩。

（1）从键盘输入 10 个学生的数据信息；

（2）在屏幕输出 10 个学生的数据信息；

（3）显示每个学生 3 门课程的最低分和最高分；

（4）通过键盘输入学生学号，检索并显示指定学号学生的所有信息。

2. 已知枚举类型定义为：

```
enum color{red, blue, green, yellow, white, black};
```

从键盘输入一个 0～5 的整数，显示其对应枚举常量的英文颜色名称。

第 9 章 文件

一般程序设计的作用是：通过对输入的原始数据进行加工处理，得出对人们有用的数据（信息）。在数据处理时往往会得到一些中间数据，以及程序的最终输出数据，这些数据往往在以后的数据处理中可能会被多次使用，这就需要将它们保存起来。也就是说需要将数据存储在外部介质上。存储在外部介质上相关数据的集合称为文件。目前，计算机上的外部存储器主要是磁盘，把存放在磁盘上的文件称为磁盘文件。

9.1 C 文件概述

以前各章中对数据的输入、输出都是以终端键盘和显示器为对象的，也就是说从键盘输入数据，运行后的结果输出到显示屏幕上。事实上操作系统把每一个与主机相连的输入、输出设备都看做一个文件。键盘是标准的输入文件，显示器是标准的输出文件。

C 语言把文件看做是一个个的字符流，即由一个个的字符（字节）数据按顺序组成。根据文件中数据的组织形式把文件可分为文本文件（又称 ASCII 文件）和二进制文件。文本文件中的每一个字节存放一个 ASCII 码，对应数据中的一个字符。二进制文件把数据按它在内存中的存储形式存储到文件中。例如，短整数 12345，在内存中占 2 个字节，若以二进制文件形式存放，占 2 个字节，若以文本文件形式存放需要占 5 个字节。

在 UNIX 系统下使用的 C 对文件的处理有两种方法，一种是“缓冲文件系统”，另一种是“非缓冲文件系统”。

所谓缓冲文件系统是指系统自动地在内存中为每一个正在被使用的文件开辟一个缓冲区。如果从内存向磁盘输出（写）数据，必须先送到该缓冲区，装满缓冲区后才一起将这一批数据输出到磁盘上。如果从磁盘向内存输入（读）数据，则一次将磁盘文件上的一批数据先送到该缓冲区，装满缓冲区后才逐个将数据送到程序变量的内存单元中。缓冲区的大小一般是 512 个字节。

所谓非缓冲文件系统是指系统不自动开辟缓冲区，而由程序为每一个文件设定缓冲区。ANSI C 标准只采用缓冲文件系统。

在 C 语言中没有专门的输入、输出语句，对数据的读写都是通过库函数中的输入、输出函数来实现的。ANSI 规定了标准的输入、输出函数。

本章仅介绍 ANSI C 规定的缓冲文件系统以及对它们的读写。

9.2　文件指针

在缓冲文件系统中，关键的概念是“文件指针”。文件指针是一个指向结构体变量的指针，在该结构体变量中存放了文件的相关信息，如文件名、文件状态、文件的当前位置等。用户不必去了解其中的细节，该结构体类型是由系统在头文件“stdio.h”中已经定义并取名为 FILE。系统会为每一个被使用的文件都在内存中开辟一个这样的结构体单元。当一个文件指针指向存放有某磁盘文件信息的结构体变量时，通过该文件指针就可以找到该磁盘文件，从而进一步达到对该磁盘文件进行读与写操作的目的。C 语言中正是通过文件指针来对文件进行操作的。

定义文件指针的一般形式为：

```
FILE  *指针变量名;
```

例如：FILE *fp1,*fp2;
定义了两个文件指针 fp1 和 fp2。

9.3　文件的打开与关闭

9.3.1　文件的打开

在对文件进行读写之前，必须用系统提供的标准库函数 fopen()打开文件。打开文件的目的是让系统为该文件在内存中开辟一个用于存放文件信息的结构体单元，并把文件的一些信息通知给操作系统，如文件名、文件的操作方式等。

fopen()函数的调用方式一般为：

```
FILE *fp;
fp=fopen("文件名", "文件的使用方式");
```

说明：

（1）“文件名”是指要打开（或创建）的文件名。如果使用字符数组（或字符指针），则不使用双引号。

（2）“文件的使用方式”如表 9-1 所示。

例如：

```
fp=fopen(" file1.txt","w");
```

表示打开一个名为 fiel1.txt 的文件，使用方式为“只写”。fopen()函数返回指向 fiel1.txt 的文件指针（事实上是指向存有 fiel1.txt 文件信息的结构体单元的指针）并赋予文件指针 fp，这样 fp 就和文件 fiel1.txt 建立了联系，或者称 fp 指向了 file1.txt　文件。

由此可见，打开一个文件时应注意以下 3 点。

① 被访问的文件的文件名。

② 对文件的使用方式（“读”还是“写”等）。

③ 让哪个指针变量指向被打开的文件。

表 9-1 文件的使用方式及含义

文件的使用方式	含 义
“r”（只读）	为输入打开一个文本文件
“w”（只写）	为输出打开一个文本文件
“a”（追加）	向文本文件尾添加数据
“rb”（只读）	为输入打开一个二进制文件
“wb”（只写）	为输出打开一个二进制文件
“ab”（追加）	向二进制文件尾添加数据
“r+”（读写）	为读写打开一个文本文件
“w+”（读写）	为读写建立一个新的文本文件
“a+”（读写）	为读写打开一个文本文件
“rb+”（读写）	为读写打开一个二进制文件
“wb+”（读写）	为读写建立一个新的二进制文件
“ab+”（读写）	为读写打开一个二进制文件

注意事项：

① 在表 9-1 所示的 12 种文件的使用方式中若有字符“r”或字符“a”的均要求所打开的文件必须存在，若文件使用方式中有字符“w”的，在打开文件时系统都将新建文件。

② 有些C编译系统，可能并不完全提供上述对文件的操作方式，或采用的表示符号不同，请注意所使用系统的规定。

（3）fopen()函数返回值是一个地址值，是存有被打开文件信息的结构体单元的起始地址。如果打开失败，则 fopen()函数返回值为 NULL。常用如下的方法打开一个文件：

```
if((fp=fopen("文件名","文件使用方式"))==NULL)
{printf("can not open this file!\n");
 exit(0);
}
```

关于 exit()函数应注意以下两点。

① 用法：void exit([程序状态值]);

② 功能：关闭已打开的所有文件，结束程序运行，返回操作系统，并将“程序状态值”返回给操作系统。当“程序状态值”为 0 时，表示程序正常退出；非 0 值时，表示程序出错退出。

（4）使用文本文件向计算机系统输入数据时，系统自动将回车换行符转换成一个换行符；在输出时，将换行符转换成回车和换行两个字符，即'\n'字符在文本文件中占 2 个字节。

（5）在程序开始运行时，系统自动打开 3 个标准文件，并分别定义了文件指针。

① 标准输入文件——stdin：指向终端输入（一般为键盘）。如果程序中指定要从 stdin 所指的文件输入数据，就是从终端键盘上输入数据。

② 标准输出文件——stdout：指向终端输出（一般为显示器）。

③ 标准错误文件——stderr：指向终端标准错误输出（一般为显示器）。

9.3.2 文件的关闭

使用完文件后应该关闭文件，以防止它被误用和数据的丢失。所谓关闭文件就是让文件指针不再指向该文件。使用系统提供的标准库函数 fclose()可以关闭文件。fclose()函数调用的一般形式如下：

```
fclose(文件指针);
```

例如：fclose(fp);

如果正常关闭了文件，则函数返回值为 0；否则，返回值为 EOF（其值在头文件 stdio.h 中，被定义为-1）。

9.4 文件的读写

文件打开后就可以对文件进行读写操作了。在 C 语言中可以使用系统提供的读写函数对文件进行读写操作。本小节只介绍常用的读写函数。

9.4.1 字符读写函数——fgetc 和 fputc

1. fgetc 函数

（1）用法：fgetc(文件指针);

（2）功能：从“文件指针”所指向的文件中，读入一个字符，并作为该函数的返回值。

说明：

在对 ASCII 文件执行读入操作时，如果遇到文件尾，则读操作函数返回一个文件结束标志 EOF（-1）。

在对二进制文件执行读入操作时，必须使用库函数 feof()来判断是否遇到文件尾。

2. fputc 函数

（1）用法：fputc(字符数据，文件指针);

其中“字符数据”，既可以是字符常量，也可以是字符变量或字符型表达式。

（2）功能：将字符数据输出到“文件指针”所指向的文件中去。

如果输出成功，则函数返回值就是输出的字符数据；否则，返回 EOF。

3. 库函数 feof()

（1）用法：feof(文件指针);

（2）功能：在执行读文件操作时，如果遇到文件尾，则函数返回逻辑“真”（1）；否则，返回逻辑“假”（0）。feof()函数同时适用于 ASCII 码文件和二进制文件。

4. 程序举例

【例 9.1】 将 26 个大写字母存放到文件 fiel.txt 中，把文件 fiel.txt 中的数据输出到屏幕上。

程序如下：

```
#include <stdio.h>
#include <stdlib.h>
void main()
{
FILE *fp;
char i;
 if((fp=fopen("file.txt","w"))==NULL)
   {printf("can not open this file!\n");
   exit(0);
   }
for(i='A';i<='Z';i++)
  fputc(i,fp);
```

```
fclose(fp);
if((fp=fopen("file.txt", "r"))==NULL)
  {printf("can not open this file!\n");
   exit(0);
  }
while(!feof(fp))
{i=fgetc(fp);
 putchar(i);
}
fclose(fp);
}
```

9.4.2 数据块读写函数——fread 和 fwrite

在实际应用中，常常要求 1 次读写 1 个数据块。为此，ANSI　C 标准设置了 fread()和 fwrite()函数。

1. 数据块读写函数的原型

```
int  fread(void *buffer, int size, int count, FILE *fp);
int  fwrite(void *buffer, int size, int count, FILE *fp);
```

2. 功能

fread()：从 fp 所指向文件的当前位置开始，一次读入 size 个字节，重复 count 次，并将读入的数据存放到从 buffer 开始的内存中。

fwrite()：从 buffer 开始的内存中，一次输出 size 个字节，重复 count 次，并将输出的数据存放到 fp 所指向的文件中。

3. 程序举例

【例 9.2】 输入 *N* 个实型数据存放在数组中，将数组中的数据写入二进制文件“data.dat”中，然后把文件 data.dat 中的数据输出到屏幕上。

程序如下：

```
#include <stdio.h>
#include <stdlib.h>
#define N 10
void main()
{
FILE *fp;
float a[N],j;
int i;
printf("input %d datas:\n",N);
 for(i=0;i<N;i++) scanf("%f",&a[i]);
if((fp=fopen("data.dat", "wb"))==NULL)
   {printf("can not open this file!\n");
   exit(0);
   }
 fwrite(a,sizeof(float),N,fp);
  fclose(fp);
 if((fp=fopen("data.dat","rb"))==NULL)
  {printf("can not open this file!\n");
   exit(0);
  }
 while(!feof(fp))
 {fread(&j,sizeof(float),1,fp);
 printf("%f ",j);
```

```
}
fclose(fp);
}
```

9.4.3 格式读写函数——fscanf 和 fprintf

格式读写函数 fscanf()和 fprintf()与 scanf()和 printf()函数的功能相似，区别在于：fscanf()和 fprintf()函数的操作对象是指定文件，而 scanf()和 printf()函数的操作对象是标准输入（stdin）输出（stdout）文件。

格式读写函数 fscanf()和 fprintf()的一般调用形式为：

```
fscanf(文件指针，"格式符"，输入项地址表列);
fprintf(文件指针，"格式符"，输出项表列);
```

【例 9.3】 把 1～100 存放到文本文件 fiel.txt 中，然后再把文件 fiel.txt 中的数据输出到屏幕上，每行输出 10 个数据。

程序如下：

```
#include <stdio.h>
#include <stdlib.h>
void main()
{
FILE *fp;
int i,j;
if((fp=fopen("fiel.txt","w"))==NULL)
  {printf("can not open this file!\n");
  exit(0);
  }
 for(i=1;i<=100;i++)
  {fprintf(fp, "%4d",i);
   if(i%10==0) fprintf(fp, "%c",'\n');
  }
fclose(fp);
if((fp=fopen("fiel.txt","r"))==NULL)
 {printf("can not open this file!\n");
  exit(0);
  }
j=0;
while(!feof(fp))
{fscanf(fp, "%d",&i);
 printf("%4d",i);
j++;
if(j%10==0) printf("\n");
}
fclose(fp);
}
```

9.4.4 字符串读写函数——fgets 和 fputs

字符串读写函数 fgets()和 fputs()与 gets()和 puts()函数的功能相似，区别在于：fgets()和 fputs()函数的操作对象是指定文件，而 gets()和 puts()函数的操作对象是标准输入（stdin）输出（stdout）文件。

字符串读写函数 fgets()和 fputs()的一般调用形式为：

```
fgets(字符数组名或字符指针，n，文件指针);
fputs(字符数组名或字符指针或字符串，文件指针);
```

说明：

（1）使用 fgets()函数从文件中给字符数组读一个字符串给时，当文件中的串长度是 L 时，n 的取值应为 L+1，也就是说该函数从文件中取 n−1 个字符，然后加上一个'\0'字符共 n 个字符存放到字符数组中。

（2）用 fgets()函数从文件中读一个字符串，如果在读入规定长度之前遇到文件尾 EOF 或换行符，读入即结束。

（3）fgets()函数返回值是字符数组的首地址或字符指针的值。

9.5　文件的定位

文件中有一个读写位置指示器，指向当前的读写位置。每次读写 1 个（或 1 组）数据后，系统自动将位置指示器移动到下一个读写位置上。

如果想改变系统这种读写规律，可使用有关文件定位的函数。

9.5.1　位置指针复位函数 rewind()

（1）用法：rewind(文件指针);

（2）功能：使文件的位置指示器指到文件头。

9.5.2　随机读写与 fseek()函数

对于流式文件，既可以顺序读写，也可随机读写，关键在于控制文件的位置指针。

所谓顺序读写是指，读写完当前数据后，系统自动将文件的位置指针移动到下一个读写位置上。所谓随机读写是指，读写完当前数据后，可通过调用 fseek()函数，将位置指针移动到文件中任何一个地方。

（1）用法：fseek(文件指针，位移量，参照点);

（2）功能：将指定文件的位置指针，从参照点开始，移动指定的字节数。

① 参照点：用 0（文件头）、1（当前位置）和 2（文件尾）表示。

在 ANSI C 标准中，还规定了下面的名字：

SEEK_SET——文件头，

SEEK_CUR——当前位置，

SEEK_END——文件尾。

② 位移量：以参照点为起点，向文件尾方向（当位移量>0 时）或向文件开头方向（当位移量<0 时）移动的字节数。在 ANSI C 标准中，要求位移量为 long int 型数据。

注意：每当改变文档的读写方式（即由“读”方式变为“写”方式，或由“写”方式变为“读”方式）时，必须使用 fseek 函数进行文件定位。

习　题

一、选择题

1. 当已经存在一个 file1.txt 文件时，执行函数 fopen("file1.txt","r+")的功能是（　　）。

（A）打开 file1.txt 文件，清除原有的内容

（B）打开 file1.txt 文件，只能写入新的内容

（C）打开 file1.txt 文件，只能读取原有内容

（D）打开 file1.txt 文件，可以读取和写入新的内容

2. 若 fp 已正确定义并指向某个文件，当未遇到该文件结束标志时函数 feof(fp)的值为（　　）。

（A）0　　（B）1　　（C）-1　　（D）一个非 0 值

3. 标准库函数 fgets(s,n,k)的功能是（　　）。

（A）从文件 k 中读取长度为 n 的字符串存入指针 s 所指的内存

（B）从文件 k 中读取长度为 n-1 的字符串存入指针 s 所指的内存

（C）从文件 k 中读取长度不超过为 n-1 的字符串存入指针 s 所指的内存

（D）从文件 k 中读取 n 个字符串存入指针 s 所指的内存

4. 若要用 fopen()打开一个新的二进制文件，该文件要既能读也能写，则文件方式字符串应是（　　）。

（A）"ab+"　　（B）"wb+"　　（C）"rb+"　　（D）"ab"

5. 以下叙述中错误的是（　　）。

（A）二进制文件打开后可以先读文件的末尾，而顺序文件不可以

（B）在程序结束时，应当用 fclose()关闭已打开的文件

（C）利用 fread()从二进制文件中读数据，可以用数组名给数组中所有元素读入数据

（D）不可以用 FILE 定义指向二进制文件的文件指针

6. 已知函数的调用形式：fread(buffer,size,count,fp); 其中 buffer 代表的是（　　）。

（A）一个整形变量，代表要读入的数据项总数

（B）一个文件指针，指向要读的文件

（C）一个指针，指向要读入数据的存放地址

（D）一个存储区，存放要读的数据项

7. fscanf 函数的正确调用形式是（　　）。

（A）fscanf(fp，格式字符串，输出表列);

（B）fscanf(格式字符串，输出表列，fp);

（C）fscanf(格式字符串，文件指针，输出表列);

（D）fscanf(文件指针，格式字符串，输入表列);

8. fseek 函数的正确调用形式是（　　）。

（A）fseek(文件指针，起始点，位置量);

（B）fseek(文件指针，位置量，起始点);

（C）fseek(位置量，起始点，fp);

（D）fseek(起始点，位置量，文件指针);

9. 函数 rewind 的作用是（　　）。

（A）使位置指针重新返回文件的开头

（B）将位置指针指向文件中所要求的特定位置

（C）使位置指针指向文件的末尾

（D）使位置指针自动移动到下一个字符位置

10. C 语言中对文件（　　）。

（A）只能顺序存取　　（B）只能随机存取

（C）可以顺序存取，也可随机存取　　（D）只能从文件头进行存取

11. fread(buf , 32,2,fp)的功能是（　　）。

（A）从 fp 所指向的文件中，读出整数 32，并存放在 buf 中

（B）从 fp 所指向的文件中，读出整数 32 和 2，并存放在 buf 中

（C）从 fp 所指向的文件中，读出 32 个字节的字符，读两次，并存放在 buf 地址中

（D）从 fp 所指向的文件中，读出 32 个字节的字符，并存放在 buf 中

12. 以下程序的功能是（　　）。

```
#nclude <stdio.h>
void main()
{
 FILE * fp;
 char str[]="Beijing 2008";
  fp = fopen("file2","w");
  fputs(str,fp);
  fclose(fp);
}
```

（A）在屏幕上显示“china　2008”

（B）把“china　2008”存入 file2 文件中

（C）在打印机上打印出“china　2008”

（D）以上都不对

13. 存储短整型数据-7856 时，在二进制文件和文本文件中占用的字节数分别是（　　）。

（A）2 4　　（B）2 5　　（C）5 5　　（D）5 2

14. 当以“w”方式打开一个文件时，如果该文件存在，则该文件的原内容（　　）。

（A）被删除　　（B）不变　　（C）部分删除　　（D）依文件指针位置而定

15. 在 C 程序中，可以把整型数据以二进制形式存放到文件中的函数是（　　）。

（A）fseek　　（B）fopen　　（C）fputc　　（D）fwrite

二、填空题

1. 下面程序从一个二进制文件中读入结构体数据，并把结构体数据显示在终端屏幕上。

```
#include<stdio.h>
struct rec
{
 int num;
 float total;
};

reout(_______)
{struct rec r ;
 while(! feof(f))
{fread(&r,_______,1,f);
  printf("%d,%f\n",_______);
 }
}
void main()
 {FILE *f;
 f=fopen("bin.dat", "rb");
 reout(f);
 fclose(f);
 }
```

2. 在 C 语言程序中，对文件进行操作时，首先要对文件实行________操作，然后对文件进行________操作，最后要对文件实行________操作，防止文件中信息的丢失。

3. 系统自动定义了 3 个文件指针________、________和________，分别指向终端输入、终端输出和标准出错输出。

4. 缓冲文件系统中，关键的概念是________。

5. 在 C 语言中，文件的存取是以________为单位的，这种文件被称作________文件。

6. 下面程序的功能是将一个磁盘中的二进制文件复制到另一个磁盘中，两个文件名随命令行一起输入，输入时原有文件的文件名在前，新复制文件的文件名在后，请填空并上机运行。

```
#include <stdio.h>
void main(int argc,char *argv[])
 { FILE *old,*new;
   char ch;
   if(argc!==3)
     {  printf("You foget to enter a filename\n);
       exit(0);
       }
   if((old=fopen (argv[1],"rb"))==NULL)
      { printf("cannot open inFile\n");
       exit(0);
       }
   if((new=fopen (argv[2],"______"))==NULL)
     { printf("cannot open OutFile\n");
       exit(0);
       }
  while(!feof(old))fputc(______,new);
   fclose(old);
    fclose(new);
   }
```

7. 以下程序由终端键盘输入一个文件名，然后把终端键盘输入的字符依次存放到该文件中，用#作为结束输入的标志，请填空并上机运行。

```
#include  <stdio.h>
void main()
{  FILE *fp;
       char ch, fname[20];
       printf ( "\nInput filename:\n" );
       gets (fname);
       if((fp= (             ) )==NULL)
    { printf ("Cannot open\n"); exit( 0 ); }
       printf ( "\nEnter data:" );
       while ( (ch=getchar() ) != '#' )
       fputc (          ) ;
       fclose ( fp );
}
```

8. 下面程序用变量 num 统计文件中字符的个数，请填空并上机运行。

```
#include  <stdio.h>
void main()
{ FILE  *fp;
long  num =0;
if ((fp=fopen("file1.txt",______))==NULL)
  { printf ("cannot  open  file\n");
   exit(0) ;
```

```
  }
while( ! feof (fp))
    {fgetc();
  _______;
    }
  printf( "count =%ld\n", count);
  _______;
  }
```

9. 下列程序是以读写方式打开已存在的文本文件 ex.txt，把该文件中的所有大写字母 A 改为小写字母 a，请填空并上机运行。

```
#include "stdio.h"
void main()
{FILE *fp;
char ch;
fp=fopen("ex.txt",_______);
while(!feof(fp))
{ch=fgetc(fp);
if(ch=='A')
  {fseek(_______);
   fputc(_______);
   fseek(_______);
  }
}
}
```

10. 以下程序功能是从键盘上输入 20 个长整型数据并存放到数组中，然后把数组中的数据存放到二进制文件 ex.dat 中，再从 ex.dat 文件中读取数据存放到文本文件 file.txt 中，且每行存放 5 个数据，请填空并上机运行。

```
#include "stdio.h"
void main()
{FILE *fp1,*fp2;
long  a[20],i,j=0;
printf("input 20 integers:\n");
for(i=0;i<20;i++) scanf("%d",&a[i]);
fp1=fopen("ex.dat","wb");
fwrite(_______);
fclose(fp1);
fp1=fopen("ex.dat","rb");
fp2=fopen("file.txt","w");
while(!feof(fp1))
{fread(&i,_______);
fprintf(fp2,"%d  ",_______);
j++;
if(j%5==0)  fputc(_______);
}
fclose(fp1);
fclose(fp2);
}
```

三、编程题

1. 把文本文件 x1.txt 复制到文本文件 x2.txt 中，要求仅复制 x1.dat 中的非空格字符。

2. 编程，把 2000 以内的素数先存放到数组中，然后把数组中的数据整体输出到二进制文件中，再打开二进制文件从中一个个读取数据，把它们每 10 个为一行存到文本文件中。

附录 A

常用字符与 ASCII 代码对照表

ASCII	字 符	控制字符	ASCII	字 符	ASCII	字 符	ASCII	字 符	ASCII	字 符	ASCII	字 符	ASCII	字 符	ASCII	字 符
000	null	NUL	032	(space)	064	@	096	`	128	Ç	160	á	192	└	224	α
001	☺	SOH	033	!	065	A	097	a	129	Ü	161	í	193	┴	225	β
002	☻	STX	034	"	066	B	098	b	130	é	162	ó	194	┬	226	Γ
003	♥	ETX	035	#	067	C	099	c	131	â	163	ú	195	├	227	π
004	♦	EOT	036	$	068	D	100	d	132	ä	164	ñ	196	─	228	Σ
005	♣	END	037	%	069	E	101	e	133	à	165	Ñ	197	┼	229	σ
006	♠	ACK	038	&	070	F	102	f	134	å	166	ª	198	╞	230	μ
007	beep	BEL	039	'	071	G	103	g	135	ç	167	º	199	╟	231	τ
008	backspace	BS	040	(	072	H	104	h	136	ê	168	¿	200	╚	232	Φ
009	tab	HT	041	)	073	I	105	i	137	ë	169	⌐	201	╔	233	θ
010	换行	LF	042	*	074	J	106	j	138	è	170	¬	202	╩	234	Ω
011	♂	VT	043	+	075	K	107	k	139	ï	171	½	203	╦	235	δ
012	♀	FF	044	,	076	L	108	l	140	î	172	¼	204	╠	236	∞
013	回车	CR	045	-	077	M	109	m	141	ì	173	¡	205	═	237	ø
014	♫	SO	046	.	078	N	110	n	142	Ä	174	«	206	╬	238	∈
015	☼	SI	047	/	079	O	111	o	143	Å	175	»	207	╧	239	∩
016	►	DLE	048	0	080	P	112	p	144	É	176	░	208	╨	240	≡
017	◄	DC1	049	1	081	Q	113	q	145	æ	177	▒	209	╤	241	±
018	↕	DC2	050	2	082	R	114	r	146	Æ	178	▓	210	╥	242	≥
019	‼	DC3	051	3	083	S	115	s	147	ô	179	│	211	╙	243	≤
020	¶	DC4	052	4	084	T	116	t	148	ö	180	┤	212	╘	244	⌠
021	§	NAK	053	5	085	U	117	u	149	ò	181	╡	213	╒	245	⌡
022	▬	SYN	054	6	086	V	118	v	150	û	182	╢	214	╓	246	÷
023	↨	ETB	055	7	087	W	119	w	151	ù	183	╖	215	╫	247	≈
024	↑	CAN	056	8	088	X	120	x	152	ÿ	184	╕	216	╪	248	°
025	↓	EM	057	9	089	Y	121	y	153	Ö	185	╣	217	┘	249	•
026	→	SUB	058	:	090	Z	122	z	154	Ü	186	║	218	┌	250	·
027	←	ESC	059	;	091	[	123	{	155	¢	187	╗	219	█	251	√
028	∟	FS	060	<	092	\	124	¦	156	£	188	╝	220	▄	252	ⁿ
029	↔	GS	061	=	093	]	125	}	157	¥	189	╜	221	▌	253	²
030	▲	RS	062	>	094	^	126	~	158	Pt	190	╛	222	▐	254	■
031	▼	US	063	?	095	_	127	⌂	159	ƒ	191	┐	223	▀	255	Blank'FF'

注：128～255 是 IBM-PC（长城 0520）上专用的代码，表中 000～127 是标准的代码。

附录B 运算符的优先级与结合性

<table>
<tr><th>优先级</th><th>运算符</th><th>功 能</th><th>适用范围</th><th>结合性</th></tr>
<tr><td>1</td><td>( )
[ ]
.
-></td><td>整体表达式、参数表
下标
存取成员
通过指针存取的成员</td><td>表达式
参数表
数组
结构/联合
结构/联合</td><td>→</td></tr>
<tr><td>2</td><td>!
~
++
--
-
&
*
(type)
sizeof()</td><td>逻辑非
按位求反
加 1
减 1
取负
取地址
取内容
强制类型
计算占用内存长度</td><td>逻辑运算
位运算
自增
自减
算术运算
指针
指针
类型转换
变量/数据类型</td><td>←</td></tr>
<tr><td>3</td><td>*
/
%</td><td>乘
除
整数取模</td><td rowspan="2">算术运算</td><td rowspan="2">→</td></tr>
<tr><td>4</td><td>+
−</td><td>加
减</td></tr>
<tr><td>5</td><td><<
>></td><td>位左移
位右移</td><td>位运算</td><td>→</td></tr>
<tr><td>6</td><td><
<=
>
>=</td><td>小于
小于等于
大于
大于等于</td><td rowspan="2">关系运算</td><td rowspan="2">→</td></tr>
<tr><td>7</td><td>==
!=</td><td>恒等于
不等于</td></tr>
<tr><td>8</td><td>&</td><td>按位与</td><td rowspan="3">位运算</td><td rowspan="3">→</td></tr>
<tr><td>9</td><td>^</td><td>按位异或</td></tr>
<tr><td>10</td><td>|</td><td>按位或</td></tr>
<tr><td>11</td><td>&&</td><td>逻辑与</td><td rowspan="2">逻辑运算</td><td rowspan="2">→</td></tr>
<tr><td>12</td><td>||</td><td>逻辑或</td></tr>
<tr><td>13</td><td>?:</td><td>条件运算</td><td>条件</td><td>←</td></tr>
<tr><td>14</td><td>=
op=</td><td colspan="2">运算且赋值
op 可为下列运算符之一：*、/、%、+、−、<<、>>、&、^、|</td><td>←</td></tr>
<tr><td>15</td><td>,</td><td>顺序求值</td><td>表达式</td><td>→</td></tr>
</table>

附录C C语言常用的库函数

库函数并不是C语言的一部分，它是由编译系统根据一般用户的需要编制并提供给用户使用的一组程序。每一种C编译系统都提供了一批库函数，不同的编译系统所提供的库函数的数目和函数名以及函数功能是不完全相同的。ANSI C标准提出了一批建议提供的标准库函数。它包括了目前多数C编译系统所提供的库函数，但也有一些是某些C编译系统未曾实现的。考虑到通用性，本附录列出ANSI C建议的常用库函数。

由于C库函数的种类和数目很多，如还有屏幕和图形函数、时间日期函数、与系统有关的函数等，每一类函数又包括各种功能的函数，限于篇幅，本附录不能全部介绍，只从教学需要的角度列出最基本的。读者在编写C程序时可根据需要，查阅有关系统的函数使用手册。

1. 数学函数

使用数学函数时，应该在源文件中使用预编译命令：

```
#include <math.h>或#include "math.h"
```

函数名	函数原型	功能	返回值
acos	double acos(double x);	计算 arccos x 的值，其中$-1<=x<=1$	计算结果
asin	double asin(double x);	计算 arcsin x 的值，其中$-1<=x<=1$	计算结果
atan	double atan(double x);	计算 arctan x 的值	计算结果
atan2	double atan2(double x, double y);	计算 arctan x/y 的值	计算结果
cos	double cos(double x);	计算 cos x 的值，其中 x 的单位为弧度	计算结果
cosh	double cosh(double x);	计算 x 的双曲余弦 cosh x 的值	计算结果
exp	double exp(double x);	求 e^x 的值	计算结果
fabs	double fabs(double x);	求 x 的绝对值	计算结果
floor	double floor(double x);	求出不大于 x 的最大整数	该整数的双精度实数
fmod	double fmod(double x, double y);	求整除 x/y 的余数	返回余数的双精度实数
frexp	double frexp(double val, int *eptr);	把双精度数 val 分解成数字部分（尾数）和以2为底的指数，即 val=x*2^n，n 存放在 eptr 指向的变量中	数字部分 x $0.5<=x<1$
log	double log(double x);	求 ln x 的值	计算结果
log10	double log10(double x);	求 $\log_{10} x$ 的值	计算结果
modf	double modf(double val, int *iptr);	把双精度数 val 分解成数字部分和小数部分，把整数部分存放在 ptr 指向的变量中	val 的小数部分

续表

函数名	函 数 原 型	功　　能	返回值
pow	double pow(double x, double y);	求 x^y 的值	计算结果
sin	double sin(double x);	求 sin x 的值，其中 x 的单位为弧度	计算结果
sinh	double sinh(double x);	计算 x 的双曲正弦函数 sinh x 的值	计算结果
sqrt	double sqrt (double x);	计算 $\sqrt{x}$ ，其中 $x \geqslant 0$	计算结果
tan	double tan(double x);	计算 tan x 的值，其中 x 的单位为弧度	计算结果
tanh	double tanh(double x);	计算 x 的双曲正切函数 tanh x 的值	计算结果

2. 字符函数

在使用字符函数时，应该在源文件中使用预编译命令：

```
#include <ctype.h>或#include "ctype.h"
```

函数名	函 数 原 型	功　　能	返 回 值
isalnum	int isalnum(int ch);	检查 ch 是否字母或数字	是字母或数字返回 1，否则返回 0
isalpha	int isalpha(int ch);	检查 ch 是否字母	是字母返回 1，否则返回 0
iscntrl	int iscntrl(int ch);	检查 ch 是否控制字符（其 ASCII 码在 0 和 0xlF 之间）	是控制字符返回 1，否则返回 0
isdigit	int isdigit(int ch);	检查 ch 是否数字	是数字返回 1，否则返回 0
isgraph	int isgraph(int ch);	检查 ch 是否是可打印字符（其 ASCII 码在 0x21 和 0x7e 之间），不包括空格	是可打印字符返回 1，否则返回 0
islower	int islower(int ch);	检查 ch 是否是小写字母（a～z）	是小字母返回 1，否则返回 0
isprint	int isprint(int ch);	检查 ch 是否是可打印字符（其 ASCII 码在 0x21 和 0x7e 之间），不包括空格	是可打印字符返回 1，否则返回 0
ispunct	int ispunct(int ch);	检查 ch 是否是标点字符（不包括空格）即除字母、数字和空格以外的所有可打印字符	是标点返回 1，否则返回 0
isspace	int isspace(int ch);	检查 ch 是否空格、跳格符（制表符）或换行符	是，返回 1，否则返回 0
isupper	int isupper(int ch);	检查 ch 是否大写字母（A～Z）	是大写字母返回 1，否则返回 0
isxdigit	int isxdigit(int ch);	检查 ch 是否一个 16 进制数字（即 0～9，或 A 到 F，a～f）	是，返回 1，否则返回 0
tolower	int tolower(int ch);	将 ch 字符转换为小写字母	返回 ch 对应的小写字母
toupper	int toupper(int ch);	将 ch 字符转换为大写字母	返回 ch 对应的大写字母

3. 字符串函数

使用字符串中函数时，应该在源文件中使用预编译命令：

```
#include <string.h>或#include "string.h"
```

函数名	函 数 原 型	功　　能	返 回 值
memchr	void memchr(void *buf, char ch, unsigned count);	在 buf 的前 count 个字符里搜索字符 ch 首次出现的位置	返回指向 buf 中 ch 的第一次出现的位置指针。若没有找到 ch，返回 NULL

续表

函数名	函 数 原 型	功　能	返 回 值
memcmp	int memcmp(void *buf1, void *buf2, unsigned count);	按字典顺序比较由 buf1 和 buf2 指向的数组的前 count 个字符	buf1<buf2，为负数 buf1=buf2，返回 0 buf1>buf2，为正数
memcpy	void *memcpy(void *to, void *from, unsigned count);	将 from 指向的数组中的前 count 个字符拷贝到 to 指向的数组中。From 和 to 指向的数组不允许重叠	返回指向 to 的指针
memove	void *memove(void *to, void *from, unsigned count);	将 from 指向的数组中的前 count 个字符拷贝到 to 指向的数组中。From 和 to 指向的数组不允许重叠	返回指向 to 的指针
memset	void *memset(void *buf, char ch, unsigned count);	将字符 ch 拷贝到 buf 指向的数组前 count 个字符中	返回 buf
strcat	char *strcat(char *str1, char *str2);	把字符 str2 接到 str1 后面，取消原来 str1 最后面的串结束符'\0'	返回 str1
strchr	char *strchr(char *str,int ch);	找出 str 指向的字符串中第一次出现字符 ch 的位置	返回指向该位置的指针，如找不到，则应返回 NULL
strcmp	int *strcmp(char *str1, char *str2);	比较字符串 str1 和 str2	若 str1<str2，为负数 若 str1=str2，返回 0 若 str1>str2，为正数
strcpy	char *strcpy(char *str1, char *str2);	把 str2 指向的字符串拷贝到 str1 中去	返回 str1
strlen	unsigned intstrlen(char *str);	统计字符串 str 中字符的个数(不包括终止符'\0')	返回字符个数
strncat	char *strncat(char *str1, char *str2, unsigned count);	把字符串 str2 指向的字符串中最多 count 个字符连到串 str1 后面，并以 NULL 结尾	返回 str1
strncmp	int strncmp(char *str1,*str2, unsigned count);	比较字符串 str1 和 str2 中至多前 count 个字符	若 str1<str2，为负数 若 str1=str2，返回 0 若 str1>str2，为正数
strncpy	char *strncpy(char *str1,*str2, unsigned count);	把 str2 指向的字符串中最多前 count 个字符拷贝到串 str1 中去	返回 str1
strnset	void *setnset(char *buf, char ch, unsigned count);	将字符 ch 拷贝到 buf 指向的数组前 count 个字符中	返回 buf
strset	void *setset(void *buf, char ch);	将 buf 所指向的字符串中的全部字符都变为字符 ch	返回 buf
strstr	char *strstr(char *str1,*str2);	寻找 str2 指向的字符串在 str1 指向的字符串中首次出现的位置	返回 str2 指向的字符串首次出现的地址。否则返回 NULL

4. 输入、输出函数

在使用输入、输出函数时，应该在源文件中使用预编译命令：

```
#include <stdio.h>或#include "stdio.h"
```

函数名	函数原型	功　能	返回值
clearerr	void clearer(FILE *fp);	清除文件指针错误指示器	无
close	int close(int fp);	关闭文件(非 ANSI 标准)	关闭成功返回 0，不成功返回-1
creat	int creat(char *filename, int mode);	以 mode 所指定的方式建立文件(非 ANSI 标准)	成功返回正数，否则返回-1
eof	int eof(int fp);	判断 fp 所指的文件是否结束	文件结束返回 1，否则返回 0
fclose	int fclose(FILE *fp);	关闭 fp 所指的文件，释放文件缓冲区	关闭成功返回 0，不成功返回非 0
feof	int feof(FILE *fp);	检查文件是否结束	文件结束返回非 0，否则返回 0
ferror	int ferror(FILE *fp);	测试 fp 所指的文件是否有错误	无错返回 0，否则返回非 0
fflush	int fflush(FILE *fp);	将 fp 所指的文件的全部控制信息和数据存盘	存盘正确返回 0，否则返回非 0
fgets	char *fgets(char *buf, int n, FILE *fp);	从 fp 所指的文件读取一个长度为(n-1)的字符串，存入起始地址为 buf 的空间	返回地址 buf。若遇文件结束或出错则返回 EOF
fgetc	int fgetc(FILE *fp);	从 fp 所指的文件中取得下一个字符	返回所得到的字符。出错返回 EOF
fopen	FILE *fopen(char *filename, char *mode);	以 mode 指定的方式打开名为 filename 的文件	成功，则返回一个文件指针，否则返回 0
fprintf	int fprintf(FILE *fp, char *format,args,…);	把 args 的值以 format 指定的格式输出到 fp 所指的文件中	实际输出的字符数
fputc	int fputc(char ch, FILE *fp);	将字符 ch 输出到 fp 所指的文件中	成功则返回该字符，出错返回 EOF
fputs	int fputs(char str, FILE *fp);	将 str 指定的字符串输出到 fp 所指的文件中	成功则返回 0，出错返回 EOF
fread	int fread(char *pt, unsigned size, unsigned n, FILE *fp);	从 fp 所指定文件中读取长度为 size 的 n 个数据项，存到 pt 所指向的内存区	返回所读的数据项个数，若文件结束或出错返回 0
fscanf	int fscanf(FILE *fp, char *format,args,…);	从 fp 指定的文件中按给定的 format 格式将读入的数据送到 args 所指向的内存变量中(args 是指针)	以输入的数据个数
fseek	int fseek(FILE *fp, long offset, int base);	将 fp 指定的文件的位置指针移到 base 所指出的位置为基准、以 offset 为位移量的位置	返回当前位置，否则返回-1
ftell	long ftell(FILE *fp);	返回 fp 所指定的文件中的读写位置	返回文件中的读写位置，否则返回 0
fwrite	int fwrite(char *ptr, unsigned size, unsigned n, FILE *fp);	把 ptr 所指向的 n*size 个字节输出到 fp 所指向的文件中	写到 fp 文件中的数据项的个数
getc	int getc(FILE *fp);	从 fp 所指向的文件中的读出下一个字符	返回读出的字符，若文件出错或结束返回 EOF
getchar	int getchar();	从标准输入设备中读取下一个字符	返回字符，若文件出错或结束返回-1

续表

函数名	函 数 原 型	功 能	返 回 值
gets	char *gets(char *str);	从标准输入设备中读取字符串存入 str 指向的数组	成功返回 str，否则返回 NULL
open	int open(char *filename, int mode);	以mode指定的方式打开已存在的名为 filename 的文件(非ANSI 标准)	返回文件号(正数)，如打开失败返回-1
printf	int printf(char *format, args,…);	在 format 指定的字符串的控制下，将输出列表 args 的指输出到标准设备	输出字符的个数。若出错返回负数
prtc	int prtc(int ch, FILE *fp);	把一个字符 ch 输出到 fp 所值的文件中	输出字符 ch，若出错返回 EOF
putchar	int putchar(char ch);	把字符 ch 输出到 fp 标准输出设备	返回换行符，若失败返回 EOF
puts	int puts(char *str);	把 str 指向的字符串输出到标准输出设备，将'\0'转换为回车行	返回换行符，若失败返回 EOF
putw	int putw(int w, FILE *fp);	将一个整数 i（即一个字）写到 fp 所指的文件中（非 ANSI 标准）	返回读出的字符，若文件出错或结束返回 EOF
read	int read(int fd, char *buf, unsigned count);	从文件号 fp 所指定文件中读 count 个字节到由 buf 知识的缓冲区(非 ANSI 标准)	返回真正读出的字节个数，如文件结束返回 0，出错返回-1
remove	int remove(char *fname);	删除以 fname 为文件名的文件	成功返回 0，出错返回-1
rename	int remove(char *oname, char *nname);	把 oname 所指的文件名改为由 nname 所指的文件名	成功返回 0，出错返回-1
rewind	void rewind(FILE *fp);	将 fp 指定的文件指针置于文件头，并清除文件结束标志和错误标志	无
scanf	int scanf(char *format, args,…);	从标准输入设备按 format 指示的格式字符串规定的格式，输入数据给 args 所指示的单元。args 为指针	读入并赋给 args 数据个数。如文件结束返回 EOF，若出错返回 0
write	int write(int fd, char *buf, unsigned count);	从 buf 指示的缓冲区输出 count 个字符到 fd 所指的文件中(非 ANSI 标准)	返回实际写入的字节数，如出错返回-1

5. 动态存储分配函数

在使用动态存储分配函数时，应该在源文件中使用预编译命令：

```
#include <stdlib.h>或#include "stdlib.h"
```

函数名	函 数 原 型	功 能	返 回 值
calloc	void *calloc(unsigned n, unsigned size);	分配 n 个数据项的内存连续空间，每个数据项的大小为 size	分配内存单元的起始地址。如不成功，返回 0
free	void free(void *p);	释放 p 所指内存区	无
malloc	void *malloc(unsigned size);	分配 size 字节的内存区	所分配的内存区地址，如内存不够，返回 0

续表

函数名	函 数 原 型	功　　能	返　回　值
realloc	void *realloc(void *p, unsigned size);	将p所指的以分配的内存区的大小改为size。size可以比原来分配的空间大或小	返回指向该内存区的指针。若重新分配失败，返回NULL

6. **其他函数**

有些函数由于不便归入某一类，所以单独列出。使用这些函数时，应该在源文件中使用预编译命令：

```
#include <stdlib.h>或#include "stdlib.h"
```

函数名	函 数 原 型	功　　能	返　回　值
abs	int abs(int num);	计算整数num的绝对值	返回计算结果
atof	double atof(char *str);	将str指向的字符串转换为一个double型的值	返回双精度计算结果
atoi	int atoi(char *str);	将str指向的字符串转换为一个int型的值	返回转换结果
atol	long atol(char *str);	将str指向的字符串转换为一个long型的值	返回转换结果
exit	void exit(int status);	中止程序运行。将status的值返回调用的过程	无
itoa	char *itoa(int n, char *str, int radix);	将整数n的值按照radix进制转换为等价的字符串，并将结果存入str指向的字符串中	返回一个指向str的指针
labs	long labs(long num);	计算long型整数num的绝对值	返回计算结果
ltoa	char *ltoa(long n, char *str, int radix);	将长整数n的值按照radix进制转换为等价的字符串，并将结果存入str指向的字符串	返回一个指向str的指针
rand	int rand();	产生0到RAND_MAX的伪随机数。RAND_MAX在头文件中定义	返回一个伪随机(整)数
random	int random(int num);	产生0到num的随机数	返回一个随机(整)数
randomize	void randomize();	初始化随机函数，使用时包括头文件time.h	

附录D C语言的关键字

auto	break	case	char	const	continue
default	do	double	else	enum	extern
float	for	goto	if	int	long
register	return	short	signed	sizeof	static
struct	switch	typedef	union	unsigned	void
volatile	while				

附录E 全国计算机等级考试二级C语言考试大纲

◆ 基本要求

1. 熟悉 Visual C++ 6.0 集成开发环境。
2. 掌握结构化程序设计的方法，具有良好的程序设计风格。
3. 掌握程序设计中简单的数据结构和算法并能阅读简单的程序。
4. 在 Visual C++ 6.0 集成环境下，能够编写简单的C程序，并具有基本的纠错和调试程序的能力。

◆ 考试内容

一、C语言程序的结构

1. 程序的构成，main 函数和其他函数。
2. 头文件，数据说明，函数的开始和结束标志以及程序中的注释。
3. 源程序的书写格式。
4. C语言的风格。

二、数据类型及其运算

1. C的数据类型（基本类型，构造类型，指针类型，无值类型）及其定义方法。
2. C运算符的种类、运算优先级和结合性。
3. 不同类型数据间的转换与运算。
4. C表达式类型（赋值表达式，算术表达式，关系表达式，逻辑表达式，条件表达式，逗号表达式）和求值规则。

三、基本语句

1. 表达式语句，空语句，复合语句。
2. 输入输出函数的调用，正确输入数据并正确设计输出格式。

四、选择结构程序设计

1. 用if语句实现选择结构。
2. 用switch语句实现多分支选择结构。
3. 选择结构的嵌套。

五、循环结构程序设计

1. for 循环结构。
2. while 和 do-while 循环结构。
3. continue 语句和 break 语句。
4. 循环的嵌套。

六、数组的定义和引用

1. 一维数组和二维数组的定义、初始化和数组元素的引用。

2. 字符串与字符数组。

七、函数

1. 库函数的正确调用。

2. 函数的定义方法。

3. 函数的类型和返回值。

4. 形式参数与实在参数，参数值传递。

5. 函数的正确调用，嵌套调用，递归调用。

6. 局部变量和全局变量。

7. 变量的存储类别（自动，静态，寄存器，外部），变量的作用域和生存期。

八、编译预处理

1. 宏定义和调用（不带参数的宏，带参数的宏）。

2. “文件包含”处理。

九、指针

1. 地址与指针变量的概念，地址运算符与间址运算符。

2. 一维、二维数组和字符串的地址以及指向变量、数组、字符串、函数、结构体的指针变量的定义。通过指针引用以上各类型数据。

3. 用指针作函数参数。

4. 返回地址值的函数。

5. 指针数组，指向指针的指针。

十、结构体（即“结构”）与共同体（即“联合”）

1. 用 typedef 说明一个新类型。

2. 结构体和共用体类型数据的定义和成员的引用。

3. 通过结构体构成链表，单向链表的建立，结点数据的输出、删除与插入。

十一、位运算

1. 位运算符的含义和使用。

2. 简单的位运算。

十二、文件操作

只要求缓冲文件系统（即高级磁盘 I/O 系统），对非标准缓冲文件系统（即低级磁盘 I/O 系统）不要求。

1. 文件类型指针（FILE 类型指针）。

2. 文件的打开与关闭（fopen，fclose）。

3. 文件的读写（fputc，fgetc，fputs，fgets，fread，fwrite，fprintf，fscanf 函数的应用），文件的定位（rewind，fseek 函数的应用）。

◆ 考试方式

1. 笔试：90 分钟，满分 100 分，其中含公共基础知识部分的 30 分。

2. 上机：90 分钟，满分 100 分。

3. 上机操作包括：

（1）填空。

（2）改错。

（3）编程。

附录 F

2011 年 3 月计算机等级考试二级 C 语言笔试试题

一、选择题

（1）下列关于栈叙述正确的是

（A）栈顶元素最先能被删除　　（B）栈顶元素最后才能被删除

（C）栈底元素永远不能被删除　　（D）以上三种说法都不对

（2）下列叙述中正确的是

（A）有一个以上根结点的数据结构不一定是非线性结构

（B）只有一个根结点的数据结构不一定是线性结构

（C）循环链表是非线性结构

（D）双向链表是非线性结构

（3）某二叉树共有 7 个结点，其中叶子结点只有 1 个，则该二叉树的深度为（假设根结点在第 1 层）

（A）3　　（B）4　　（C）6　　（D）7

（4）在软件开发中，需求分析阶段产生的主要文档是

（A）软件集成测试计划　　（B）软件详细设计说明书

（C）用户手册　　（D）软件需求规格说明书

（5）结构化程序所要求的基本结构不包括

（A）顺序结构　　（B）GOTO 跳转

（C）选择（分支）结构　　（D）重复（循环）结构

（6）下面描述中错误的是

（A）系统总体结构图支持软件系统的详细设计

（B）软件设计是将软件需求转换为软件表示的过程

（C）数据结构与数据库设计是软件设计的任务之一

（D）PAD 图是软件详细设计的表示工具

（7）负责数据库中查询操作的数据库语言是

（A）数据定义语言　　（B）数据管理语言

（C）数据操纵语言　　（D）数据控制语言

（8）一个教师可讲授多门课程，一门课程可由多个教师讲授，则实体教师和课程间的联系是

（A）1:1 联系　　（B）1:m 联系　　（C）m:1 联系　　（D）m:n 联系

（9）有三个关系 R、S 和 T 如下：

R

A	B	C
a	1	2
b	2	1
c	3	1

S

A	B
c	3

T

C
1

则由关系 R 和 S 得到关系 T 的操作是

（A）自然连接　　（B）交　　（C）除　　（D）并

（10）定义无符号整数类为 UInt,下面可以作为类 UInt 实例化值的是

（A）-369　　（B）369　　（C）0.369　　（D）整数集合{1,2,3,4,5}

（11）计算机高级语言程序的运行方法有编译执行和解释执行两种，以下叙述中正确的是

（A）C 语言程序仅可以编译执行

（B）C 语言程序仅可以解释执行

（C）C 语言程序既可以编译执行又可以解释执行

（D）以上说法都不对

（12）以下叙述中错误的是

（A）C 语言的可执行程序是由一系列机器指令构成的

（B）用 C 语言编写的源程序不能直接在计算机上运行

（C）通过编译得到的二进制目标程序需要连接才可以运行

（D）在没有安装 C 语言集成开发环境的机器上不能运行 C 源程序生成的.exe 文件

（13）以下选项中不能用作 C 程序合法常量的是

（A）1,234　　（B）'123'　　（C）123　　（D）"\x7G"

（14）以下选项中可用作 C 程序合法实数的是

（A）.1e0　　（B）3.0e0.2　　（C）E9　　（D）9.12E

（15）若有定义语句：int a=3,b=2,c=1;，以下选项中错误的赋值表达式是

（A）a=(b=4)=3;　　（B）a=b=c+1;

（C）a=(b=4)+c;　　（D）a=1+(b=c=4);

（16）有以下程序段

```
char name[20];
int num;
scanf("name=%s num=%d",name;&num);
```

当执行上述程序段，并从键盘输入：name=Lili num=1001<回车>后，name 的值为

（A）Lili　　（B）name=Lili　　（C）Lili num=　　（D）name=Lili num=1001

（17）if 语句的基本形式是：if(表达式)语句，以下关于“表达式”值的叙述中正确的是

（A）必须是逻辑值　　（B）必须是整数值

（C）必须是正数　　（D）可以是任意合法的数值

（18）有以下程序

```
#include
void main()
{ int x=011;
printf("%d\n",++x);
}
```

程序运行后的输出结果是

（A）12　　（B）11　　（C）10　　（D）9

（19）有以下程序

```
#include
void main()
{ int s;
scanf("%d",&s);
while(s>0)
{ switch(s)
{ case1:printf("%d",s+5);
case2:printf("%d",s+4); break;
case3:printf("%d",s+3);
default:printf("%d",s+1);break;
}
scanf("%d",&s);
}
}
```

运行时，若输入1 2 3 4 5 0<回车>，则输出结果是

（A）6566456　　（B）66656　　（C）66666　　（D）6666656

（20）有以下程序段

```
int i,n;
for(i=0;i<8;i++)
{ n=rand()%5;
switch (n)
{ case 1:
case 3:printf("%d\n",n); break;
case 2:
case 4:printf("%d\n",n); continue;
case 0:exit(0);
}
printf("%d\n",n);
}
```

以下关于程序段执行情况的叙述，正确的是

（A）for循环语句固定执行8次

（B）当产生的随机数*n*为4时结束循环操作

（C）当产生的随机数*n*为1和2时不做任何操作

（D）当产生的随机数*n*为0时结束程序运行

（21）有以下程序

```
#include
void main()
{ char s[]="012xy\08s34f4w2";
int i,n=0;
for(i=0;s[i]!=0;i++)
if(s[i]>='0'&&s[i]<='9') n++;
printf("%d\n",n);
}
```

程序运行后的输出结果是

（A）0　　（B）3　　（C）7　　（D）8

（22）若i和k都是int类型变量，有以下for语句

```
for(i=0,k=-1;k=1;k++) printf("*****\n");
```

下面关于语句执行情况的叙述中正确的是

（A）循环体执行两次　　（B）循环体执行一次

（C）循环体一次也不执行　　（D）构成无限循环

（23）有以下程序

```
#include
void main()
{ char b,c; int i;
b='a'; c='A';
for(i=0;i<6;i++)
{ if(i%2) putchar(i+b);
else putchar(i+c);
} printf("\n");
}
```

程序运行后的输出结果是

（A）ABCDEF　　（B）AbCdEf　　（C）aBcDeF　　（D）abcdef

（24）设有定义：double x[10],*p=x;，以下能给数组 x 下标为 6 的元素读入数据的正确语句是

（A）scanf("%f",&x[6]);　　（B）scanf("%lf",*(x+6));

（C）scanf("%lf",p+6);　　（D）scanf("%lf",p[6]);

（25）有以下程序(说明：字母 A 的 ASCII 码值是 65)

```
#include
void fun(char *s)
{ while(*s)
{ if(*s%2) printf("%c",*s);
s++;
}
}
void main()
{ char a[]="BYTE";
fun(a); printf("\n");
}
```

程序运行后的输出结果是

（A）BY　　（B）BT　　（C）YT　　（D）YE

（26）有以下程序段

```
#include
void main()
{ …
while( getchar()!='\n');
…
}
```

以下叙述中正确的是

（A）此 while 语句将无限循环

（B）getchar()不可以出现在 while 语句的条件表达式中

（C）当执行此 while 语句时，只有按回车键程序才能继续执行

（D）当执行此 while 语句时，按任意键程序就能继续执行

（27）有以下程序

```
#include
```

```
void main()
{ int x=1,y=0;
if(!x) y++;
else if(x==0)
if (x) y+=2;
else y+=3;
printf("%d\n",y);
}
```

程序运行后的输出结果是

（A）3　　（B）2　　（C）1　　（D） 0

（28）若有定义语句：char s[3][10],(*k)[3],*p;，则以下赋值语句正确的是

（A）p=s;　　（B）p=k;　　（C）p=s[0];　　（D）k=s;

（29）有以下程序

```
#include
void fun(char *c)
{ while(*c)
{ if(*c>='a'&&*c<='z') *c=*c-('a'-'A');
c++;
}
}
void main()
{ char s[81];
gets(s); fun(s); puts(s):
}
```

当执行程序时从键盘上输入 Hello Beijing<回车>，则程序的输出结果是

（A）hello beijing　　（B）Hello Beijing

（C）HELLO BEIJING　　（D）hELLO Beijing

（30）以下函数的功能是：通过键盘输入数据，为数组中的所有元素赋值。

```
#include
#define N 10
void fun(int x[N])
{ int i=0;
while(i<N)
  scanf("%d",______);
}
```

在程序中下画线处应填入的是

（A）x+i　　（B）&x[i+1]　　（C）x+(i++)　　（D）&x[++i]

（31）有以下程序

```
#include
void main()
{ char a[30],b[30];
scanf("%s",a);
gets(b);
printf("%s\n %s\n",a,b);
}
```

程序运行时若输入：

```
how are you? I am fine<回车>
```

则输出结果是

（A）how are you?　　（B）how I am fine are you? I am fine

（C）how are you? I am fine　　（D）row are you?

（32）设有如下函数定义

```
int fun(int k)
{ if (k<1) return 0;
else if(k==1) return 1;
else return fun(k-1)+1;
}
```

若执行调用语句：n=fun(3);，则函数 fun 总共被调用的次数是

（A）2　　（B）3　　（C）4　　（D）5

（33）有以下程序

```
#include
int fun (int x,int y)
{ if (x!=y) return ((x+y);2);
else return (x);
}
void main()
{ int a=4,b=5,c=6;
printf("%d\n",fun(2*a,fun(b,c)));
}
```

程序运行后的输出结果是

（A）3　　（B）6　　（C）8　　（D）12

（34）有以下程序

```
#include
int fun()
{ static int x=1;
x*=2;
return x;
}
void main()
{ int i,s=1;
for(i=1;i<=3;i++) s*=fun();
printf("%d\n",s);
}
```

程序运行后的输出结果是

（A）0　　（B）10　　（C）30　　（D）64

（35）有以下程序

```
#include
#define S(x) 4*(x)*x+1
void main()
{ int k=5,j=2;
printf("%d\n",S(k+j));
}
```

程序运行后的输出结果是

（A）197　　（B）143　　（C）33　　（D）28

（36）设有定义：struct {char mark[12];int num1;double num2;} t1,t2;，若变量均已正确赋初值，则以下语句中错误的是

（A）t1=t2;　　（B）t2.num1=t1.num1;

（C）t2.mark=t1.mark; （D）t2.num2=t1.num2;

（37）有以下程序

```
#include
struct ord
{ int x, y;}dt[2]={1,2,3,4};
void main()
{
struct ord *p=dt;
printf("%d,",++(p->x)); printf("%d\n",++(p->y));
}
```

程序运行后的输出结果是

（A）1,2 （B）4,1 （C）3,4 （D）2,3

（38）有以下程序

```
#include
struct S
{ int a,b;}data[2]={10,100,20,200};
void main()
{ struct S p=data[1];
printf("%d\n",++(p.a));
}
```

程序运行后的输出结果是

（A）10 （B）11 （C）20 （D）21

（39）有以下程序

```
#include
void main()
{ unsigned char a=8,c;
c=a>>3;
printf("%d\n",c);
}
```

程序运行后的输出结果是

（A）32 （B）16 （C）1 （D）0

（40）设fp已定义，执行语句fp=fopen("file","w");后，以下针对文本文件file操作叙述的选项中正确的是

（A）写操作结束后可以从头开始读 （B）只能写不能读

（C）可以在原有内容后追加写 （D）可以随意读和写

二、填空题

（1）有序线性表能进行二分查找的前提是该线性表必须是【1】存储的。

（2）一棵二叉树的中序遍历结果为DBEAFC，前序遍历结果为ABDECF，则后序遍历结果为【2】。

（3）对软件设计的最小单位（模块或程序单元）进行的测试通常称为【3】测试。

（4）实体完整性约束要求关系数据库中元组的【4】属性值不能为空。

（5）在关系A(S,SN, D)和关系B(D,CN,NM)中，A的主关键字是S，B的主关键字是D，则称【5】是关系A的外码。

（6）以下程序运行后的输出结果是【6】。

```
#include
void main()
```

```
{ int a;
a=(int)((double)(3/2)+0.5+(int)1.99*2);
printf("%d\n",a);
}
```

（7）有以下程序

```
#include
main()
{ int x;
scanf("%d",&x);
if(x>15) printf("%d",x-5);
if(x>10) printf("%d",x);
if(x>5) printf("%d\n",x+5);
}
```

若程序运行时从键盘输入 12<回车>，则输出结果为 【7】 。

（8）有以下程序（说明：字符 0 的 ASCII 码值为 48）

```
#include
void main()
{ char c1,c2;
scanf("%d",&c1);
c2=c1+9;
printf("%c%c\n",c1,c2);
}
```

若程序运行时从键盘输入 48<回车>，则输出结果为 【8】 。

（9）有以下函数

```
void prt(char ch,int n)
{ int i;
for(i=1;i<=n;i++)
printf(i%6!=0?"%c":"%c\n",ch);
}
```

执行调用语句 prt('*',24);后，函数共输出了 【9】 行*号。

（10）以下程序运行后的输出结果是 【10】 。

```
#include
void main()
{ int x=10,y=20,t=0;
if(x==y)t=x;x=y;y=t;
printf("%d %d\n",x,y);
}
```

（11）已知 a 所指的数组中有 *N* 个元素。函数 fun 的功能是，将下标 k(k>0)开始的后续元素全部向前移动一个位置。请填空。

```
void fun(int a[N],int k)
{ int i;
for(i=k;i<N;i++) 【11】
}
```

（12）有以下程序，请在 【12】 处填写正确语句，使程序可正常编译运行。

```
#include
【12】;
void main()
{ double x,y,(*p)();
scanf("%lf%lf",&x,&y);
p=avg;
```

```
printf("%f\n",(*p)(x,y));
}
double avg(double a,double b)
{ return((a+b)/2);}
```

（13）以下程序运行后的输出结果是【13】。

```
#include
void main()
{ int i,n[5]={0};
for(i=1;i<=4;i++)
{ n[i]==n[i-1]*2+1; printf("%d",n[i]); }
printf("\n");
}
```

（14）以下程序运行后的输出结果是【14】。

```
#include
#include
#include
void main()
{ char *p; int i;
p=(char *)malloc(sizeof(char)*20);
strcpy(p,"welcome");
for(i=6;i>=0;i--) putchar(*(p+i));
printf("\n-"); free(p);
}
```

（15）以下程序运行后的输出结果是【15】。

```
#include
void main()
{ FILE *fp; int x[6]={1,2,3,4,5,6},i;
fp=fopen("test.dat","wb");
fwrite(x,sizeof(int),3,fp);
rewind(fp);
fread(x,sizeof(int),3,fp);
for(i=0;i<6;i++) printf("%d",x[i]);
printf("\n");
fclose(fp);
   }
```

参考文献

[1] 谭浩强. C 程序设计（第三版）. 北京：清华大学出版社，2005.

[2] 田淑清. 全国计算机等级考试二级教程——C 语言程序设计. 北京：高等教育出版社，2006.

[3] 高寅生，张红祥，丁晓倩. 大学计算机基础（理科）. 北京：清华大学出版社，2010.

[4] 张岗亭，杨振华. 大学计算机基础（理科）学习指导与习题解析. 北京：清华大学出版社，2010.

[5] Peter van der Linder. C 专家编程. 徐波译. 北京：人民邮电出版社，2008.

[6] Brian W.Kernighan, Dennis M.Ritchie. C 程序设计语言（第二版）. 徐宝文，李志. 译. 北京：机械工业出版社，2004.